Leonhardt · Grundlagen der Digitaltechnik

Studienbücher
der Technischen Wissenschaften

 Carl Hanser Verlag München Wien

Grundlagen der Digitaltechnik
Eine systematische Einführung

von Professor Dipl.-Ing. Erich Leonhardt

3., unveränderte Auflage

Mit 326 Bildern, 128 Tabellen, zahlreichen Beispielen und
Übungsaufgaben mit Lösungen

 Carl Hanser Verlag München Wien

Prof. Dipl.-Ing Erich Leonhardt
Fachhochschule Konstanz

Es wird keine Gewähr dafür übernommen,
daß die angegebenen Schaltungen frei von Schutzrechten sind.

CIP-Kurztitelaufnahme der Deutschen Bibliothek

Leonhardt, Erich:
Grundlagen der Digitaltechnik : e. systemat.
Einf. / von Erich Leonhardt – 3., unveränd.
Aufl. – München ; Wien : Hanser, 1984.
  (Studienbücher der technischen Wissenschaften)
ISBN 3-446-14153-7

Alle Rechte vorbehalten
© 1982 Carl Hanser Verlag, München Wien
Umschlaggestaltung: Kaselow + Partner
Gesamtherstellung: Sellier Druck GmbH, Freising
Printed in Germany

Vorwort zur ersten Auflage

Seit es gelungen ist, digitale Bauelemente in Form von integrierten Schaltkreisen sehr preiswert herzustellen, hat die Digitaltechnik eine außerordentlich große Bedeutung erlangt. Die Steuerung und Regelung moderner Maschinen ist heute ohne digitale Bauelemente nicht mehr denkbar.

Während in der Meßtechnik noch vor Jahren ausschließlich analoge Geräte verwendet wurden, erobern sich heute digitale Geräte wegen der problemlosen Ablesbarkeit und der erreichbaren höheren Genauigkeit immer mehr Einsatzgebiete. Digitale Meßgeräte mit gleichen Meßbereichen sind nicht mehr viel teurer als die entsprechenden analogen Meßgeräte.

Zu einer geradezu stürmischen Entwicklung hat die Digitaltechnik in der Datenverarbeitung geführt. Noch ist es nicht lange her, daß der Rechenschieber (ein analoges Gerät) der ständige Begleiter der Ingenieure und Techniker war. Heute ist er weitgehend von den digitalen Taschenrechnern verdrängt worden.

Der Bedeutung der Digitaltechnik wurde bereits an vielen Universitäten, Fachhochschulen, Technikerschulen durch Einführung des Faches Digitaltechnik Rechnung getragen. Dieses Buch entstand aus meinen Vorlesungen über Digitaltechnik an der Fachhochschule Konstanz. Diese werden als Experimentalvorlesungen gehalten. Jeder Student kann die abgeleiteten kontaktlosen Schaltungen sofort auf einem Simulationsmodell mit integrierten Bauelementen nachbauen. Es werden deshalb die Anschlußanordnungen einiger wichtiger, integrierter Schaltkreise angegeben.

Es wird besonderer Wert auf eine systematische Einführung in die Methoden und Probleme der Digitaltechnik gelegt. Um das Verständnis für digitale Schaltungen zu fördern, wird zunächst in vielen Fällen eine klassische Schaltung mit Schützen, Relais und Schaltern untersucht und dann gezeigt, wie das gleiche Problem kontaktlos gelöst werden kann. Bewußt wird auf jeden Ballast verzichtet. Es werden nur wichtige und grundlegende Probleme und Schaltungen untersucht und erläutert.

Die Anforderungen an die Bauelemente sind entsprechend dem geplanten Einsatz unterschiedlich. Während bei EDV-Anlagen eine möglichst schnelle Informationsverarbeitung und eine große Funktionsdichte wichtig ist, ist bei industriellen Steuerungen und Regelungen ein möglichst großer Störabstand erwünscht. Um diese Anforderungen erfüllen zu können, wurden unterschiedliche Bauelemente entwickelt.

Die abgeleiteten Methoden und Gesetze gelten sowohl für Elemente der klassischen Logik, als auch für moderne, hochintegrierte Bauelemente. Alle Schaltungen wurden mit Bauelementen in TTL-Technik sowohl in der Vorlesung, als auch im Labor für Digitaltechnik der Fachhochschule Konstanz aufgebaut und getestet.

Auf die Innenschaltung der verwendeten Bauelemente wird nur kurz eingegangen. Zum Verständnis des Stoffes sind keine besonderen Kenntnisse der Elektronik erforderlich. Ebenso werden keine besonderen Kenntnisse in Mathematik vorausgesetzt. Grundkenntnisse der gewöhnlichen Algebra und der Mengenlehre erleichtern jedoch die Einarbeitung.

Es ist mir ein Bedürfnis dem C. Hanser Verlag für das Eingehen auf meine Wünsche zu danken. Insbesondere danke ich für die dreifarbige Ausführung. Sehr sorgfältig hat die Druckerei Sellier die dreifarbigen Zeichnungen nach meinen Entwürfen gestaltet. Herrn Prof. Habermann danke ich sehr für die vorzügliche Beratung und das Mitlesen der Korrekturen. Ebenso danke ich meinen Assistenten Herrn Ing. grad M. Wuttig und Herrn Ing. grad R. Haas für das Mitlesen der Korrekturen und für wertvolle Anregungen.

Vorwort zur zweiten Auflage

Von der ersten Auflage war schon nach kurzer Zeit ein unveränderter Nachdruck erforderlich. Ebenso mußte von der Lizenzausgabe in der DDR eine zweite Auflage herausgegeben werden. Auch diese ist inzwischen vergriffen.
In der nun vorliegenden überarbeiteten und erweiterten Auflage wurden die neuen Schaltzeichen nach DIN 40 700 (IEC 3A0C3) eingeführt.
Im Übrigen haben die meisten Abschnitte nur geringfügige Änderungen erfahren. Die gewählte Form wurde von Lesern aus vielen Ländern außerordentlich gut beurteilt.
Neu eingeführt wurden folgende Abschnitte: 5.5 Tristate-Technik, 13.: Halbleiterspeicher. Diese Abschnitte sollen den Übergang zur Mikrocomputertechnik erleichtern. Neu sind ebenfalls die Abschnitte 7.1.2.4: Zweierkomplementdarstellung der Dualzahlen und 7.4: Die logische Verknüpfung von Dualzahlen.
Vollkommen neu bearbeitet wurde der Abschnitt 11 (Frequenzteiler).
Von dem bewährten System, eine möglichst einfache Darstellung zu bieten, wurde nicht abgewichen. Ebenso wurde auch in den neuen Abschnitten die dreifarbige Darstellung beibehalten. Diese erleichtert das Verständnis sehr.
Es würde mich freuen, wenn diese Auflage eine genau so gute Resonanz fände, wie die vorausgegangenen. Für eine kritische Beurteilung und Anregungen bin ich natürlich sehr dankbar.

Allensbach, im Mai 1982   Erich Leonhardt

Inhaltsverzeichnis

Vorwort zur ersten Auflage 5
Vorwort zur zweiten Auflage 6
1. Einleitung 11
   1.1 Analoge und digitale Größen 11
   1.2 Grundbegriffe der Schaltalgebra 12
   1.3 Übungsaufgaben zu 1 18
2. Die logischen Verknüpfungen 19
   2.1 Die UND-Verknüpfung, Konjunktion oder Boolesches Produkt (AND) ... 19
   2.2 Die ODER-Verknüpfung (OR), Disjunktion oder Boolesche Summe 23
   2.3 Exklusiv-ODER (Ausschließendes ODER) 26
   2.4 NOR-Verknüpfung (negiertes OR = NOR) 29
   2.5 NAND-Verknüpfung (negiertes AND = NAND) 32
   2.6 Die Verknüpfung zweier Variablen 35
   2.7 Die Wired-Verknüpfungen 37
      2.7.1 Die Wired-ODER-Verknüpfung (Parallel-ODER = Phantom-ODER) 37
      2.7.2 Die Wired-AND-Verknüpfung (Parallel-UND = Phantom-UND) .. 37
   2.8 Zusammenstellung der gebräuchlichen Schaltzeichen ... 41
   2.9 Aufstellung der Schaltungsgleichung 41
   2.10 Ermittlung der Funktionstabelle aus der Schaltfunktion .. 43
   2.11 Übungsaufgaben zu 2 46
3. Grundgesetze der Schaltalgebra 47
   3.1 Die Postulate der Schaltalgebra 47
   3.2 Theoreme mit einer Variablen 49
   3.3 Theoreme für zwei und mehr Variable 54
      3.3.1 Die kommutativen Gesetze der Schaltalgebra 54
      3.3.2 Die assoziativen Gesetze 55
      3.3.3 Die distributiven Gesetze 57
      3.3.4 Die Absorptionsgesetze 61
   3.4 Die Theoreme von De Morgan 68
   3.5 Zusammenstellung der wichtigsten Gesetze der Schaltalgebra ... 72
      3.5.1 Gesetze, die mit der allgemeinen Algebra übereinstimmen . 72
      3.5.2 Gesetze, die in der gewöhnlichen Algebra nicht gültig sind . 73
      3.5.3 Dualitätsprinzip 73
   3.6 Vorrangregeln 74
   3.7 Aufbau der wichtigsten Verknüpfungsglieder mit NAND- und NOR-Gliedern 74
      3.7.1 Aufbau mit NAND-Gliedern 75
      3.7.2 Aufbau mit NOR Gliedern 76
   3.8 Die Normalformen der Schaltalgebra 78
      3.8.1 Die disjunktive Normalform (DNF) 78
      3.8.2 Die konjunktive Normalform (KNF) 79
      3.8.3 Vergleich der disjunktiven mit der konjunktiven Normalform . 80
   3.9 Übungsaufgaben zu 3 84
4. Vereinfachungsverfahren 85
   4.1 Vereinfachung mit den Theoremen der Schaltalgebra ... 85
   4.2 Vereinfachung mit dem Karnaugh-Diagramm 87
      4.2.1 Das Karnaugh-Diagramm für 2 Variable 87
      4.2.2 Das Karnaugh-Diagramm für 3 Variable 91
      4.2.3 Das Karnaugh-Diagramm für 4 Variable 95
      4.2.4 Karnaugh-Diagramme für mehr als 4 Variable 100

4.2.5 Verwendung des Karnaugh-Diagramms zur Bildung der Verknüpfung von Schaltfunktionen ... 101
4.2.6 Vereinfachung von Schaltgruppen, bei denen im Karnaugh-Diagramm gleiche Felder belegt sind ... 105
4.3 Das Vereinfachungsverfahren nach Quine – McCluskey ... 107
4.4 Übungsaufgaben zu 4 ... 113
5. Einige wichtige Schaltungen ... 114
   5.1 Einfache Zuordner ... 114
   5.2 Digitaler Vergleicher (Komparator) ... 116
   5.3 Multiplexer ... 118
   5.4 „Zwei- von Drei"-Auswahl ... 119
   5.5 Tristate-Technik ... 120
   5.6 Übungsaufgaben zu 5 ... 123
6. Für die Digitaltechnik wichtige Zahlensysteme ... 124
   6.1 Das Dualsystem ... 124
      6.1.1 Umwandlung von Dualzahlen in Dezimalzahlen ... 124
      6.1.2 Umwandlung von Dezimalzahlen in Dualzahlen ... 126
      6.1.3 Umwandlung rationaler Dezimalzahlen in Dualzahlen ... 127
   6.2 Das Oktalsystem ... 128
      6.2.1 Umwandlung von Oktalzahlen in Dezimalzahlen ... 128
      6.2.2 Umwandlung von Dezimalzahlen in Oktalzahlen ... 128
      6.2.3 Umwandlung von Dualzahlen in Oktalzahlen ... 128
   6.3 Das Hexadezimalsystem ... 128
      6.3.1 Umwandlung von Hexadezimalzahlen in Dezimalzahlen ... 129
      6.3.2 Umwandlung von Dezimalzahlen in Hexadezimalzahlen ... 130
      6.3.3 Umwandlung von Hexadezimalzahlen in Dualzahlen in Tetradendarstellung ... 130
      6.3.4 Umwandlung von Dualzahlen in Hexadezimalzahlen ... 130
7. Arithmetik in verschiedenen Zahlensystemen ... 132
   7.1 Arithmetik im Dualsystem ... 132
      7.1.1 Addition im Dualsystem ... 132
         7.1.1.1 Ausführung der dualen Addtition mit digitalen Bausteinen ... 132
      7.1.2 Subtraktion im Dualsystem ... 137
         7.1.2.1 Ausführung der Subtraktion mit digitalen Bausteinen ... 138
         7.1.2.2 Umschaltung von Addition zu Subtraktion ... 142
         7.1.2.3 Subtraktion durch Addition des Komplements des Subtrahenden ... 144
         7.1.2.4 Zweierkomplementdarstellung der Dualzahlen ... 146
         7.1.2.5 Rechnen mit mehrfacher Genauigkeit ... 152
      7.1.3 Multiplikation im Dualsystem ... 152
      7.1.4 Division im Dualsystem ... 153
   7.2 Arithmetik im Oktalsystem ... 154
      7.2.1 Addition im Oktalsystem ... 154
      7.2.2 Subtraktion im Oktalsystem ... 154
   7.3 Arithmetik im Hexadezimalsystem ... 154
      7.3.1 Addition im Hexadezimalsystem ... 154
      7.3.2 Subtraktion im Hexadezimalsystem ... 156
   7.4 Die logische Verknüpfung von Dualzahlen ... 157
      7.4.1 UND-Verknüpfung zweier Dualzahlen ... 157
      7.4.2 ODER-Verknüpfung zweier Dualzahlen ... 157
      7.4.3 Exklusiv-ODER (EX-OR) ... 157
      7.4.4 NAND ... 157
      7.4.5 NOR ... 157

Inhaltsverzeichnis

8. Codierung 158
   8.1 Die tetradischen Codes 160
      8.1.1 Der BCD-Code (früher Dualcode genannt) 160
      8.1.2 Der 3-Excess-Code 160
      8.1.3 Der Aiken-Code 161
      8.1.4 Der Gray-Code 162
      8.1.5 Glixon- und O'Brien-Code (einschrittige-progressive Codes) 165
   8.2 Codes mit anderen Stellenzahlen auch „m aus n"-Codes genannt 167
   8.3 Codes für Zahlen und Buchstaben (Alphanumerische Codes) 168
      8.3.1 Der Hexadezimalcode 169
      8.3.2 Der Lochkartencode 170
      8.3.3 Die Lochstreifencodes 171
          8.3.3.1 8-Spurcode 172
          8.3.3.2 5-Spurlochstreifencodes 173
   8.4 Fehlererkennung und Fehlerkorrektur bei der Übertragung digitaler Informationen 182
      8.4.1 Fehlererkennung 183
          8.4.1.1 Fehlererkennung durch Pseudoworte 183
          8.4.1.2 Fehlererkennbare Codes 184
          8.4.1.3 Fehlererkennung durch Paritätsprüfung (parity-check) 184
          8.4.1.4 Fehlererkennung durch Prüfzeichen 185
      8.4.2 Fehlerkorrektur 186
   8.5 Codewandler 187
      8.5.1 Codierer 187
      8.5.2 Decodierer (Decoder) 189
          8.5.2.1 Decoder für den 2 Bit-Dualcode 189
          8.5.2.2 Decoder für den BCD-Code in den 1 aus 10-Code 190
      8.5.3 Codekonverter-Schaltungen 192

9. Schaltwerke (Sequentielle Schaltungen – Folgeschaltungen – Flip-Flops) 196
   9.1 Schaltwerke mit Kontakten 196
      9.1.1 Schaltungen für dominierendes Löschen 196
      9.1.2 Schaltung für dominierendes Setzen 198
   9.2 Kontaktlose Schaltwerke 201
      9.2.1 Basis-Flip-Flops 201
          9.2.1.1 Basis-Flip-Flop aus NOR-Gattern (RS-Flip-Flop) 201
          9.2.1.2 Basis-Flip-Flop mit NAND-Gattern 205
   9.3 Das getaktete RS-Flip-Flop 206
   9.4 Das D-Flip-Flop 207
   9.5 Flip-Flops mit Zwischenspeicherung (Zähl-Flip-Flops) 209
      9.5.1 Das RS-Master-Slave-Flip-Flop 209
      9.5.2 Das JK-Master-Slave-Flip-Flop 210
      9.5.3 Das T-Flip-Flop 214
   9.6 Zusammenstellung der Schaltfolgetabellen der behandelten FF-Typen 215
      9.6.1 Flip-Flops mit zwei Eingängen 215
      9.6.2 Flip-Flops mit einem Eingang 216
   9.7 Übungsaufgaben zu 9 216

10. Zählschaltungen 217
   10.1 Asynchrone Zähler (seriengesteuerte Zähler) 217
      10.1.1 Asynchroner Zähler für den Dualcode zum Zählen von 0 bis 3 mit JK bzw. T-FFs 217
      10.1.2 Aufbau eines asynchronen Rückwärtszählers im Dualcode von 3 bis 0 mit JK-Flip-Flops 221

10.1.3 Asynchronzähler im 8421-code (BCD-Code) mit JK-MS-FF 222
10.2 Synchronzähler (parallel-gesteuert) 226
    10.2.1 Synchronzähler im Dual-Code mit JK-MS-FFs (vorwärts 0–3) ... 226
    10.2.2 Synchronzähler für den Dualcode, rückwärts 3 bis 0 mit JK-FFs ... 227
    10.2.3 Synchronzähler für den BCD-Code (8421) mit JK-MS-FFs 229
11. Frequenzteiler (Unterseter) 232
  11.1 Geradzahlige Teiler 232
  11.2 Ungerade Teiler 232
    11.2.1 Frequenzteiler 1:3 232
    11.2.2 Frequenzteiler 1:5 235
12. Register 240
  12.1 Schieberegister 240
    12.1.1 Schieberegister mit Serieneingang sowie Parallel- und Serienausgang, Schieberichtung rechts 240
    12.1.2 Schieberegister mit Paralleleingabe und Serienausgabe (Parallel-Serienumsetzer) 242
13. Halbleiterspeicher 244
  13.1 Serielle Speicher 244
  13.2 Schreib-Lesespeicher (RAM = Random Access Memory) 245
    13.2.1 Zeilen organisierter Schreib-Lesespeicher 245
    13.2.2 Bit-orientierter Speicher 247
    13.2.3 Statische RAM-Speicherbausteine 248
    13.2.4 Dynamische RAMs 249
  13.3 Nur-Lese-Speicher (ROM) 249
    13.3.1 Maskenprogrammierte Festwertspeicher (ROM) 250
    13.3.2 Der anwenderprogrammierbare Speicher PROM nach dem Fusable-Link-Verfahren (Fusable-Link = Sicherungsdraht) 252
    13.3.3 Mehrfach programmierbare Speicher 253
      13.3.3.1 UV-Licht-löschbare Festwertspeicher (EPROM) 253
      13.3.3.2 Elektrisch löschbare Speicher (EEPROM, EAPROM, VEPROM) 254
    13.3.4 Programmierbare Logikanordnung (PLA) 254
14. Digital-Analogumsetzer (DAU) 256
15. Analog-Digitalumsetzer (ADU) 258
  15.1 ADU nach dem Frequenzverfahren 258
  15.2 ADU nach dem Sägezahnverfahren 259
16. Schaltkreissysteme 261
  16.1 Diodenlogik 261
    16.1.1 ODER-Verknüpfung 261
    16.1.2 UND-Verknüpfung 262
  16.2 Dioden-Transistor-Logik (DTL) 263
  16.3 Transistor-Transistor-Logik (TTL) 266
17. Lösungen zu den Übungsaufgaben 268
  Lösungen zu 1 268
  Lösungen zu 2 268
  Lösungen zu 3 275
  Lösungen zu 4 276
  Lösungen zu 5 279
  Lösungen zu 9 280

Literaturnachweise 283
Schrifttum 283
Stichwortverzeichnis 284

1 Einleitung

1.1 Analoge und digitale Größen.

Die Darstellung von Größen kann auf zweierlei Weise erfolgen: einmal in analoger, zum anderen in digitaler Form.
So ist ein analoges Signal dadurch charakterisiert, daß innerhalb eines bestimmten Bereichs unendlich viele Größen kontinuierlich darstellbar sind.
Bei einem Vielfachinstrument ist der Zeigerausschlag direkt proportional dem fließenden Strom (Bild 1.1a).

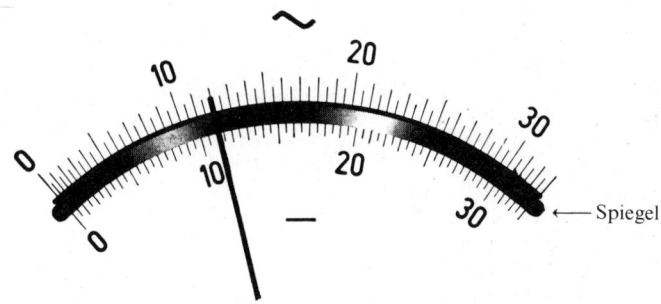

Bild 1.1a   Analoge Anzeige eines Vielfachinstruments

Die Ablesegenauigkeit kann durch einen unterlagerten Spiegel erhöht werden. Dadurch wird der sog. Parallaxefehler vermieden. Durch Verlängerung des Zeigers kann die Empfindlichkeit und damit die Meßgenauigkeit erhöht werden. Dies wird bei Instrumenten mit Lichtzeigern ausgenutzt. Am Skalenende wird die Meßgröße am genauesten gemessen. Vorteilhaft bei diesen Instrumenten ist, daß die Tendenz der Änderung der Meßgröße erkannt werden kann.
Ganz anders liegen die Verhältnisse bei der digitalen Größendarstellung. Hier kann nur eine endliche Zahl von Informationsgrößen zur Darstellung gebracht werden, wobei die Anzeige durch Ziffern erfolgt. Bei dieser Darstellung ist kein Ablesefehler möglich (Bild 1.1b).

Bild 1.1b
Digitale Anzeige eines Amperemeters

Die Genauigkeit der Messung läßt sich hier durch Hinzufügen weiterer Stellen steigern. Der Begriff „Digital" wurde von dem englischen Wort „digit" (Ziffer, Zahl) abgeleitet. Es wird damit die zahlenmäßige oder numerische Darstellung einer Größe gekennzeichnet. Im allgemeinen Sprachgebrauch spricht man von einer digitalen Technik, wenn schaltende Elemente verwendet werden.

1.2 Grundbegriffe der Schaltalgebra

Die Schaltalgebra ist zu einem außerordentlich wichtigen Hilfsmittel der Digitaltechnik geworden. Obwohl die Boolesche Algebra [1] schon lange bekannt war, wurde sie erst in jüngster Zeit in der Digitaltechnik benützt um Schaltungen zu beschreiben und zu vereinfachen. Der englische Mathematiker Boole (1815–1864) formulierte logische Zusammenhänge in einer zweiwertigen Logik. Die Aussagen „wahr" und „nicht wahr" bzw „falsch" bildeten die Voraussetzungen für bestimmte Schlußfolgerungen. Shannon [2] schuf daraus durch Übertragung dieser Aussagen auf Schaltprobleme die Schaltalgebra.

Den genannten Aussagen entsprechen in der Schaltalgebra zwei genau definierte Schalterstellungen. Man unterscheidet zwischen Schalter „offen" und Schalter „geschlossen" Beispiel 1.1 Ein- und Ausschalten einer Lampe (Bild 1,2a).

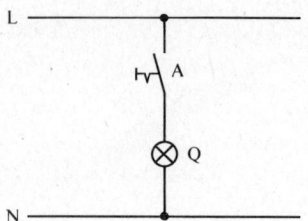

Bild 1.2a Ein- und Ausschalten der Lampe Q mit Schalter A

Die Lampe Q in Bild 1.2a brennt nur, wenn der Schalter A geschlossen ist. Sie erlischt, wenn der Schalter geöffnet wird. Der Ausgang Q (Lampe brennt, oder erlischt) ist eindeutig vom Zustand des Eingangs A (Schalter geschlossen bzw. offen) abhängig. Verbraucher mit einer größeren Leistungsaufnahme werden mit Schützen geschaltet. Bild 1.2b zeigt den Stromlaufplan für das Ein- und Ausschalten des Wechselstrommotors Q mit dem Schütz C. Beispiel 1.2 (Bild 1.2b).

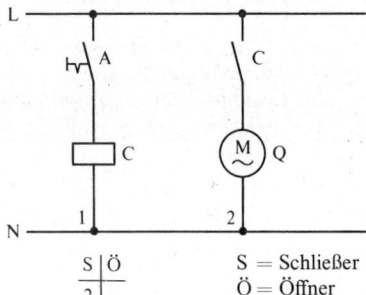

Bild 1.2b Ein- und Ausschalten des Motors Q mit Schütz C

S = Schließer
Ö = Öffner

Zur Darstellung von Schaltungen mit Kontakten wird der Stromlaufplan verwendet. In diesem werden die Teile von Schaltern und Schützen unabhängig vom mechanischen Aufbau dargestellt. Bei Schützen wird angegeben in welchen Stromkreisen die zugehörigen Kontakte eingebaut sind. In Bild 1.2b ist ein Schließer des Schützes C in Stromkreis 2.

1.2 Grundbegriffe der Schaltalgebra

Alle Schalter und Kontakte werden in der Ruhelage dargestellt.
Um einen leichteren Übergang von den Schaltungen mit Kontakten zu kontaktlosen Schaltungen zu erhalten, werden vielfach nicht die genormten Bezeichnungen verwendet. Für die Eingänge der Schaltungen (meistens Schalter) werden die ersten Buchstaben des Alphabets (A, B, C, D usw.) verwendet. Die Ausgänge der Schaltung erhalten die Bezeichnung Q. (Q_1, Q_2, ..., Q_n)
Die Funktionsweise der Schaltung in Bild 1.2b:
Mit dem Schalter A wird das Schütz C eingeschaltet.
Der Schließer des Schützes (Arbeitskontakt) C im Stromkreis 2 schaltet den Motor Q ein.
Den beiden Beispielen 1.1 und 1.2 ist gemeinsam, daß der Ausgang Q eine eindeutige Funktion des Eingangs A darstellt. In beiden Fällen ist am Ausgang der Betriebszustand vorhanden (Lampe brennt, bzw. Motor läuft), wenn der Schalter A geschlossen ist. Da A nur zwei Zustände annehmen kann (Schalter geschlossen und Schalter offen), nennt man A eine binäre Variable. Die beiden Zustände werden nach DIN 41 785 mit H und L bezeichnet.
Es entspricht:
Dem geschlossenen Schalter : H (High)
Dem geöffneten Schalter: L (Low)
In allen elektronischen Schaltungen werden den beiden Schaltzuständen Potentialangaben zugeordnet.
Das Potential der H (High)-Werte liegt näher bei + Unendlich (z. B.: +5 V).
Das Potential der L (Low)-Werte liegt näher bei − Unendlich (z. B.: 0 V).
Eine Unterscheidung zwischen positiver und negativer Logik ist nicht mehr erforderlich. Diese Potentialzuordnung entspricht der sog. positiven Logik (DIN 41 785 Bl. 4).
Die Angabe L deutet also immer auf den tieferen Spannungspegel hin (Low!).
Früher kennzeichnete L oder 1 den höheren Spannungswert und 0 den niedrigen.
Alle Schaltungen können durch eine Schaltfunktion oder Schaltungsgleichung beschrieben werden. Sie lautet für vorstehende Beispiele:

$$Q = A \quad (1.1). \quad \text{(Identität)}$$

Man spricht: Q ist vorhanden, wenn A vorhanden ist. Nur wenn der Schalter A geschlossen (H) ist, läuft der Motor bzw. brennt die Lampe Q.
Der Zusammenhang zwischen der Eingangsgröße A und der Ausgangsgröße Q kann auch durch die Funktionstabelle beschrieben werden (Tabelle 1.1). Diese wird manchmal auch Wahrheitstabelle genannt.

	A	Q
1	L	L
2	H	H

Tabelle 1.1
Funktionstabelle für die Schaltung
von Bild 1.2a und Bild 1.2b (Identität)

1. Zeile: Solange der Schalter A offen (L) ist (gezeichnete Stellung) kann die Lampe Q nicht brennen bzw. der Motor Q nicht laufen (L).

2. Zeile: Wenn der Schalter A geschlossen (H) ist, brennt die Lampe Q bzw. läuft der Motor Q (H).

Die Schaltzustände am Ausgang sind identisch mit den Schaltzuständen am Eingang, deshalb nennt man diese Zuordnung Identität.

Eine weitere Darstellungsmöglichkeit ist das Impulsdiagramm. In diesem Diagramm werden als Funktion der Zeit die Zustände der Eingangs- und der Ausgangsgrößen aufgetragen. Zu vorstehenden Beispielen ergibt sich folgendes Impulsdiagramm: (Bild 1.3)

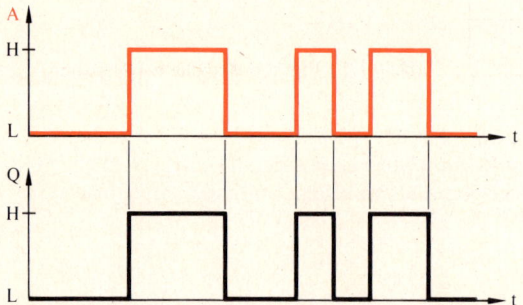

Bild 1.3 Impulsdiagramm der Identität

Aus dem Impulsdiagramm folgt: Wenn der Schalter A geschlossen (H) ist, ist auch am Ausgang H vorhanden.

Die meisten Schütze besitzen sowohl Schließer (S), die früher Arbeitskontakte genannt wurden, als auch Öffner (Ö), früher Ruhekontakte genannt.

Beispiel 1.3: In einer Schaltung soll der Schaltzustand eines Schützes mit einer Signallampe angezeigt werden. Die Lampe soll leuchten, wenn das Schütz *nicht* eingeschaltet ist. (Bild 1.4)

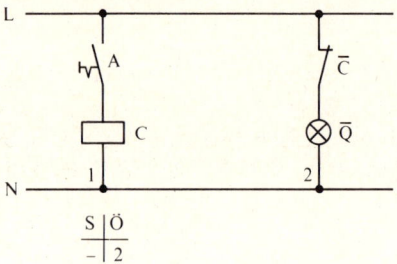

Bild 1.4 Schalten der Lampe $\overline{Q}$ mit dem Öffner $\overline{C}$ des Schützes C (Beispiel 1.3)

Im Ruhezustand leuchtet die Lampe $\overline{Q}$, da der Öffner des Schützes $\overline{C}$ (Ruhekontakt) geschlossen ist. Wird der Schalter A geschlossen, so erlischt die Lampe. Allgemein:

Ausgang Q ist nicht vorhanden (L), wenn A vorhanden (H) ist.

Man nennt diesen Zusammenhang Negation, Komplement oder logisches Nicht. Die Negation wird durch einen Strich über der Variablen gekennzeichnet: $\overline{A}$. Man spricht: „A nicht". Als Schaltungsgleichung für die Schaltung Bild 1.4 ergibt sich:

1.2 Grundbegriffe der Schaltalgebra

$$\overline{Q} = A \text{ oder } Q = \overline{A} \qquad (1.2). \quad \text{(Negation)}$$

Mit der Funktionstabelle kann dieser Zusammenhang ebenfalls beschrieben werden.

	A	$\overline{Q}$
1	H	L
2	L	H

Tabelle 1.2 Funktionstabelle der Negation

1. Zeile: Schalter A geschlossen (H); Lampe leuchtet nicht (L).
2. Zeile: Schalter A geöffnet (L); Lampe leuchtet (H).

Das Impulsdiagramm der Negation zeigt Bild 1.5.

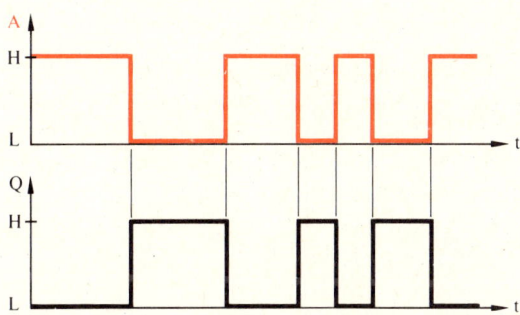

Bild 1.5 Impulsdiagramm der Negation

Immer wenn Eingang A vorhanden ist (H), ist der Ausgang Q nicht vorhanden (L). Als Schaltzeichen für die Negation wird nach DIN 40700 vorgeschlagen (Bild 1.6):

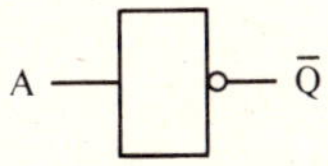

Bild 1.6
Schaltzeichen der Negation (Inverter)

Ganz allgemein bedeutet der Kreis in diesem Schaltzeichen eine Negation. Diese Negation wird in elektronischen Schaltungen durch einen Transistor in Emitterschaltung erreicht. Dieser bewirkt gleichzeitig eine Verstärkung.
Schaltglieder, die diese Bedingungen erfüllen, nennt man auch **Inverter.**

Mit integrierten Bausteinen gibt es mehrere Möglichkeiten, Negationen (Inverter) aufzubauen.
Die Anschlußanordnung eines Bauelementes, das nur Inverter enthält, zeigt Bild 1.7. In diesem Element sind sechs Inverter integriert.

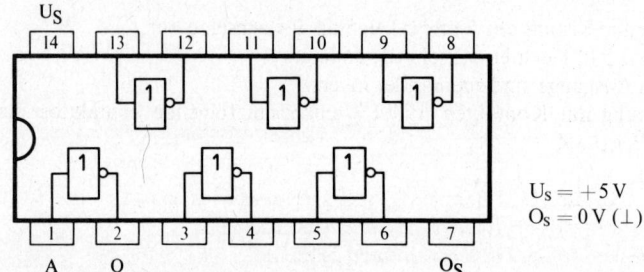

$U_S = +5 V$
$O_S = 0 V (\perp)$

Bild 1.7 Sechsfacher Inverter (7404)
Anschlußanordnung (Ansicht von oben)

In den betrachteten Schützschaltungen wurde einmal der Schließer des Schützes C benützt (Bild 1.2). Im Bild 1.4 wurde der Öffner verwendet. Werden in einer Schaltung beiden Kontakten Signallampen zugeordnet, so ergibt sich folgendes Bild: (Bild 1.8) Beisp. 1.4.

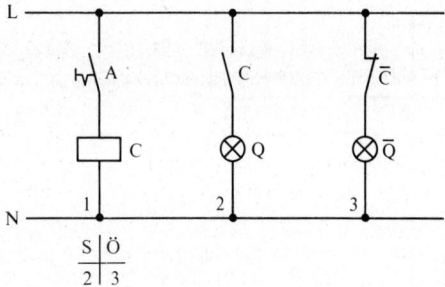

Bild 1.8 Anzeige des Schaltzustandes von Schließer und Öffner des Schützes C (Beispiel 1.4)

Diese Schaltung führt zu folgender Funktionstabelle (Tabelle 1.3):

	A	Q	$\bar{Q}$
1	H	H	L
2	L	L	H

Tabelle 1.3
Funktionstabelle zur Schaltung Bild 1.8

1.2 Grundbegriffe der Schaltalgebra

Für Stromkreis 2 gilt folgende Schaltungsgleichung:

$Q = A$ 1.1   Identität

Für Stromkreis 3:

$\overline{Q} = A$ 1.2   Negation

Die Lampen in Stromkreis 1 und 2 leuchten abwechselnd auf.
Wenn die eine aufleuchtet, erlischt die andere.
Die beiden Ausgänge sind zueinander invers.
Der Schaltung mit Kontakten Bild 1.8 entspricht folgende kontaktlose Schaltung: (Bild 1.9) Beisp. 1.4.

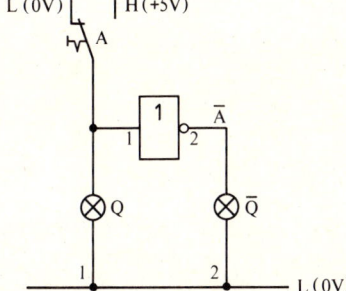

Bild 1.9
Kontaktlose Schaltung zu Bild 1.8
(Identität und Negation)

Mit den Begriffen der Mengenlehre lassen sich die Gesetzmäßigkeiten der Schaltalgebra sehr anschaulich darstellen. Die Mengenlehre ist wie die Schaltalgebra nur eine besondere Form der Booleschen Algebra.
Jeder Variablen wird eine Punktmenge zugeordnet (Bild 1.10). Alle Punkte innerhalb des Kreises haben den Wert der Variablen A. Damit haben alle Punkte außerhalb des Kreises den Wert von $\overline{A}$.
Eine sehr anschauliche Darstellung ist das **Venn-Diagramm.** In diesem wird auf eine Aufzählung der Elemente verzichtet. Der gewählte Mengenbereich wird durch eine Schraffur gekennzeichnet. Für die Variable A ergibt sich folgendes Venn-Diagramm: (Bild 1.10).

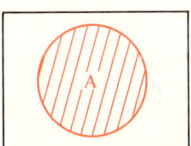

Bild 1.10
Punktmenge für A (Venn-Diagramm der Identität)

Ein entsprechendes Diagramm für $\overline{A}$ zeigt Bild 1.11.

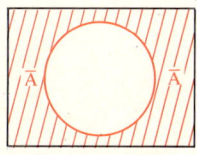

Bild 1.11
Punktmenge für $\overline{A}$ (Venn-Diagramm der Negation A)

Im Venn-Diagramm können auch die Beziehungen zwischen zwei und mehr Variablen dargestellt werden. Jede Variable kann nur zwei Werte, nämlich H und L annehmen. Andere Werte sind ausgeschlossen. Bei einer Variablen ergaben sich zwei Bereiche (Bild 1.10 und 1.11). Entsprechend sind bei zwei Variablen zur Kennzeichnung vier Bereiche nötig. Es wird folgende Zuordnung gewählt: (Bild 1.12)

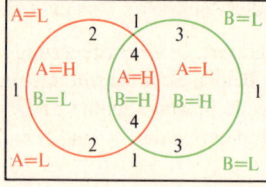

Bild 1.12
Bereiche des Venn-Diagramms für zwei Variable

1) Bereich außerhalb der Kreise: Beiden Variablen wird L zugeordnet.
2) In der linken Kreisfläche (ausgenommen Überschneidung) wird A = H und B = L.
3) In der rechten Kreisfläche wird A = L und B = H (Überschneidung ausgenommen).
4) In der Überschneidung der beiden Kreise wird A = H und B = H.

Soll mit diesem Venn-Diagramm eine Verknüpfung dargestellt werden, so wird die Fläche schraffiert, für die das Ergebnis H wird. Die anderen Flächen werden freigelassen.

Für die Ergänzungsmengen der beiden Mengen A und B nämlich $\overline{A}$ und $\overline{B}$ ergeben sich folgende Venn-Diagramme: (Bild 1.13)

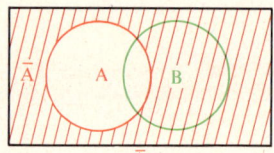 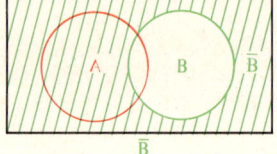

Bild 1.13 Ergänzungsmengen $\overline{A}$ bzw. $\overline{B}$ der Mengen A und B

Zur Bildung der Ergänzungsmengen müssen alle Bereiche schraffiert werden, in denen die jeweilige Punktmenge L wird.

1.3 *Übungsaufgaben zu 1* (Lösungen im Anhang)

Ü 1.1   Wieviel Bereiche des Venn-Diagramms entstehen bei drei Variablen? Zeichnen Sie die entsprechende Zuordnung.

Ü 1.2   Für die Verknüpfung der beiden Variablen A und B wird das Ergebnis für folgende Fälle H:

1) A = L und B = H
2) A = H und B = L

Zeichnen Sie das Venn-Diagramm für diesen Fall.

2 Die logischen Verknüpfungen

Kontakte können in Reihe oder parallel geschaltet werden. Es kann auch eine Kombination von beiden Schaltungsarten auftreten. Dies führt zu unterschiedlichen Verknüpfungen der Schaltalgebra.

2.1 Die UND-Verknüpfung, Konjunktion oder Boolesches Produkt (AND)

Diese wird an einem praktischen Beispiel (2.1) erläutert. In einer Steuerung sollen zwei Schütze geschaltet werden. Die Einschaltung der beiden Schütze soll mit einer Signallampe überwacht werden. Die Lampe soll nur leuchten, wenn Schütz c1 UND c2 eingeschaltet sind. Die Schütze werden durch die beiden Schalter A und B eingeschaltet (Bild 2.1).

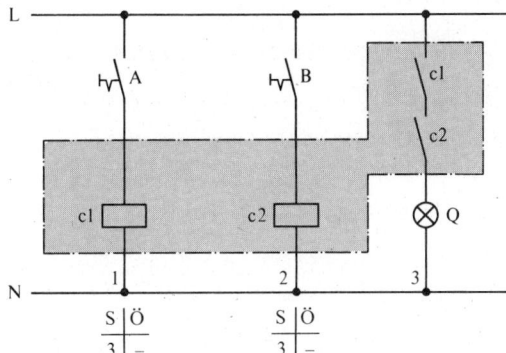

Bild 2.1 Anzeige des Schaltzustandes der Schütze c1 und c2 mit Signallampe Q (Beispiel 2.1)

Es ergeben sich folgende Schaltzustände:
0) Beide Schalter (A und B) sind nicht eingeschaltet (L). Die Lampe Q brennt nicht (L).
1) Schalter A geschlossen (H), Schalter B offen (L). Die Lampe Q brennt nicht.
2) Schalter B geschlossen, Schalter A offen. Die Lampe Q brennt nicht.
3) Schalter A und B geschlossen (H). Die Lampe brennt.

Nur wenn Schalter A **UND** *B geschlossen (H) sind, brennt die Lampe*
Dies ergibt folgende Funktionstabelle (Tabelle 2.1).

	2	1		
	2^1	2^0		
	B	A	Q	
0	L	L	L	
1	L	H	L	
2	H	L	L	
3	H	H	H	AB

Tabelle 2.1 Funktionstabelle der UND-Verknüpfung mit zwei Variablen

Nur in der letzten Zeile ist die Bedingung für das Leuchten der Lampe erfüllt.
Merke: Reihenschaltung von Kontakten führt zur UND-Verknüpfung.
Es ist zweckmäßig, die angeführte Ordnung der Funktionstabelle beizubehalten. Diese Ordnung ergibt sich aus der Wertigkeit der Spalten. Spalte A erhält die Wertigkeit $2^0 = 1$; Spalte B die Wertigkeit $2^1 = 2$; (C: $2^2 = 4$; D: $2^3 = 8$ usw.). Setzt man für L die Zahl Null und für H die Zahl 1, so ergibt sich unter Berücksichtigung der Wertigkeit die Zahl, die links neben der Funktionstabelle steht, wenn die Summe jeder Zeile gebildet wird.

z. B.: $0 \cdot 2^0 + 0 \cdot 2^1 = 0$; $1 \cdot 2^0 + 0 \cdot 2^1 = 1 + 0 = 1$ usw.

Nach DIN 66000 wird als Verknüpfungszeichen für die UND-Verknüpfung ∧ gewählt. Das Zeichen für die UND-Verknüpfung kann weggelassen werden, wenn kein Mißverständnis möglich ist. Die genannte Norm läßt außerdem das Multiplikationszeichen zu. Damit ergibt sich als Schaltfunktion für die UND-Verknüpfung:

$Q = A \wedge B (= A \cdot B = AB)$ **2.1 Schaltungsgleichung für UND**

Sprechweise: Wenn A und B vorhanden sind, ist Q vorhanden.
Als Schaltzeichen für die UND-Verknüpfung wird nach DIN 40700 festgelegt: (Bild 2.2)

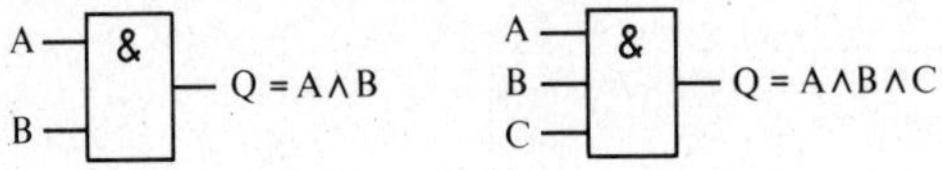

Bild 2.2   Schaltzeichen für die UND-Verknüpfung

Dem Schaltzeichen mit zwei Eingängen entspricht der gestrichelte Teil der Schaltung mit Kontakten (Bild 2.1).
Die Anschlußanordnung von UND Gliedern auf einem integrierten Baustein zeigt Bild 2.3.

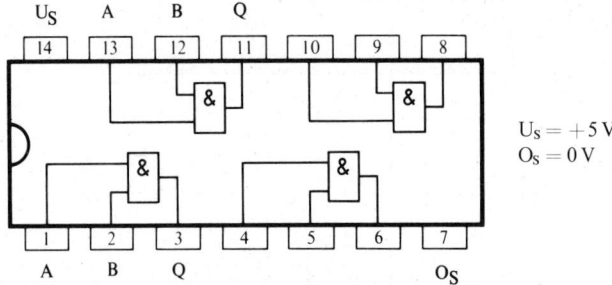

Bild 2.3   Anschlußanordnung für UND-Glieder. Ansicht von oben (4 UND mit je zwei Eingängen) (7408)

2.1 Die UND-Verknüpfung, Konjunktion oder Boolesches Produkt (AND)

Mit elektronischen Bauelementen ergibt sich für die Schaltung nach Bild 2.1 folgende kontaktlose Schaltung (Bild 2.4).

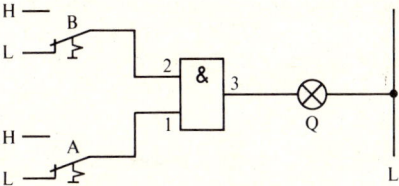

Bild 2.4 Kontaktlose Schaltung für die UND-Verknüpfung

Mit den Begriffen der Mengenlehre kann die UND-Verknüpfung als die Menge von Punkten erklärt werden, die sowohl zur Variablen A als auch zur Variablen B gehören. Man spricht von der Durchschnittsmenge (Überdeckungsmenge).
In der Mengenlehre ist folgende Schreibweise üblich:

$$D = A \cap B$$

gelesen: „A geschnitten mit B".
Für die UND-Verknüpfung ergibt sich folgendes Venn-Diagramm (Bild 2.5).

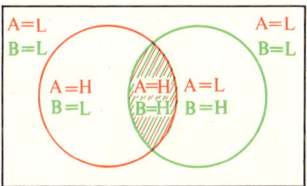

Bild 2.5
Venn-Diagramm der UND-Verknüpfung
(Durchschnittsmenge)

Nur im schraffierten Teil ist A UND B = H und damit auch Q = H.
Aus dem Impulsdiagramm sind die gleichen Zusammenhänge ersichtlich (Bild 2.6).

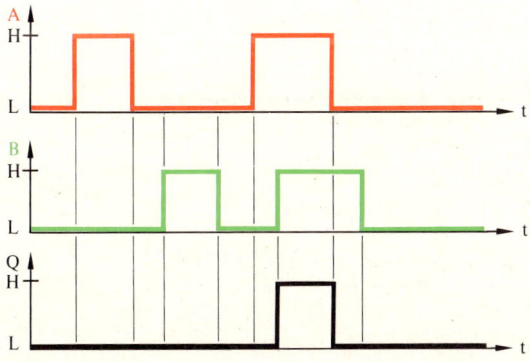

Bild 2.6 Impulsdiagramm der UND-Verknüpfung

Da die UND-Bedingung nur erfüllt ist, wenn beide Eingangsvariablen H sind (beide Schalter geschlossen), nennt man dies die Ansprechbedingung (Lampe brennt). Die übrigen 3 Kombinationen sind die Nichtansprechbedingungen.
Für die drei Eingangsvariablen A, B und C würden sich folgende Schaltungen ergeben (Bild 2.7). Beispiel 2.2.

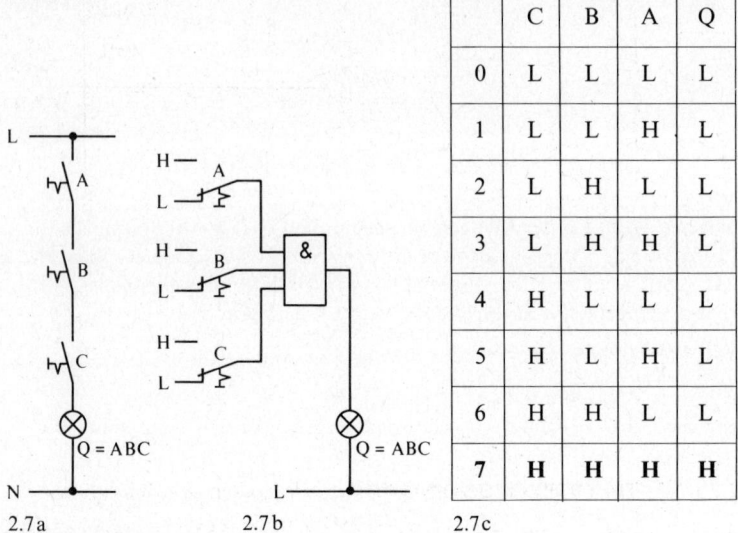

2.7a 2.7b 2.7c

Bild 2.7 UND-Verknüpfung mit drei Variablen (Beispiel 2.2)
a. Schaltung mit Kontakten
b. Kontaktlose Schaltung
c. Funktionstabelle

Nur wenn die Schalter A, B, UND C geschlossen sind, leuchtet die Lampe Q. Dies ergibt folgende Schaltfunktion: (Bild 2.7)

$$Q = A \wedge B \wedge C \quad 2.2$$

Um alle Möglichkeiten zu erfassen, mußten in der Funktionstabelle acht Zeilen geschrieben werden (Bild 2.7c). Dies ergab die Ziffern 0–7.
Ganz allgemein gilt:
Zahl der Möglichkeiten: $\mathbf{Z = 2^V}$ 2.3
V = Zahl der Variablen.
z.B.: $V = 2 \quad Z = 2^2 = 4$ Dies entspricht der Funktionstabelle 2.1 (UND-Verknüpfung zweier Variablen)
z.B.: $V = 4 \quad Z = 2^4 = 16$ Möglichkeiten

Da in den Funktionstabellen jeweils 0 als erste Zahl geschrieben wird, gilt für die größte Zahl:

$$\mathbf{D = Z - 1} \quad \mathbf{2.4}$$

z.B.: $V = 2; D = Z - 1 = 2^2 - 1 = 4 - 1 = 3$

Also Ziffer der letzten Zeile: 3 (Siehe Tabelle 2.1).

2.2 Die ODER-Verknüpfung (OR), Disjunktion oder Boolesche Summe

Für die UND-Verknüpfung mit drei Variablen ergibt sich folgendes Venn-Diagramm: (Bild 2.8)

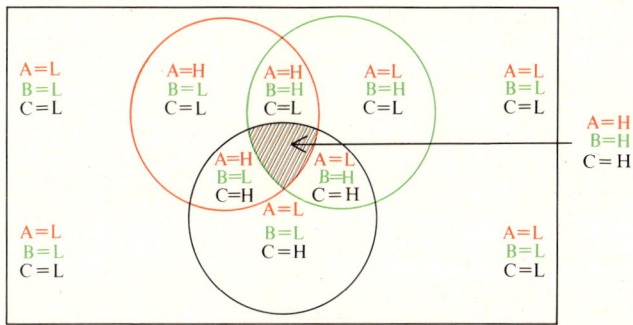

Bild 2.8 Venn-Diagramm der UND-Verknüpfung dreier Variablen. Nur im schraffierten Teil sind die drei Variablen H

2.2 Die ODER-Verknüpfung (OR), Disjunktion oder Boolesche Summe

Beisp.: 2.3. Eine Anzeigeleuchte soll den Schaltzustand zweier Schütze anzeigen. Die Lampe soll immer leuchten, wenn mindestens ein Schütz oder beide Schütze eingeschaltet sind. Die Schütze werden durch die beiden Schalter A und B eingeschaltet. Dies führt zu folgender Schaltung: (Bild 2.9)

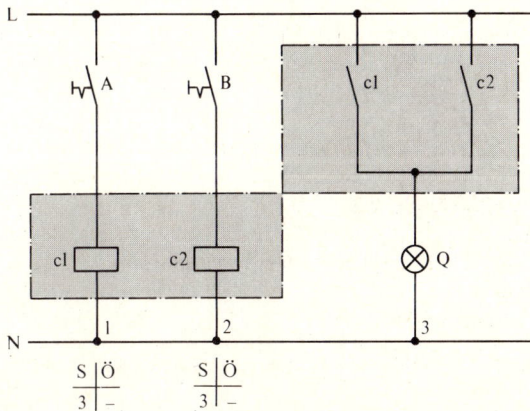

Bild 2.9 Anzeige des Schaltzustandes der Schütze c1 und c2 mit Lampe Q

Jetzt ergeben sich folgende Schaltzustände:

0) Beide Schalter A und B sind nicht eingeschaltet (L). Die Lampe Q brennt nicht (L). (Schütze c1 und c2 bleiben in Ruhelage.)
1) Schalter A geschlossen (H), Schütz c1 wird angezogen, Lampe Q brennt (H). Schalter B offen, Schütz c2 nicht angezogen (L).
2) Schalter B geschlossen (H), Schütz c2 angezogen, Lampe Q (H) brennt. Schütz c1 nicht angezogen, da A nicht eingeschaltet ist.
3) Beide Schalter (A und B) geschlossen (H). Sowohl Schütz c1 als auch Schütz c2 sind angezogen. Die Lampe brennt (H).

*Immer wenn die Schalter A **ODER** B oder beide geschlossen sind, brennt die Lampe.*

Dies ergibt folgende Funktionstabelle (Tabelle 2.3).

	2^1	2^0		
	B	A	Q	
0	L	L	L	
1	L	H	H	$A\bar{B}$
2	H	L	H	$\bar{A}B$
3	H	H	H	AB

Tabelle 2.2
Funktionstabelle der ODER-Verknüpfung mit zwei Variablen

Nur die Zeile 0 ergibt die Bedingung für das Nichtleuchten der Lampe (Q = L). Dies ist die sog. Nichtansprechbedingung. Bei allen übrigen Kombinationen brennt die Lampe. Dies sind die Ansprechbedingungen. Die Lampe brennt also (Q = H), wenn A ODER B oder beide geschlossen sind. Mit dem Verknüpfungszeichen ∨ (Vel) für die ODER-Verknüpfung ergibt sich als Schaltfunktion:

$Q = A \vee B$ 2.5 **Schaltfunktion für ODER**

Sprechweise: „Wenn A ODER B vorhanden ist, ist Q vorhanden".
Um die gewünschte Funktion zu erhalten, müssen die Schließer der Schütze c1 sowie c2 in Stromkreis 3 (Bild 2.9) parallel geschaltet werden.

Merke: Parallelschaltung von Kontakten führt zur ODER-Verknüpfung!

Nach DIN 40700 gilt als Schaltzeichen für die ODER-Verknüpfung: (Bild 2.10)

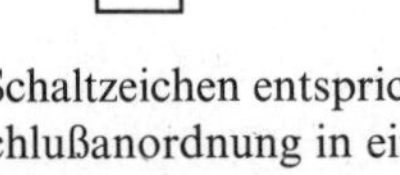

Bild 2.10
Schaltzeichen für die ODER-Verknüpfung

Diesem Schaltzeichen entspricht der gestrichelte Teil des Bildes 2.9.
Die Anschlußanordnung in einem integrierten Baustein mit 4 ODER-Gliedern mit je zwei Eingängen zeigt Bild 2.11.

2.2 Die ODER-Verknüpfung (OR), Disjunktion oder Boolesche Summe

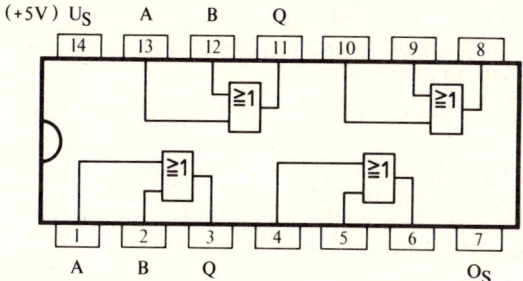

Bild 2.11 Anschlußanordnung für ODER-Glieder (4 ODER mit zwei Eingängen) (7432).

Der Schaltung mit Kontakten (Bild 2.9) entspricht folgende kontaktlose Schaltung:

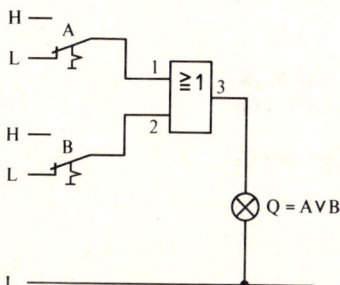

Bild 2.12 Kontaktlose Schaltung für die ODER-Verknüpfung

Diese Zusammenhänge sind auch gut aus dem Impulsdiagramm ersichtlich: (Bild 2.13)

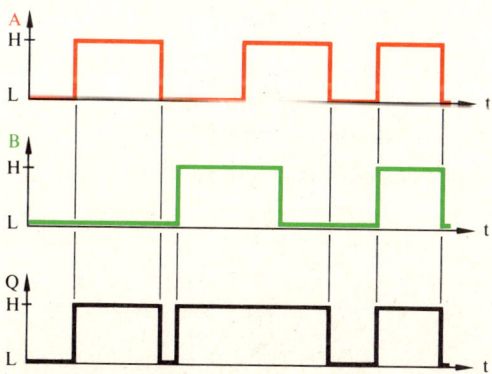

Bild 2.13 Impulsdiagramm der ODER-Verknüpfung der zwei Variablen A und B

In der Mengenlehre entspricht die Vereinigungsmenge der ODER-Verknüpfung. Die Menge der Elemente, die zur Menge A ODER zur Menge B, ODER zu beiden gehören, ist die Vereinigungsmenge (Bild 2.14).

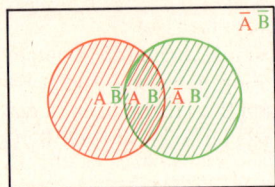

Bild 2.14
Venn-Diagramm der ODER-Verknüpfung
(Vereinigungsmenge)

In der Mengenlehre ist folgende Schreibweise üblich:

$$V = A \cup B$$

gelesen: „A vereinigt mit B".

2.3 Exklusiv-ODER (Ausschließendes ODER), Antivalenz

Beispiel 2.4
Zwei Schalter mit je einem Schließer und einem Öffner steuern eine Lampe Q an. Die Lampe soll nur leuchten, wenn einer der beiden Schalter geschlossen ist, nicht jedoch, wenn beide gleichzeitig geschlossen sind. (Exklusiv). Dies führt zu einer Verriegelungsschaltung (Bild 2.15).

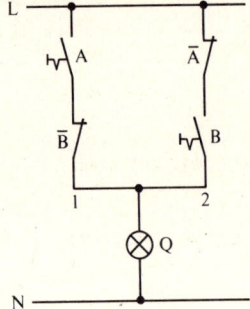

Bild 2.15
Schaltung mit Kontakten für
Exklusiv-ODER

Es entstehen folgende Kombinationen:
0) Schalter A und Schalter B nicht betätigt, also L. Dies entspricht der in Bild 2.15 gezeichneten Schaltung (Ruhelage). Die Lampe brennt nicht, da sowohl im Stromkreis 1 als auch im Stromkreis 2 keine durchgehende Verbindung vorhanden ist.
1) Schalter A betätigt, also H. In Stromkreis 1 entsteht eine leitende Verbindung über A und $\bar{B}$. Die Lampe brennt.
Im Stromkreis 2 ist jetzt $\bar{A}$ geöffnet.

2.3 Exklusiv-ODER (Ausschließendes ODER)

2) Schalter B betätigt, also H. Im Stromkreis 2 entsteht eine leitende Verbindung über $\overline{A}$ und B. Die Lampe brennt.
Im Stromkreis 1 ist jetzt $\overline{B}$ geöffnet.
3) Schalter A und B sind gleichzeitig betätigt also H.
Jetzt öffnen sich die Öffner der Schalter $\overline{A}$ und $\overline{B}$.
Es ist kein Stromdurchgang möglich. Die Lampe brennt nicht.

Nur wenn Schalter A ODER B geschlossen sind (H), brennt die Lampe. Sie brennt nicht, wenn beide geschlossen sind. Die beiden Eingangssignale sind zueinander antivalent, d. h. wenn A = H, ist B = L bzw. A = L und B = H. Nur dann ist das Ausgangssignal vorhanden. Dies ergibt die Funktionstabelle für Exklusiv-ODER: (Tabelle 2.3)

	2^1	2^0		
	B	A	Q	
0	L	L	L	
1	L	H	H	$A\overline{B}$
2	H	L	H	$\overline{A}B$
3	H	H	L	

Tabelle 2.3
Funktionstabelle für Exklusiv-ODER

Im Stromkreis 1 sind die Kontakte A und $\overline{B}$ in Reihe geschaltet. Dafür gilt die UND-Verknüpfung $A\overline{B}$. (Sprechweise: „A und B nicht".)
Im Stromkreis 2 sind die Kontakte B und $\overline{A}$ in Reihe geschaltet. Dies entspricht der UND-Verknüpfung $\overline{A}B$. (Sprechweise: „A nicht und B".)
Beide Stromkreise sind parallel geschaltet (ODER-Verknüpfung).
Damit lautet die Schaltfunktion:

$Q = A\overline{B} \vee \overline{A}B$ **2.6   Schaltfunktion für Exklusiv-ODER**

Diese Schaltfunktion kann auch aus der Funktionstabelle abgelesen werden, wenn die Spalten miteinander durch UND und die Zeilen miteinander durch ODER verknüpft werden. Siehe Pfeile in der Funktionstabelle 2.3.
Die Ansprechbedingung ist vorhanden: (H)

a) In Zeile 1. Hier gilt: A = H und B = L also $A\overline{B}$
b) In Zeile 2. Hier gilt: B = H und A = L also $B\overline{A}$

Die beiden Zeilen werden mit ODER verknüpft. Dies ergibt wieder die Schaltfunktion 2.6

Am Ausgang erscheint nur dann H-Signal, wenn entweder nur A oder nur B H-Signal besitzen.

Mit den Symbolen für die UND-Verknüpfung können die Stromkreise 1 und 2 dargestellt werden. Die Parallelschaltung wird mit der ODER-Verknüpfung dargestellt. Damit ergibt sich folgendes Schaltnetz für Exklusiv-ODER: (Bild 2.16)

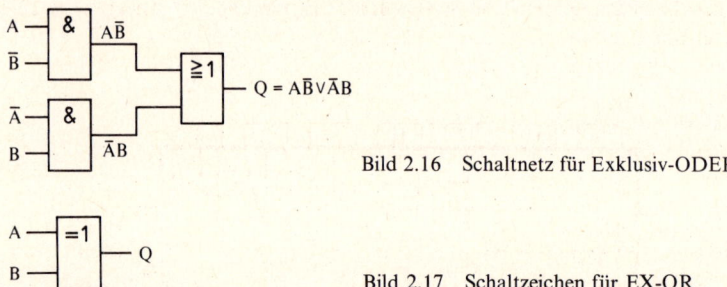

Bild 2.16   Schaltnetz für Exklusiv-ODER

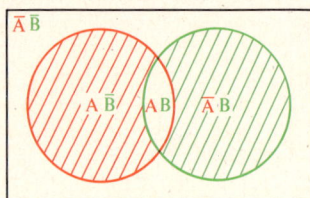

Bild 2.17   Schaltzeichen für EX-OR

Venn-Diagramm für Exklusiv-ODER: (Bild 2.18)

Bild 2.18
Venn-Diagramm für Exklusiv-ODER

Für die Exklusiv-ODER-Verknüpfung ergibt sich folgendes Impulsdiagramm: (Bild 2.19)

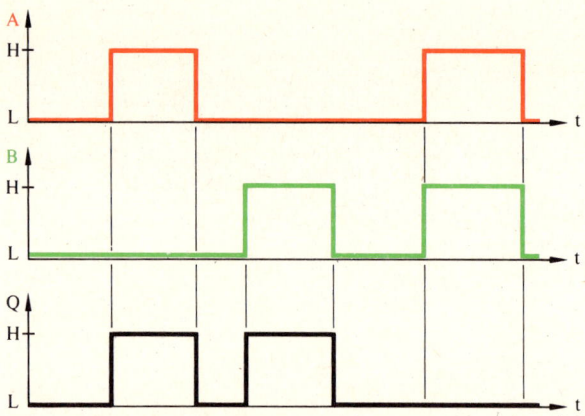

Bild 2.19   Impulsdiagramm für Exklusiv-ODER

2.4 NOR-Verknüpfung (negiertes OR = NOR)

Am Ausgang Q ist H vorhanden, wenn entweder A ODER B vorhanden ist (H). Dies sind die beiden Ansprechbedingungen. Der Ausgang Q zeigt L Signal, wenn A und B L-Signal besitzen, oder wenn A und B H-Signal besitzen. Dies sind die beiden Nichtansprechbedingungen.
Eine Ausführung der Exklusiv-ODER-Verknüpfung mit integrierten Schaltkreisen zeigt Bild 2.20:

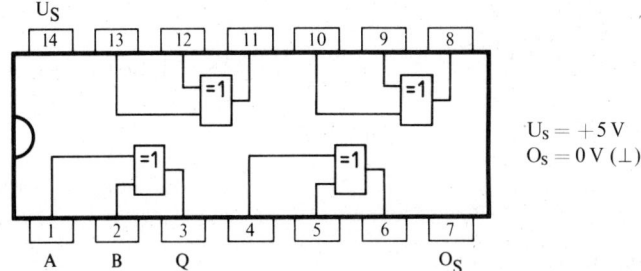

Bild 2.20 Anschlußanordnung des 7486 mit vier Exklusiv-ODER-Gliedern mit je zwei Eingängen

2.4 NOR-Verknüpfung (negiertes OR = NOR)

Beispiel 2.5
Wieder soll mit einer Anzeigeleuchte der Schaltzustand zweier Schütze c1 und c2 kontrolliert werden. Die Schütze werden durch die Schalter A und B eingeschaltet. Die Lampe soll nur leuchten, wenn keines der beiden Schütze eingeschaltet ist.
Diese Funktion kann erreicht werden, wenn in der ODER-Schaltung (Bild 2.9) ein Umkehrglied (Negation) ($\bar{d}$) eingebaut wird. Die entsprechende Schaltung zeigt Bild 2.21.

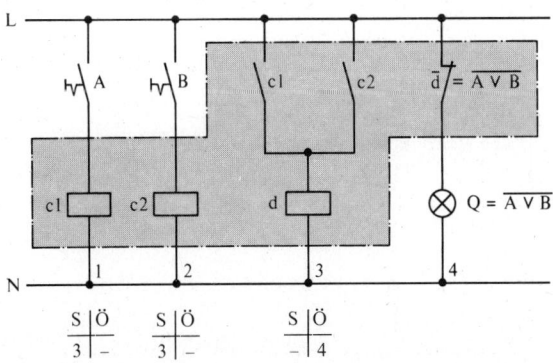

Bild 2.21 Schaltung mit Kontakten für NOR

Die Umkehrung erfolgt mit Hilfsschütz d in Stromkreis 3. Es ergibt sich folgende Funktionstabelle (Tabelle 2.4)

	B	A	d	Q
0	L	L	L	H
1	L	H	H	L
2	H	L	H	L
3	H	H	H	L

Tabelle 2.4 Funktionstabelle für NOR

Während für d die Schaltfunktion für ODER $d = A \vee B$ (2.5) gilt, wird diese Funktion durch den Ruhekontakt $\bar{d}$ negiert. Es gilt deshalb für Q:

$Q = \bar{d} = \overline{A \vee B}$ 2.7 **Schaltfunktion für NOR**

Sprechweise: A NOR B
Infolge der Negation der ODER-Funktion brennt die Lampe nur, wenn beide Schalter (A und B) offen sind. Am Ausgang erscheint nur dann H-Signal, wenn A und B L-Signal besitzen.
Mit kontaktlosen Elementen wird die gleiche Wirkungsweise erreicht, wenn hinter ein ODER-Glied ein Negationsglied geschaltet wird.

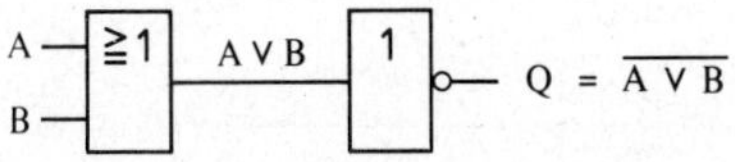

Bild 2.22 NOR-Verknüpfung, gebildet mit ODER-Verknüpfung und Negation

Daraus hat sich folgendes Schaltzeichen für die NOR-Verknüpfung entwickelt:

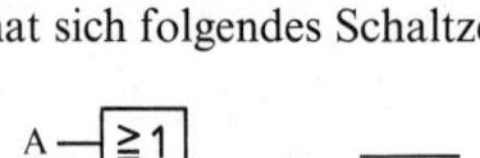

Bild 2.23 Schaltzeichen für die NOR-Verknüpfung

Diesem Schaltzeichen entspricht der gestrichelte Teil von Bild 2.21. (Schaltung mit Kontakten)
Das Impulsdiagramm der NOR-Verknüpfung zeigt Bild 2.24.

2.4 NOR-Verknüpfung (negiertes OR = NOR)

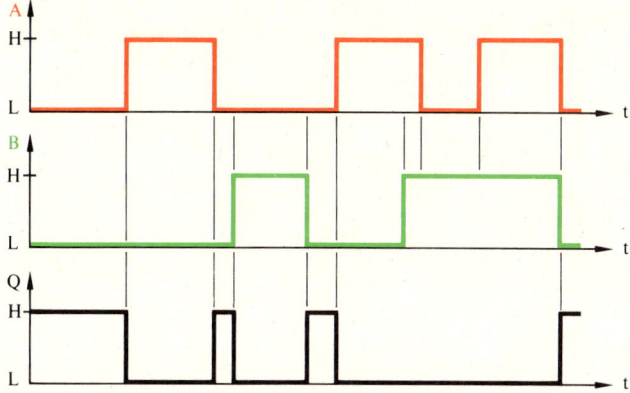

Bild 2.24 Impulsdiagramm der NOR-Verknüpfung

Aus dem Impulsdiagramm ist abzulesen: Die Lampe Q brennt (H) immer nur dann, wenn sowohl A als auch B ausgeschaltet (L) sind.
Für die NOR-Verknüpfung ergibt sich folgendes Venn-Diagramm: Bild 2.25

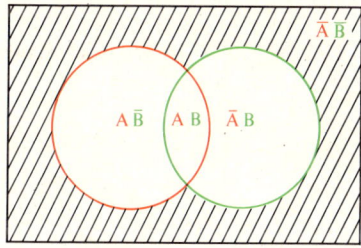

Bild 2.25 Venn-Diagramm der NOR-Verknüpfung

Da die NOR-Funktion durch Negation der ODER-Funktion entstanden ist, müssen im Venn-Diagramm die Flächen schraffiert werden, die bei der ODER-Funktion weiß waren und umgekehrt müssen die Flächen, die bei der ODER-Funktion schraffiert waren, jetzt weiß bleiben. Vergleiche Bild 2.14.
Die Anordnung der Anschlüsse des integrierten Bausteins SN 7402 mit vier NOR-Gliedern mit je zwei Eingängen zeigt Bild 2.26.

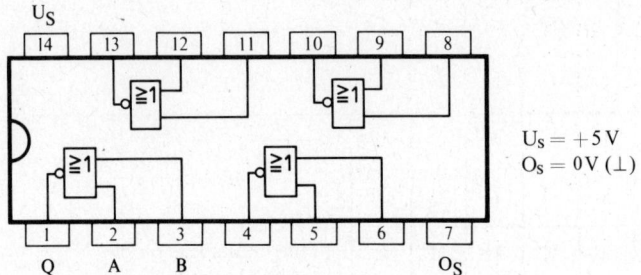

Bild 2.26 Anschlußanordnung des 7402 (4 NOR mit je zwei Eingängen)

2.5 NAND-Verknüpfung (negiertes AND = NAND)

Beispiel 2.6
Aus der UND-Verknüpfung Bild 2.1 entsteht durch Einfügen eines Negationsgliedes (Hilfsschütz d) die NAND-Verknüpfung. (Bild 2.27)

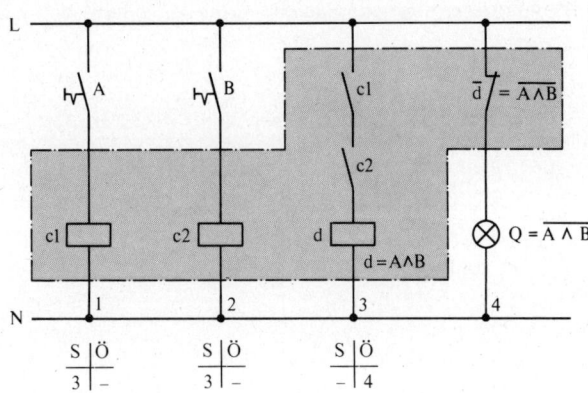

Bild 2.27 Schaltung mit Kontakten für die NAND-Verknüpfung

Das Hilfsschütz d spricht nur an, wenn die Schalter A UND B geschlossen sind. Es gilt also für d die UND-Verknüpfung. Der Öffner von $\overline{d}$ bewirkt eine Negation der UND-Verknüpfung. Damit ergibt sich für die Lampe Q:

$Q = \overline{d} = \overline{A \wedge B}$ 　　2.8 **Schaltfunktion der NAND-Verknüpfung**

Sprechweise: A NAND B.
So entsteht folgende Funktionstabelle (Tabelle 2.5)

2.5 NAND-Verknüpfung (negiertes AND = NAND)

	B	A	d	Q
0	L	L	L	H
1	L	H	L	H
2	H	L	L	H
3	H	H	H	L

Tabelle 2.5
Funktionstabelle für die
NAND-Verknüpfung

Die Lampe Q brennt nur dann nicht (L), wenn A UND B eingeschaltet sind (H).
Mit kontaktlosen Elementen erhält man ein NAND-Glied, wenn man hinter eine
UND-Verknüpfung ein Negationsglied schaltet (Bild 2.28a).

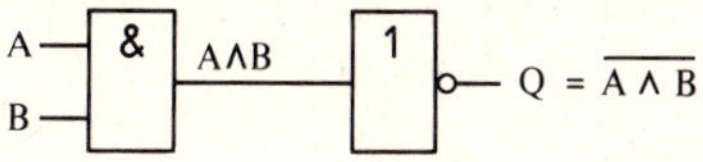

A —[&]— A∧B —[1]o— $Q = \overline{A \wedge B}$

Bild 2.28a   Reihenschaltung einer UND-Verknüpfung und einer Negation

Die NAND-Verknüpfung erhält als Schaltzeichen die Zusammenfassung der beiden
Schaltzeichen von Bild 2.28a

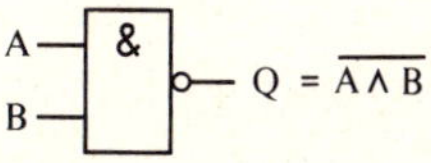

A —[&]o— $Q = \overline{A \wedge B}$

Bild 2.28b   Schaltzeichen der NAND-Verknüpfung

Dieses Schaltzeichen entspricht dem gestrichelten Teil von Bild 2.27.
Das Impulsdiagramm zeigt Bild 2.29

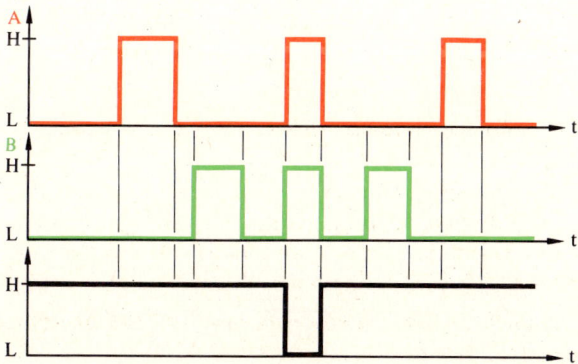

Bild 2.29   Impulsdiagramm der NAND-Verknüpfung

Der Ausgang zeigt dann, und nur dann L-Signal, wenn A UND B H-Signal besitzen.
Nichtansprechbedingung!
Für die NAND-Verknüpfung ergibt sich folgendes Venn-Diagramm (Bild 2.30)

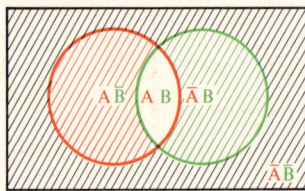

Bild 2.30
Venn-Diagramm der NAND-Verknüpfung

Während beim Venn-Diagramm der UND-Verknüpfung der Teil, in dem sich die beiden Kreise überschnitten haben, schraffiert war, muß jetzt dieser Teil weiß bleiben und die übrige Fläche schraffiert werden. Bild 2.30.
Werden in einer Schaltung nicht alle Eingänge verwandt, so ist zu prüfen, ob die nicht benötigten Eingänge frei bleiben können. Bei Verwendung von integrierten Schaltkreisen (TTL-Logik s. Seite 266) gilt: Die unbenutzten Eingänge können mit den benutzten zusammengeschaltet werden, wenn sichergestellt ist, daß dadurch die Ausgangsbelastbarkeit (Fan-Out) der treibenden Schaltung nicht überschritten wird. Ist die Versorgungsspannung immer unter 5,5 V, so können die freien Eingänge direkt an $+U_S$ angeschlossen werden.
Die folgenden Bilder (2.31; 2.32 und 2.33) zeigen die Anschlußanordnungen einiger integrierter Bausteine mit NAND-Gliedern.

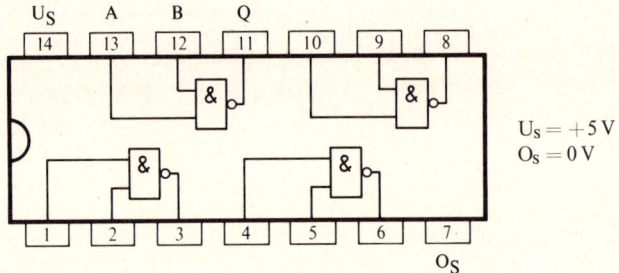

Bild 2.31 Vier NAND-Glieder mit je zwei Eingängen (7400)

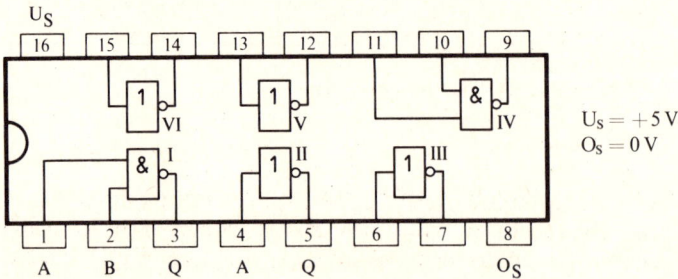

Bild 2.32 Zwei NAND-Glieder und vier Inverter (4929)

2.6 Die Verknüpfungen zweier Variablen

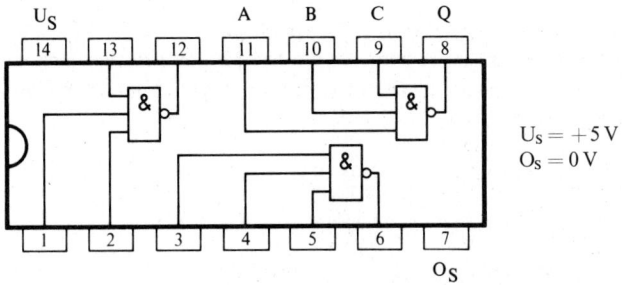

$U_S = +5\,V$
$O_S = 0\,V$

Bild 2.33 Drei NAND-Glieder mit je drei Eingängen (7410)

2.6 Die Verknüpfungen zweier Variablen

In der folgenden Tabelle 2.6 werden die Funktionstabellen der behandelten Grundverknüpfungen zusammengestellt:

	Eingänge		Ausgänge Q				
	B	A	UND	ODER	Exkl. ODER	NOR	NAND
0	L	L	L	L	L	H	H
1	L	H	L	H	H	L	H
2	H	L	L	H	H	L	H
3	H	H	H	H	L	L	L
			A—&—Q B	A—≥1—Q B	A—=1—Q B	A—≥1—o—Q B	A—&—o—Q B

Tabelle 2.6 Grundverknüpfungen

Den vier Eingangskombinationen der zwei Variablen A und B entsprechen fünf Ausgangskombinationen. Damit sind nicht alle Möglichkeiten erfaßt, die sich ergeben. Insgesamt sind 2^4 gleich 16 Ausgangs-Kombinationen möglich. Diese werden in Tabelle 2.7 aufgeführt.

	0	1	2	3		
	$\bar{B}\bar{A}$ L L	$\bar{B} A$ L H	$B \bar{A}$ H L	$B A$ H H	Schaltungsgleichung	Bezeichnung
0	L	L	L	L	$Q = L$	Konstante L
1	L	L	L	H	$Q = AB$	UND
2	L	L	H	L	$Q = \bar{A}B$	Inhibition
3	L	L	H	H	$Q = B$	Identität B
4	L	H	L	L	$Q = A\bar{B}$	Inhibition
5	L	H	L	H	$Q = A$	Identität A
6	L	H	H	L	$Q = A\bar{B} \vee \bar{A}B$	Exklus. ODER
7	L	H	H	H	$Q = A \vee B$	ODER
8	H	L	L	L	$Q = \overline{A \vee B}$	NOR
9	H	L	L	H	$Q = \overline{AB} \vee AB$	Äquivalenz
10	H	L	H	L	$Q = \bar{A}$	Negation A
11	H	L	H	H	$\bar{Q} = A\bar{B}$	Implikation
12	H	H	L	L	$Q = \bar{B}$	Negation B
13	H	H	L	H	$\bar{Q} = \bar{A}B$	Implikation
14	H	H	H	L	$Q = \overline{AB}$	NAND
15	H	H	H	H	$Q = H$	Konstante H

Symmetrieachse

Tabelle 2.7 Die Verknüpfungen zweier Variablen

Nicht alle Kombinationen besitzen praktische Bedeutung.
Die Kombinationen 0 und 15 ergeben eine Konstante (L bzw. H).
In den Kombinationen 3 und 5 ist die Ausgangskombination Q identisch mit einer der Eingangsgrößen (A bzw. B). Die Kombinationen 10 und 12 liefern die Negation einer der Eingangsgrößen ($Q = \bar{A}$ bzw. $\bar{B}$).
Für n unabhängige Variable sind insgesamt 2^{2^n} verschiedene Funktionen möglich. Schon bei drei Variablen ergeben sich 2^8 gleich 256 Möglichkeiten. Die Zahl der Möglichkeiten wächst also mit der Zahl der Variablen sehr schnell an.

2.7 Die Wired-Verknüpfungen 37

Der vorstehende Dualcode ist symmetrisch. Vertauscht man in Termen, die gleich weit von der Symmetrieachse entfernt sind H mit L und umgekehrt, so erhält man den neuen Term
z. B.: 7 und 8: L H H H → H L L L
5 und 10: L H L H → H L H L

2.7 Die Wired-Verknüpfungen. (Draht-Verbindungen)

Die galvanische Verbindung der Ausgänge zweier elektronischer Schaltglieder ist nur bei wenigen Systemen gestattet. Am Ausgang des einen Schaltgliedes kann H vorhanden sein, am Ausgang des anderen L. Dies würde zu einem undefinierten Zustand führen. Dominiert jedoch ein Potential (H oder L), so ist die Parallelschaltung zulässig.

2.7.1 Die Wired-ODER-Verknüpfung (Parallel-ODER = Phantom-ODER)

Dominiert das H-Potential, so ergibt die Wired-(Draht-)Verbindung der Ausgänge eine ODER-Verknüpfung der vorgeschalteten Glieder. (Bild 2.34)

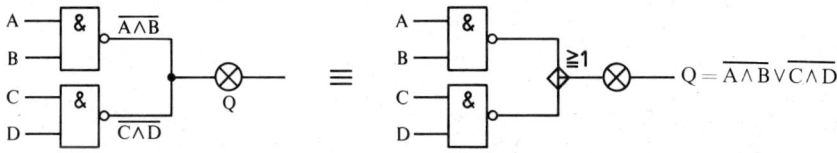

Bild 2.34   Wired-OR-Verknüpfung zweier NAND-Glieder

Für die Wired-OR-Verknüpfung der beiden NAND-Glieder von Bild 2.34 ergibt sich folgende Schaltfunktion:

$$Q = \overline{A \wedge B} \vee \overline{C \wedge D} \qquad 2.9$$

2.7.2 Die Wired-AND-Verknüpfung (Parallel-UND = Phantom-UND)

Dominiert das L-Potential, so entsteht durch die galvanische Verbindung der Ausgänge der vorgeschalteten Glieder eine UND-Verknüpfung dieser Glieder (Bild 2.35).

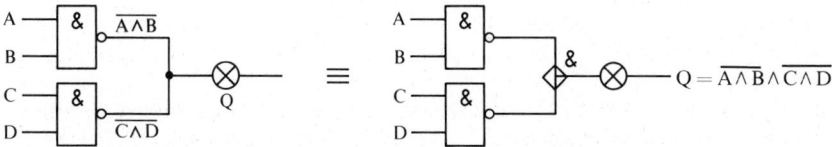

Bild 2.35   Wired-AND-Verknüpfung zweier NAND-Glieder

Für die Schaltung Bild 2.35 (Wired-AND-Verknüpfung zweier NAND-Glieder) gilt folgende Schaltfunktion:

$$Q = \overline{A \wedge B} \wedge \overline{C \wedge D} \qquad 2.11$$

Wired-And-geeignete Schaltglieder in TTL-Technik müssen ausgangsseitig über einen Kollektorarbeitswiderstand an die Speisespannung U_S (+5 V) angeschlossen werden. Die Größe dieses Kollektorarbeitswiderstandes ist von der Zahl der parallel geschalteten Glieder (n), sowie von der Zahl der angeschlossenen Eingänge (N) abhängig (Fanout oder Ausgangsfächer). Es ergibt sich folgendes Anschlußschema: (Bild 2.36)

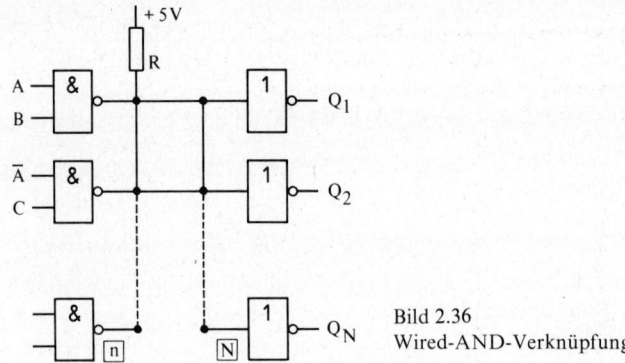

Bild 2.36
Wired-AND-Verknüpfung

Für die Schaltung Bild 2.36 gilt die Schaltungsgleichung: $\overline{Q}_1 = \overline{AB} \wedge \overline{AC}$ und: $\overline{Q}_1 = \overline{Q}_2$.

Für die Berechnung des Kollektorarbeitswiderstandes gelten folgende Formeln:

$$\text{H-Zustand:} \quad R_{max} = \frac{U_S - U_{out(H)}}{nI_{out(H)} + N\,I_{load}} = \frac{5\,V - 2{,}4\,V}{n250\,\mu A + N40\,\mu A}$$

$$\text{L-Zustand:} \quad R_{min} = \frac{U_S - U_{out(L)}}{I_{sinkmax} - N\,I_{sink}} = \frac{5\,V - 0{,}4\,V}{16\,mA - N\,1{,}6\,mA}$$

Dabei ist:

U_S = Speisespannung (+5 V)

N = Zahl der angeschlossenen Eingänge

n = Zahl der mit Wired-AND verbundenen Glieder

R_{max} = Maximalwert des Kollektorwiderstandes (H-Zustand)

R_{min} = Minimalwert des Kollektorwiderstandes

$U_{out(H)}$ = Minimale Ausgangsspannung, wenn am Ausgang H vorhanden ist (2,4 V)

$U_{out(L)}$ = Minimale Ausgangsspannung, wenn am Ausgang L vorhanden (0,4 V)

$I_{out(H)}$ = Kollektorreststrom des gesperrten Ausgangstransistors (250 µA)

2.7 Die Wired-Verknüpfungen

I_{load} = Eingangsstrom der nachfolgenden Verknüpfungen bei H am Ausgang (40 µA)

$I_{sink\,max}$ = Maximal zulässiger Kollektorstrom der Bausteine bei L am Ausgang (16 mA)

I_{sink} = Eingangsstrom der nachfolgenden Verknüpfungen bei L am Ausgang (1,6 mA)

Der zu wählende Wert des Kollektorwiderstandes muß zwischen den beiden Grenzwerten R_{max} bzw. R_{min} liegen. Er sollte möglichst niederohmig gewählt werden, damit die Anstiegszeit des Ausgangsimpulses nicht wesentlich verschlechtert wird. Die Grenzwerte können folgender Tabelle entnommen werden (Tabelle 2.8)

N		oberer Grenzwert R_{max} in Ω						n = 1–7 unterer Grenzwert R_{min} in Ω
	n = 1	2	3	4	5	6	7	
1	8965	4814	3291	2500	2015	1688	1452	319
2	7878	4482	3132	2407	1954	1645	1420	359
3	7027	4193	2988	2321	1897	1604	1390	410
4	6341	3939	2857	2241	1843	1566	1361	479
5	5777	3714	2736	2166	1793	1529	1333	575
6	5306	3513	2626	2096	1744	1494	1306	718
7	4905	3333	2524	2031	1699	1460	1280	958
8	4561	3170	2419	1969	1656			1437
9	4262	3023						2875
10	4000		nicht zulässig					4000

Tabelle 2.8 Grenzwerte des Kollektorwiderstandes

Die Werte gelten nur für Verknüpfungen in TTL-Technik.

Farbcode nach IEC-Publ. 62 bzw. DIN 41 429.

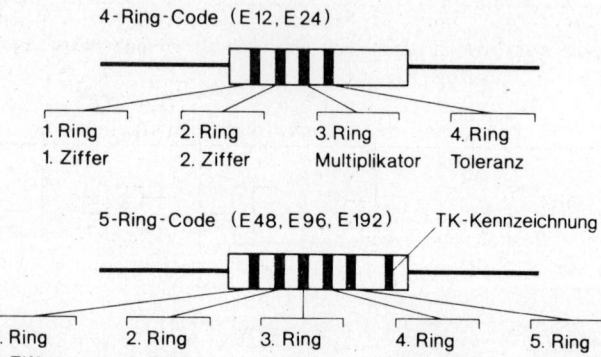

Farbe	Ziffer	Multi-plikator	Toleranz		TK-Punkt oder 6. Ring
ohne			± 20	%	
Silber		10^{-2}	± 10	%	
Gold		10^{-1}	± 5	%	
Schwarz	0	10^{0}			200
Braun	1	10^{1}	± 1	%	100
Rot	2	10^{2}	± 2	%	50
Orange	3	10^{3}			15
Gelb	4	10^{4}			25
Grün	5	10^{5}	± 0,5	%	5
Blau	6	10^{6}	± 0,25	%	
Violett	7	10^{7}	± 0,1	%	
Grau	8	10^{8}	± 0,05	%	
Weiß	9	10^{9}			10

Farbkennzeichnung für
NK/Rn: 5. Ring weiß
NKS: 5. Ring schwarz
SKS: 5. Ring gelb
HK: 5. Ring grau

Ziffern-Bestempelung
Beschriftung in Ziffern-Klartext oder verschlüsselt nach IEC.

Ziffern		IEC-Publ. 62 bzw. DIN 40 825
0,10	Ω	R 10
0,33	Ω	R 33
1,0	Ω	1 R 0
1,33	Ω	1 R 33
10,1	Ω	10 R 1
100	Ω	100 R
1	kΩ	1 K 0
10	kΩ	10 K
100	kΩ	100 K
1,0	MΩ	1 M 0
10	MΩ	10 M
100	MΩ	100 M
1,0	GΩ	1 G 0

Die Toleranz wird im Klartext dargestellt.

Tabelle 2.9 Werte des Codes

2.8 Zusammenstellung der gebräuchlichen Schaltzeichen

Verknüpfung und Schaltungsgleichung	Schaltzeichen nach DIN 40 700 (alt)	Schaltzeichen nach IEC 3AOC3 DIN 40 700 (neu)	Schaltzeichen im USA-Schrifttum
UND $Q = A \wedge B = AB = A \cdot B$	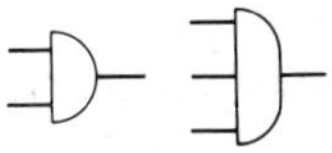	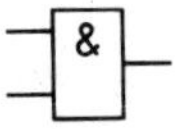	
ODER $Q = A \vee B = A + B$	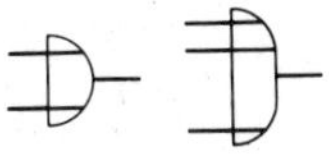	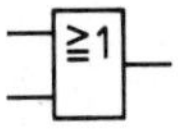	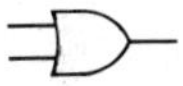
NAND $Q = \overline{A \wedge B} = \overline{A \& B}$	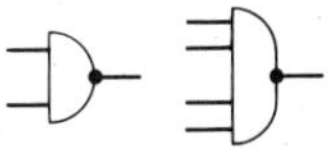	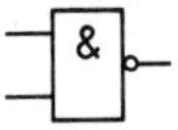	
NOR $Q = \overline{A \vee B} = \overline{A + B}$	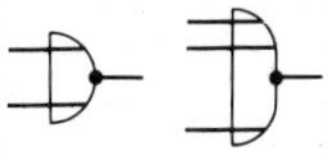	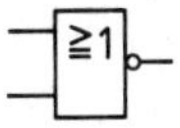	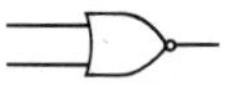
Negation $\overline{Q} = A$	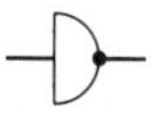	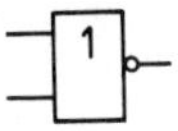	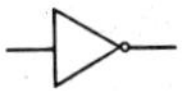
Exklusiv-ODER $Q = \overline{A}B \vee A\overline{B}$	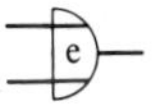	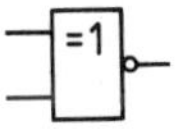	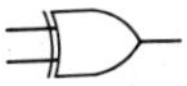

Bild 2.37 Gegenüberstellung der gebräuchlichen Schaltzeichen nach DIN, IEC 3AOC3 und dem USA-Schrifttum

Die neue Norm setzt sich nur sehr schwer durch. In vielen Publikationen wird noch heute die alte DIN-Norm 40 700 benutzt. Auch im amerikanischen Schrifttum wird diese Norm nicht berücksichtigt.

2.9 Aufstellung der Schaltungsgleichung

Zur Ermittlung der Schaltungsgleichung kann sowohl die Schaltung mit Kontakten, die kontaktlose Schaltung, als auch die Funktionstabelle benutzt werden.

Um aus der Schaltung mit Kontakten die Schaltfunktion gewinnen zu können, erinnere man sich an die Merksätze:
Reihenschaltung von Kontakten führt zur UND-Verknüpfung.
Parallelschaltung führt zur ODER-Verknüpfung.
Das folgende Beispiel soll dies zeigen: 2.7 Bild 2.38.

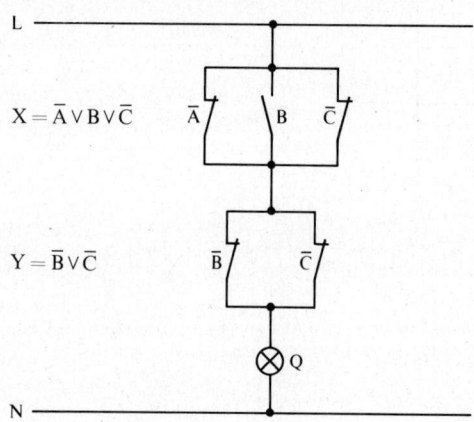

Bild 2.38   Schaltung mit Kontakten

Im oberen Teil der Schaltung sind die Kontakte $\overline{A}$, B und $\overline{C}$ parallel geschaltet. Dafür gilt: $X = \overline{A} \vee B \vee \overline{C}$. Im unteren Teil sind die Kontakte $\overline{B}$ und $\overline{C}$ parallel geschaltet. Dies ergibt die Schaltungsgleichung: $Y = \overline{B} \vee \overline{C}$. Diese beiden Schaltungsteile sind in Reihe geschaltet. Damit ergibt sich folgende Schaltungsgleichung:

$$Q = X \wedge Y = (\overline{A} \vee B \vee \overline{C}) \wedge (\overline{B} \vee \overline{C})$$

Sehr einfach ist das Aufstellen der Schaltungsgleichung, wenn die kontaktlose Schaltung gegeben ist. Der Schaltung mit Kontakten Bild 2.38 entspricht folgende kontaktlose Schaltung: (Bild 2.39)

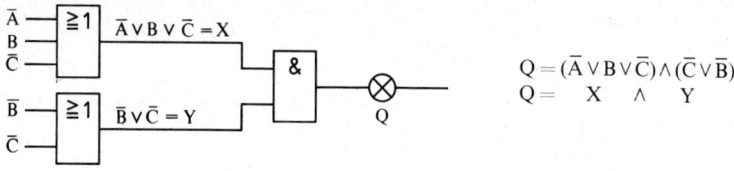

Bild 2.39   Kontaktlose Schaltung zu Beispiel 2.7

Hinter jedes Schaltzeichen wird die Schaltungsgleichung der entsprechenden Verknüpfung geschrieben. Treten UND-Verknüpfungen auf, so sind davor liegende mehrgliedrige Ausdrücke in Klammern zu setzen.
Ist die Funktionstabelle gegeben, so kann mit folgender Regel die Schaltfunktion gefunden werden:

2.10 Ermittlung der Funktionstabelle aus der Schaltfunktion

Innerhalb einer Zeile sind die Variablen mit UND verknüpft.
Die Zeilen untereinander sind mit ODER verknüpft.
Dies sei am Beispiel der Inhibition (2) erläutert (siehe Tabelle 2.7):

	B	A	Q
0	L	L	L
1	L	H	L
2	H	L	H
3	H	H	L

Tabelle 2.10
Funktionstabelle der Inhibition (2)

Nur in Zeile 2 ist die Ansprechbedingung erfüllt. Hier ist Schalter B geschlossen, also H. Schalter A ist offen (L). Damit ergibt sich als Schaltfunktion: 2.12

$$Q = \bar{A} \wedge B \qquad 2.12 \quad \text{Schaltfunktion der Inhibition (2).}$$

Wenn nichts Besonderes ausgesagt wird, ist als Schaltfunktion immer die Ansprechbedingung anzugeben.
Für die Nichtansprechbedingung ergibt sich aus Tabelle 2.7 (Inhibition (2)):
In den Zeilen 0,1 und 3 sind die Bedingungen für die Inhibition nicht erfüllt. Es ergeben sich für die einzelnen Zeilen folgende Schaltfunktionen:

$$\text{Zeile 0: } \bar{A} \wedge \bar{B}; \quad \text{Zeile 1: } A \wedge \bar{B}; \quad \text{Zeile 3: AB}$$

Da die Zeilen untereinander mit ODER verknüpft werden, ergibt sich für die Nicht-Ansprechbedingung folgende Schaltgleichung:

$$\bar{Q} = \bar{A} \wedge \bar{B} \vee A \bar{B} \vee A \wedge B \qquad 2.13 \quad \text{Nichtansprechbedingung der Inhibition (2).}$$

Aus der Nichtansprechbedingung kann durch Negation die Ansprechbedingung gewonnen werden.

$$\bar{\bar{Q}} = Q = \overline{\bar{A} \wedge \bar{B} \vee A \bar{B} \vee AB}.$$

Wie später gezeigt wird, läßt sich diese Schaltfunktion auf die ursprüngliche Gleichung zurückführen ($Q = \bar{A}B$).

2.10 Ermittlung der Funktionstabelle aus der Schaltfunktion

z. B.: 2.8: $Q = \bar{A} \vee AB \vee \bar{A} \wedge B \wedge \bar{C}$.

Entsprechend der Regel in 2.9 sind für verschiedene Zeilen die Ansprechbedingungen erfüllt.
In allen Zeilen, in denen $\bar{A}$ vorhanden ist, ist Q vorhanden. Dies ist in vier Zeilen der Fall. Ebenso in allen Zeilen, in denen $\underline{AB}$ ODER $\underline{\bar{A} B \bar{C}}$ vorhanden ist.

	C	B	A	Q
0	L	L	L	H
1	L	L	H	L
2	L	H	L	H
3	L	H	H	H
4	H	L	L	H
5	H	L	H	L
6	H	H	L	H
7	H	H	H	H

Tabelle 2.11
Funktionstabelle der gegebenen
Schaltfunktion

Die erste Bedingung $Q = \overline{A}$ ist in den Zeilen 0, 2, 4 und 6 erfüllt.
Die zweite Bedingung $Q = AB$ ist in den Zeilen 3 und 7 erfüllt.
Die dritte $Q = \overline{A}\,B\,\overline{C}$ ist nur in Zeile 2 erfüllt.
Damit ergibt sich die Funktionstabelle 2.11.

Die Funktionstabelle kann auch schrittweise aus der Schaltungsgleichung entwickelt werden.

z.B.: 2.9 $Q = \overline{A \wedge B \wedge \overline{\overline{A} \vee C}}$

	C	B	A	$\overline{A}$	$A \wedge B$	$\overline{A \wedge B}$	$\overline{A} \vee C$	$\overline{\overline{A} \vee C}$	$Q = \overline{A \wedge B \wedge \overline{\overline{A} \vee C}}$
0	L	L	L	H	L	H	H	L	L
1	L	L	H	L	L	H	L	H	H
2	L	H	L	H	L	H	H	L	L
3	L	H	H	L	H	L	L	H	L
4	H	L	L	H	L	H	H	L	L
5	H	L	H	L	L	H	H	L	L
6	H	H	L	H	L	H	H	L	L
7	H	H	H	L	H	L	H	L	L
	1	2	3	4	5	6	7	8	9

Tabelle 2.12 Funktionstabelle Beispiel 2.9

In Spalte 5 wird die UND-Verknüpfung $A \wedge B$ (Spalte 2 und 3) gebildet. Es erscheint nur dann H, wenn in beiden Spalten (2, 3) gleichzeitig H vorhanden ist.
Zur Bildung der NAND-Verknüpfung $\overline{A \wedge B}$ wird in Spalte 6 das erhaltene Ergebnis negiert. Überall wo in Spalte 5 L ist, ergibt sich in Spalte 6 H und umgekehrt.

2.11 Übungsaufgaben zu 2

Nun wird die ODER-Verknüpfung $\overline{A} \vee C$ gebildet (Spalte 7). Wenn in Spalte 4 ($\overline{A}$) ODER in Spalte 1 (C) H auftritt, erscheint auch in Spalte 7 H.
Zur Bildung der NOR-Verknüpfung wird das Ergebnis der Spalte 7 negiert (H durch L und L durch H ersetzt). Spalte 8.
Spalte 9 zeigt das Ergebnis. Spalte 6 und 8 werden durch UND verknüpft. Nur wenn in beiden Spalten gleichzeitig H erscheint wird Q = H. Dies ist nur in Zeile 1 der Fall.
Die gegebene Schaltungsgleichung kann nach 2.9 auch folgendermaßen geschrieben werden:

$$Q = A \, \overline{B} \, \overline{C}.$$

Aus einer Schaltungsgleichung mit NAND- und NOR-Gliedern ergibt sich eine Schaltungsgleichung, die nur UND und ODER-Glieder enthält. (Q = A $\overline{B}$ $\overline{C}$)

2.11 Übungsaufgaben zu 2

Ü 2.1 Zwei Befehlsschalter A und B besitzen jeweils einen Schließer und einen Öffner. Es soll eine Schaltung entwickelt werden, die folgende Bedingungen erfüllt: Das Relais Q soll nur dann erregt sein, wenn entweder beide Befehlsgeräte oder kein Befehlsgerät betätigt ist.

a) Stellen Sie die Funktionstabelle auf.
b) Zeichnen Sie die Schaltung mit Kontakten.
c) Stellen Sie die Schaltungsgleichung auf.
d) Geben Sie die kontaktlose Schaltung an.
e) Zeichnen Sie das Venn-Diagramm.

Ü 2.2 Mit zwei Signallampen Q_1 und Q_2 soll der Schaltzustand der zwei Schütze A und B angezeigt werden. Die Schütze besitzen jeweils Schließer und Öffner. Die Lampen sollen nach folgender Funktion aufleuchten:
Ist Schütz A angezogen, soll Lampe Q_1 aufleuchten. Entsprechend soll Lampe Q_2 aufleuchten, wenn Schütz B angezogen ist. Sind jedoch beide Schütze gleichzeitig angezogen, soll keine Lampe aufleuchten.

a) Stellen Sie die Funktionstabelle auf.
b) Entwickeln Sie die Schaltung mit Kontakten.
c) Geben Sie die Schaltungsgleichungen an.
d) Zeichnen Sie die kontaktlose Schaltung.

Ü 2.3 Folgende kontaktlose Schaltung ist gegeben (Bild Ü 2.3):

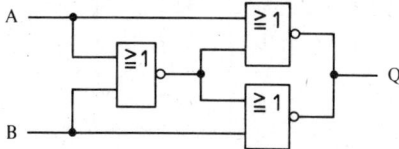

Bild Ü 2.3: Schaltung mit 3 NOR-Gliedern und 1 Wired-OR-Glied.

a) Geben Sie die Schaltfunktion an. Die Ausgangsverknüpfung ist Wired-OR.
b) Stellen Sie die Funktionstabelle auf.
c) Um welche Funktion handelt es sich (Tabelle 2.7)?

Ü 2.4   Um eine Lampe von drei Stellen aus betätigen zu können, werden zwei Wechselschalter und ein Kreuzschalter benötigt.

a) Zeichnen Sie die Schaltung mit Kontakten (Wirkschaltplan und Übersichtsplan).
b) Stellen Sie die Funktionstabelle auf.
c) Ermitteln Sie die Schaltfunktion.
d) Zeichnen Sie die kontaktlose Schaltung.

Ü 2.5   Folgende Schaltfunktion ist gegeben:

$$Q = \overline{A} \vee B$$

a) Ermitteln Sie die Funktionstabelle.
b) Zeichnen Sie das Venn-Diagramm für diese Schaltfunktion.
c) Zeichnen Sie die kontaktlose Schaltung für die gegebene Schaltfunktion.
d) Geben Sie die entsprechende Schaltung mit Kontakten an.
e) Welche Schaltungsgleichung ergibt sich aus der Funktionstabelle?
f) Welcher Verknüpfung nach Tabelle 2.7 entspricht die gegebene Schaltfunktion?

3 Grundgesetze der Schaltalgebra

In den Schaltungsgleichungen wurde dem Gleichheitszeichen eine Bedingung zugeordnet. Es wurde gesprochen:

Q ist vorhanden wenn ...

Das Gleichheitszeichen hat also eine andere Bedeutung wie in der gewöhnlichen Algebra. Es hat konditionale Bedeutung.
Trotzdem werden die Schaltfunktionen gleich behandelt wie gewöhnliche algebraische Gleichungen. Insbesondere ist bei Umformungen darauf zu achten, daß beiderseits des Gleichheitszeichens die gleiche Operation durchgeführt wird.

3.1 Die Postulate der Schaltalgebra

Jede Algebra wird durch bestimmte Postulate definiert. Entsprechend der Festlegung in 1.2 kann die binäre Variable nur zwei Zustände annehmen. Diese beiden Zustände wurden definiert mit H (Schalter geschlossen) und L (Schalter offen).
Es ist unmöglich, daß diese beiden Zustände gleichzeitig auftreten.

3.1.1 $\quad A = L$ dann ist $A \neq H$

Wenn der Schalter A offen (L) ist, kann er nicht gleichzeitig geschlossen (H) sein, entsprechend:

3.1.2 $\quad A = H$ wenn $A \neq L$

Wenn der Schalter geschlossen ist, kann er nicht gleichzeitig offen sein.

In der Schaltungsalgebra gibt es nur die beiden Konstanten H und L. Die Konstante H entspricht der Überbrückung eines Schalters. Die Konstante L stellt einen dauernd offenen Schalter dar, also eine Leitungsunterbrechung.
Aus der Negation (1.2) folgt:

3.1.3 $\quad \overline{H} = L$

Wenn der Schalter nicht geschlossen ist, kann er nur offen sein.

3.1.4 $\quad \overline{L} = H$

Wenn der Schalter nicht offen ist, ist er geschlossen. Die binären Werte sind zueinander invers (komplementär).

Aus der UND-Verknüpfung (2.1) folgt:

3.1.5 $\quad L \wedge L = L$

$$\text{———o L o———o L o———} \quad = \quad \text{———o L o———}$$

Bild 3.1 Leitung an zwei Stellen unterbrochen

Ist eine Leitung an zwei Stellen unterbrochen, so ergibt sich die gleiche Wirkung, wie wenn sie nur an einer Stelle unterbrochen wäre.

3.1.6 $L \wedge H = L$

Bild 3.2   Unterbrochene Leitung und überbrückter Schalter in Reihe

Wenn eine Leitung an einer Stelle unterbrochen (L) ist und ihr ein überbrückter Schalter in Reihenschaltung angeschlossen wird, so tritt die gleiche Wirkung auf, wie wenn die Leitung an einer Stelle unterbrochen wäre. Entsprechend gilt:

3.1.7 $H \wedge L = L$ Siehe 3.1.6

3.1.8 $H \wedge H = H$

Bild 3.3   Zwei überbrückte Schalter in Reihe

Wenn zwei überbrückte Schalter in Reihe geschaltet sind, ergibt sich die gleiche Wirkung, wie wenn nur ein einziger überbrückter Schalter vorhanden wäre.

Aus der ODER-Verknüpfung (2.2) folgt:

3.1.9 $L \vee L = L$

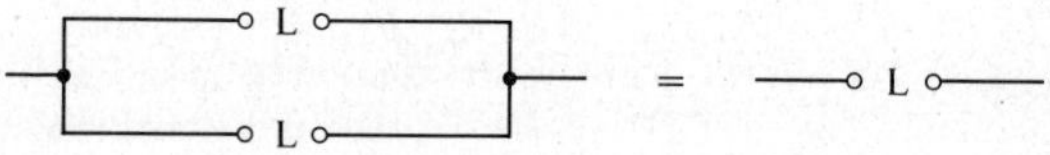

Bild 3.4   Parallelschaltung zweier unterbrochener Leitungen

Sind zwei unterbrochene Leitungen parallel geschaltet, so ergibt sich die gleiche Wirkung, wie wenn nur eine unterbrochene Leitung vorhanden wäre.

3.1.10 $L \vee H = H$

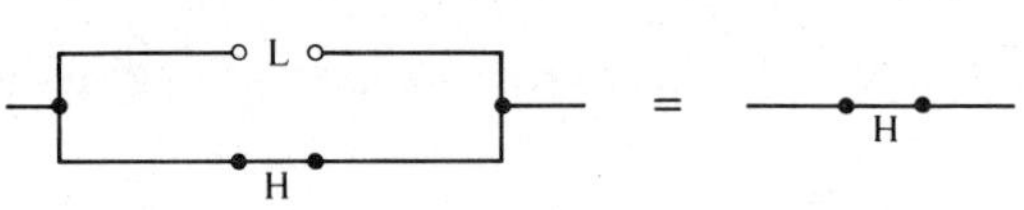

Bild 3.5   Unterbrochene Leitung und überbrückter Schalter parallel

Liegt ein überbrückter Schalter parallel zu einer Leitungsunterbrechung, so ist die Leitungsunterbrechung wirkungslos.

3.1.11 $H \vee L = H$ Siehe 3.1.10

3.2 Theoreme mit einer Variablen

3.1.12   H ∨ H = H

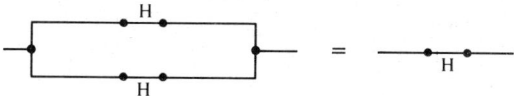

Bild 3.6   Zwei überbrückte Schalter parallel

Zwei parallel geschaltete, überbrückte Schalter können durch einen einzigen ersetzt werden.

Ersetzt man in den Postulaten H durch die Zahl 1 und L durch die Zahl 0 und das UND-Verknüpfungszeichen durch das Multiplikationszeichen, sowie das ODER-Verknüpfungszeichen durch das Pluszeichen, so stimmen die Postulate 3.1.5 bis 3.1.11 mit den Regeln der gewöhnlichen Algebra überein.

Bei dem Postulat 3.1.12 hingegen würde sich ergeben: $1 + 1 = 2$. Dieses Postulat ergibt also eine andere Lösung ($1 + 1 \neq 1$).

3.2 Theoreme mit einer Variablen

Theoreme die aus der UND-Verknüpfung abgeleitet werden können:

3.2.1   A ∧ H = A

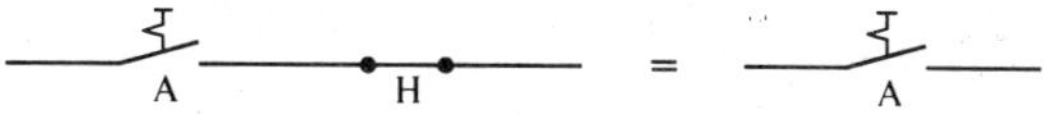

Bild 3.7   Schalter A mit überbrücktem Schaltbrechung in Reihe

Wird dem Schalter A der überbrückte Schalter H in Reihe geschaltet, so ergibt sich keine Änderung der Wirkung. Der überbrückte Schalter kann weggelassen werden. Dies ist auch aus der folgenden Funktionstabelle ersichtlich (Tabelle 3.1):

A	H	Q	
H	H	H	nach 3.1.8
L	H	L	nach 3.1.6

Tabelle 3.1
Funktionstabelle zu Theorem 3.2.1

Die Spalte Q stimmt mit der Spalte A überein, demzufolge kann die Spalte H weggelassen werden.

3.2.2   A ∧ L = L

Bild 3.8   Schalter A mit Leitungsunterbrechung in Reihe

Liegt mit dem Schalter A eine Leitungsunterbrechung in Reihe, so zeigt sich am Ausgang keine Wirkung, also L.

Dies ergibt folgende Funktionstabelle (Tabelle 3.2):

A	L	Q
H	L	L
L	L	L

nach 3.1.7

nach 3.1.5   Tabelle 3.2
Funktionstabelle zu Theorem 3.2.2

Dieses Theorem läßt sich auf beliebige Schaltungen erweitern. Tritt in Reihe mit einer beliebigen Schaltung eine Leitungsunterbrechung auf, so ist die ganze Schaltung ohne Wirkung, also L.

z. B.: $Q = A \wedge B \wedge C \wedge L = L$; $Q = (A \vee B \vee C) L = L$

Theoreme, die sich aus der ODER-Verknüpfung ableiten lassen:

3.2.3 $A \vee L = A$

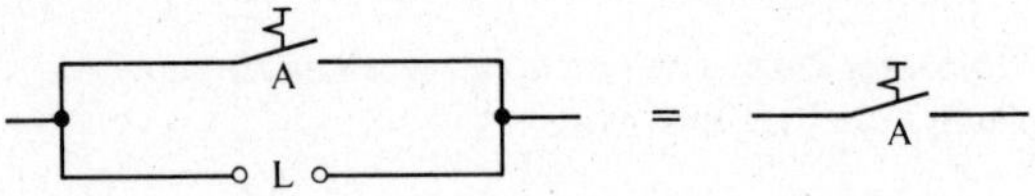

Bild 3.9   Schalter A mit Leitungsunterbrechung parallel

Die Leitungsunterbrechung parallel zum Schalter A beeinflußt die Schaltung nicht. Der Schalter A wirkt so, als ob diese Leitungsunterbrechung nicht vorhanden wäre.
Die Funktionstabelle zeigt ebenfalls diesen Sachverhalt.

A	L	Q
H	L	H
L	L	L

nach 3.1.11

nach 3.1.9   Tabelle 3.3
Funktionstabelle des Theorems 3.2.3

Die Spalte Q stimmt mit der Spalte A überein.

3.2.4 $A \vee H = H$

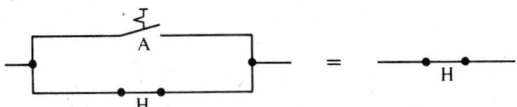

Bild 3.10   Schalter A mit überbrücktem Schalter parallel

Der überbrückte Schalter H überbrückt auch den Schalter A. Der Schalter A hat deshalb keine Wirkung.

3.2 Theoreme mit einer Variablen

A	H	Q
H	H	H
L	H	H

nach 3.1.12
nach 3.1.10

Tabelle 3.4
Funktionstabelle für Theorem 3.2.4

Ersetzt man wieder H durch 1 und L durch 0, sowie das UND-Verknüpfungszeichen durch das Multiplikationszeichen und das ODER-Verknüpfungszeichen durch das Pluszeichen, so stimmen die Theoreme 3.2.1, 3.2.2 und 3.2.3 mit der gewöhnlichen Algebra überein. Das Theorem 3.2.4 gibt jedoch eine andere Lösung. $(A + 1 \neq 1)$ Dieses Theorem läßt sich auch auf eine beliebige Schaltung erweitern. Ganz allgemein gilt: Liegt ein überbrückter Schalter parallel zu einer beliebigen Schaltung, so ist die Wirkung der ganzen Schaltung die gleiche, wie wenn nur der überbrückte Schalter vorhanden wäre.

z.B.: $\quad Q = ABCD \vee H = H; \quad Q = A \vee B \vee C \vee D \vee H = H$

3.2.5   Parallelschaltung des gleichen Schalters A: $Q = A \vee A = A$

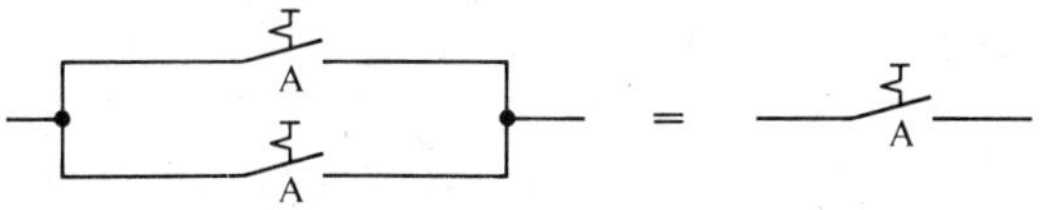

Bild 3.11   Parallelschaltung des gleichen Schalters

Die Parallelschaltung des gleichen Schalters ist für die Signalübertragung bedeutungslos. Es ergibt sich die gleiche Wirkung, wie wenn der Schalter A nur einmal vorhanden wäre. Diese Gleichung wäre in der gewöhnlichen Algebra falsch! $(A + A = 2A)$

A	A	Q
H	H	H
L	L	L

nach 3.1.12
nach 3.1.9

Tabelle 3.5
Funktionstabelle für Theorem 3.2.5

Auch dieses Theorem kann in Schaltungsgleichungen zu Vereinfachungen benutzt werden. Tritt die gleiche Variable oder auch die gleiche Verknüpfung mehrfach auf, so können die zweite und alle folgenden weggelassen werden.

z.B.: $\quad Q = A \vee CD \vee A \vee BC \vee A \vee CD = A \vee BC \vee CD$

Umgekehrt kann eine gegebene Schaltfunktion durch Hinzufügen gleicher Variablen oder gleicher Verknüpfungen erweitert werden.

z.B.: $\quad AC \vee B \vee CD = AC \vee AC \vee B \vee B \vee CD \vee CD \vee CD$

3.2.6 Reihenschaltung des gleichen Schalters

$$Q = A \wedge A = A$$

Bild 3.12 Gleiche Schalter A in Reihe

Ist der gleiche Schalter mehrfach in Reihe geschaltet, so tritt die gleiche Wirkung auf, wie wenn nur ein Schalter vorhanden wäre. Auch diese Gleichung wäre in der gewöhnlichen Algebra falsch ($A \cdot A \neq A$). Sie sagt aus, daß es Potenzen in der Schaltalgebra nicht gibt.

Dieses Ergebnis kann aus der Funktionstabelle ebenfalls abgelesen werden.

A	A	Q	
H	H	H	nach 3.1.8
L	L	L	nach 3.1.9

Tabelle 3.6
Funktionstabelle des Theorems 3.2.6

In gleicher Weise wie in 3.2.5 können gleiche Variablen hinzugefügt oder weggelassen werden, ohne daß die Schaltungsgleichung falsch wird. Auch diese Aussage gilt wieder für gleiche Verknüpfungen.

z. B.: $Q = AAA \wedge (C \vee D) \wedge (B \vee C) \wedge (C \vee D) = A \wedge (C \vee D) \wedge (B \vee C)$

3.2.7 Parallelschaltung des Schließers und des Öffners des gleichen Schalters A.
(ODER-Verknüpfung einer Variablen A mit ihrem Komplement $\overline{A}$.)

$$Q = A \vee \overline{A} = H$$

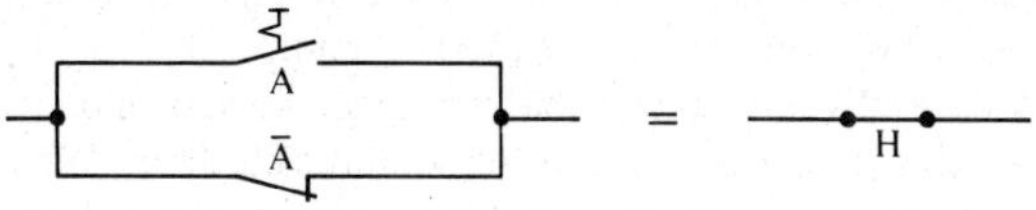

Bild 3.13 Parallelschaltung des Schließers und des Öffners des gleichen Schalters

Wenn der Schließer schließt, öffnet der Öffner. Da hier nur statische Zustände betrachtet werden, ist der Übergang von einer Schaltstellung in die andere ohne Bedeutung. Es sei jedoch darauf hingewiesen, daß bei Schützen im allgemeinen der Öffner öffnet, bevor der Schließer schließt. Dies würde in vorstehender Schaltung einer kurzzeitigen Unterbrechung gleichkommen. Soll dies vermieden werden, müssen sog. überdeckende Kontakt-Anordnungen gewählt werden.

3.2 Theoreme mit einer Variablen

A	$\overline{A}$	Q
H	L	H
L	H	H

nach 3.1.11
nach 3.1.10

Tabelle 3.7
Funktionstabelle zu Theorem 3.2.7

Dieses Theorem besagt, daß die ODER-Verknüpfung der Variablen A mit ihrem Komplement die gleiche Wirkung zeigt wie die Konstante H. Einer der beiden Kontakte ist immer geschlossen. Nach Theorem 3.2.1: A∧H = A kann obige Anordnung jeder bestehenden Schaltung in Reihe geschaltet werden, ohne daß sich an der Wirkung der Schaltung etwas ändert. Umgekehrt kann diese Anordnung aus einer Reihenschaltung entfernt werden, ohne daß sich deren Wirkungsweise ändert.

z. B.:   B (A ∨ $\overline{A}$) = Q = B

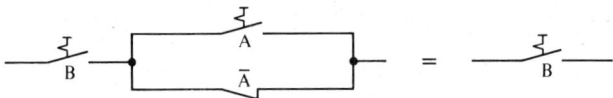

Bild 3.14   Schalter B in Reihe mit der Parallelschaltung von A und $\overline{A}$

Dieses Theorem ist zur Vereinfachung von Schaltungsgleichungen außerordentlich wertvoll.

3.2.8   Reihenschaltung des Schließers und des Öffners des gleichen Schalters A. (UND-Verknüpfung der Variablen A mit ihrem Komplement $\overline{A}$.)

$Q = A \wedge \overline{A} = L$

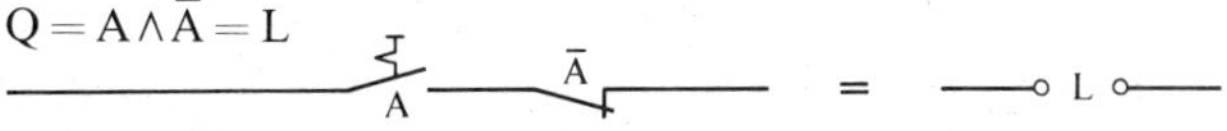

Bild 3.15   Schließer und Öffner des Schalters A in Reihe

Wenn der Schließer A schließt, öffnet der Öffner $\overline{A}$. Einer der beiden Kontakte ist immer offen. Diese Schaltung entspricht also einer Leitungsunterbrechung (L).
Nach Theorem 3.2.3: A∨L = A kann obige Schaltung jeder Variablen oder auch einer beliebigen Schaltung *parallel* geschaltet werden, ohne daß sich deren Wirkungsweise ändert. Ebenso ändert sich an einer Schaltung nichts, wenn obige Schaltung aus einer Parallelschaltung entfernt wird.

z. B.:   B ∨ (A ∧ $\overline{A}$) = B

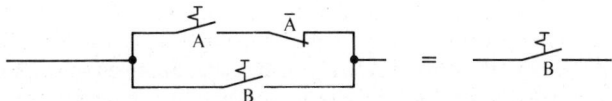

Bild 3.16   Schalter B parallel zur Reihenschaltung von A und $\overline{A}$

Für das Theorem 3.2.8 ergibt sich folgende Funktionstabelle 3.8.

A	$\bar{A}$	Q
H	L	L
L	H	L

nach 3.1.7
nach 3.1.6   Tabelle 3.8
Funktionstabelle zu Theorem 3.2.8

Auch dieses Theorem ist zur Vereinfachung von Schaltungsgleichungen gut zu gebrauchen.

3.2.9   Die doppelte Negation einer Variablen

$$Q = \bar{\bar{A}} = A$$

Die doppelte Verneinung ist im gewöhnlichen Sprachgebrauch gleichbedeutend einer Bejahung. Ebenso ergeben Variablen, die doppelt negiert sind, wieder die ursprüngliche Variable.

A	$\bar{A}$	$\bar{\bar{A}}$	Q
H	L	H	H
L	H	L	L

Tabelle 3.9
Funktionstabelle zu Theorem 3.2.9

Beachte: Nur gleich lange Striche dürfen wegfallen ($\overline{\overline{AB}}$ = AB; $\overline{\bar{A}B}$: Striche fallen nicht weg)!

3.3   Theoreme für zwei und mehr Variable

3.3.1   Die kommutativen Gesetze der Schaltalgebra

3.3.1.1   Q = AB = BA

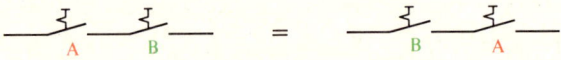

Bild 3.17   Kommutatives Gesetz 3.3.1.1

Die Reihenfolge, in der die Schalter A und B in Reihe geschaltet werden, ist ohne Einfluß auf die Wirkung der gesamten Schaltung. Dies ergibt sich auch aus dem entsprechenden Venn-Diagramm. Bild 3.18.

3.3 Theoreme für zwei und mehr Variable

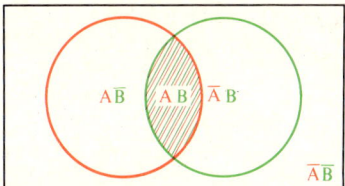

Bild 3.18   Venn-Diagramm für das kommutative Gesetz 3.3.1.1 (UND-Verknüpfung)

Für beide Schaltanordnungen ergibt sich das gleiche Venn-Diagramm.

3.3.1.2 $Q = A \vee B = B \vee A$

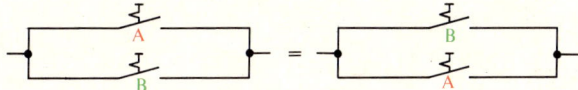

Bild 3.19   Kommutatives Gesetz 3.3.1.2

In welcher Weise die beiden Schalter parallel geschaltet sind, ist für die Wirkung der Schaltung bedeutungslos. Für beide Schaltungen ergibt sich das gleiche Venn-Diagramm (Bild 3.19).

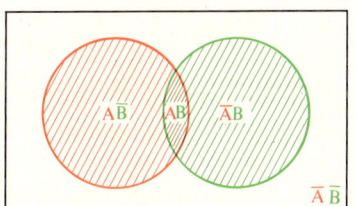

Bild 3.20   Venn-Diagramm für das kommutative Gesetz 3.3.1.2 (ODER-Verknüpfung)

3.3.2   Die assoziativen Gesetze.

3.3.2.1 $Q = A \vee B \vee C = A \vee (B \vee C) = B \vee (A \vee C) = C \vee (A \vee B)$

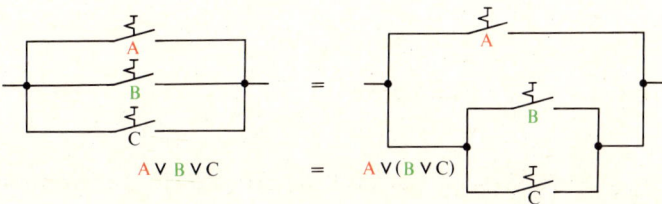

Bild 3.21   Schaltung mit Kontakten für das assoziative Gesetz 3.3.2.1

Die entsprechende kontaktlose Schaltung zeigt Bild 3.22.

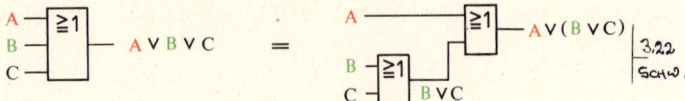

Bild 3.22   Kontaktlose Schaltung für das assoziative Gesetz 3.3.2.1

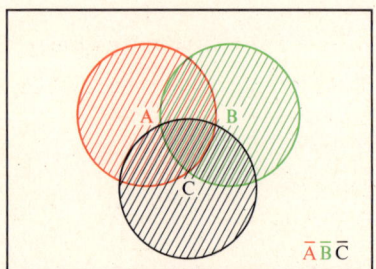

Bild 3.23   Venn-Diagramm für das assoziative Gesetz 3.3.2.1 (ODER-Verknüpfung)

Dieses Gesetz besagt: Wie die Variablen in einer ODER-Verknüpfung zusammengefaßt werden, ist ohne Bedeutung für das Ergebnis.

Dieses Gesetz ermöglicht die Verwirklichung von Schaltungen mit mehreren Variablen, wenn nur Schaltkreise mit zwei Variablen vorhanden sind.

3.3.2.2 $Q = A \wedge B \wedge C = (A \wedge B) \wedge C = A \wedge (B \wedge C) = B \wedge (A \wedge C)$

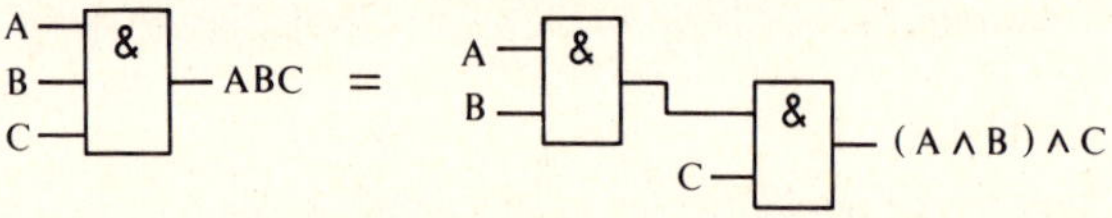

Bild 3.24   Kontaktlose Schaltung für das assoziative Gesetz 3.3.2.2

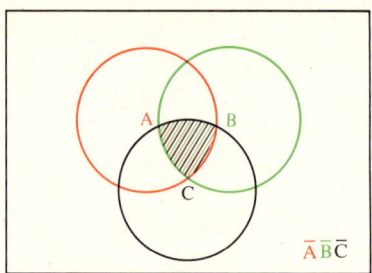

Bild 3.25   Venn-Diagramm für das assoziative Gesetz 3.3.2.2 (UND-Verknüpfung)

Die Variablen in einer UND-Verknüpfung können beliebig zusammengefaßt werden.

3.3 Theoreme für zwei und mehr Variable

**Diese beiden Gesetze gelten in gleicher Weise wie in der gewöhnlichen Algebra.
In ODER- und in UND-Verknüpfungen können die Variablen beliebig mit Klammern zusammengefaßt werden. Ebenso können in ODER- und in UND-Verknüpfungen Klammern weggelassen werden.**

3.3.3 Die distributiven Gesetze

3.3.3.1 $Q = A(B \vee C) = A \wedge B \vee A \wedge C = AB \vee AC$ (Ausmultiplizieren)

Dieser Gleichung entsprechen folgende Schaltungen mit Kontakten (Bild 3.26).

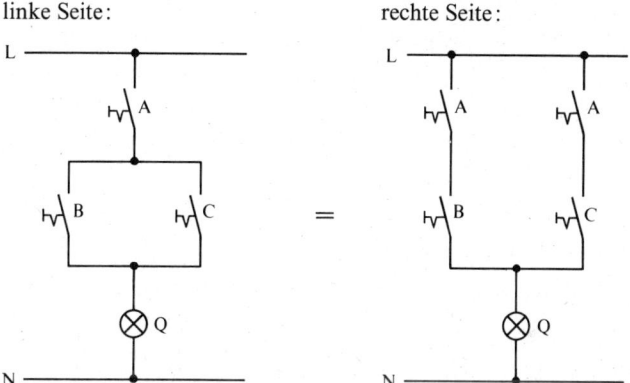

Bild 3.26 Schaltung mit Kontakten zum distributiven Gesetz 3.3.3.1

Die entsprechenden kontaktlosen Schaltungen sind: (Bild 3.27)

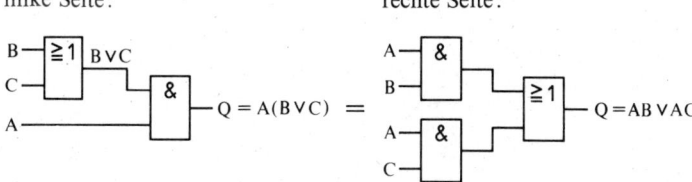

Bild 3.27 Kontaktlose Schaltung zum distributiven Gesetz 3.3.3.1

Zum Nachweis, daß dieses Gesetz auch in der Schaltalgebra stimmt, wird die Funktionstabelle der linken und der rechten Seite aufgestellt (Tabelle 3.10).

				linke Seite		rechte Seite		
	C	B	A	B∨C	A(B∨C)	AB	AC	AB∨AC
0	L	L	L	L	L	L	L	L
1	L	L	H	L	L	L	L	L
2	L	H	L	H	L	L	L	L
3	L	H	H	H	H	H	L	H
4	H	L	L	H	L	L	L	L
5	H	L	H	H	H	L	H	H
6	H	H	L	H	L	L	L	L
7	H	H	H	H	H	H	H	H
	1	2	3	4	5	6	7	8

Tabelle 3.10   Funktionstabelle zum distributiven Gesetz 3.3.3.1

Die Spalten 5 und 8 stimmen überein, demzufolge sind die beiden Seiten der Schaltungsgleichung gleichwertig.
Dieses Theorem gilt wie in der gewöhnlichen Algebra.
In einer Schaltungsgleichung kann eine gemeinsame Variable ausgeklammert werden.
Die entsprechenden Venn-Diagramme zeigen ebenfalls die Richtigkeit dieses Theorems (Bild 3.28).

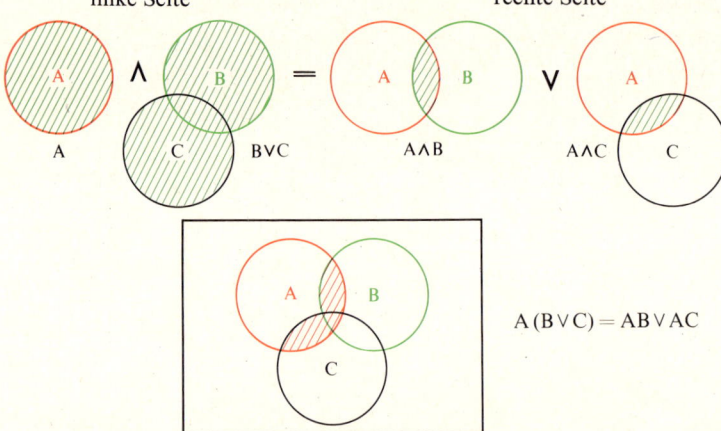

Bild 3.28   Venn-Diagramm des distributiven Gesetzes 3.3.3.1

3.3 Theoreme für zwei und mehr Variable

3.3.3.2 $Q = A \vee (BC) = (A \vee B) \wedge (A \vee C)$

Dieses Gesetz wäre in der gewöhnlichen Algebra falsch. In der Schaltalgebra gibt es zu jedem Gesetz mit der UND-Verknüpfung auch ein entsprechendes Gesetz mit der ODER-Verknüpfung. Die Schaltalgebra ist symmetrischer aufgebaut als die Zahlenalgebra. Mit Kontakten ergeben sich folgende Schaltungen (Bild 3.29).

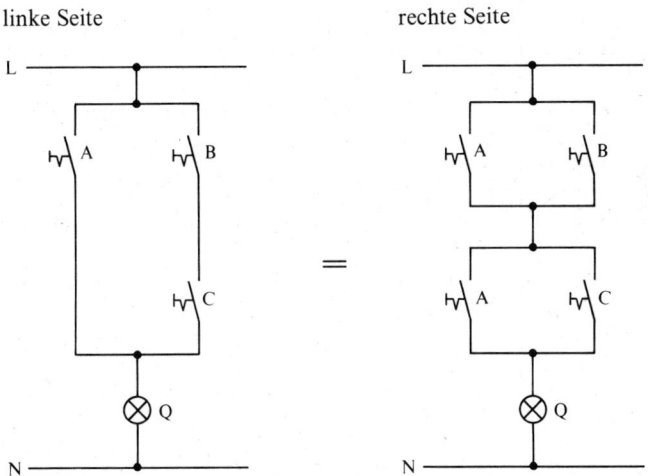

Bild 3.29 Schaltungen mit Kontakten für das distributive Gesetz 3.3.3.2

Die entsprechenden kontaktlosen Schaltungen zeigt Bild 3.30.

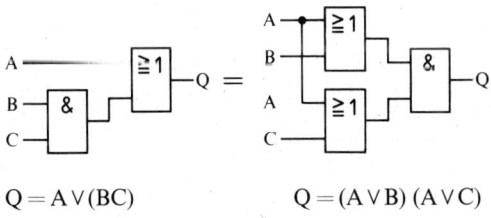

$Q = A \vee (BC)$ $Q = (A \vee B)(A \vee C)$

Bild 3.30 Kontaktlose Schaltungen zu Theorem 3.3.3.2

Die Gültigkeit dieses Theorems wird wieder durch die Funktionstabelle nachgewiesen (Tabelle 3.11).

	C	B	A	B∧C	A∨(B∧C)	A∨B	A∨C	(A∨B)∧(A∨C)
				linke Seite		rechte Seite		
0	L	L	L	L	L	L	L	L
1	L	L	H	L	H	H	H	H
2	L	H	L	L	L	H	L	L
3	L	H	H	L	H	H	H	H
4	H	L	L	L	L	L	H	L
5	H	L	H	L	H	H	H	H
6	H	H	L	H	H	H	H	H
7	H	H	H	H	H	H	H	H
	1	2	3	4	5	6	7	8

Tabelle 3.11   Funktionstabelle zum distributiven Gesetz 3.3.3.2

Die Spalten 5 und 8 stimmen überein. Die linke Seite der Schaltungsgleichung hat die gleiche Wirkung wie die rechte Seite.
Dies ist auch aus den entsprechenden Venn-Diagrammen ersichtlich (Bild 3.31).

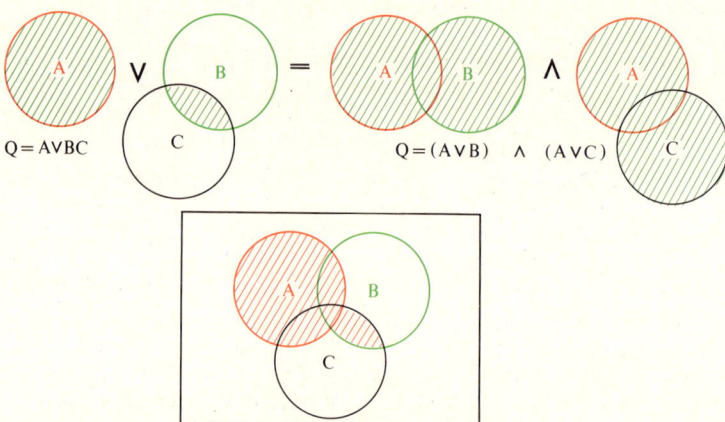

Bild 3.31   Venn-Diagramme zum distributiven Gesetz 3.3.3.2

3.3 Theoreme für zwei und mehr Variable

Das distributive Gesetz 3.3.3.2 kann auch mit Hilfe der bereits abgeleiteten Gesetze bewiesen werden.

$$Q = (A \vee B) \wedge (A \vee C) \quad \text{(rechte Seite)}$$

Behandelt man diese Gleichung zunächst gleich wie in der gewöhnlichen Algebra, d. h. verknüpft man jede Variable der einen Klammer mit jeder Variablen der anderen Klammer (Ausmultiplizieren) mit der UND-Verknüpfung, so ergibt sich:

$$Q = AA \vee AC \vee BA \vee BC$$

nach 3.2.6 wird AA = A, dafür kann auch geschrieben werden (nach 3.2.1): A∧H, damit:

$$Q = AH \vee AC \vee AB \vee BC$$

Nach 3.3.3.1 kann die gemeinsame Variable A ausgeklammert werden

$$Q = A\,(H \vee C \vee B) \vee BC$$

Nach 3.2.4 wird die Verknüpfung in der Klammer H.
Mit 3.2.1 ergibt sich:

$$Q = A \vee BC \qquad (3.3.3.2)$$

3.3.4 Die Absorptionsgesetze (Kürzungsregeln)

Die Absorptionsgesetze sind in der gewöhnlichen Algebra nicht gültig.

3.3.4.1 $\quad Q = A \vee AB = A$

Mit Kontakten ergibt sich folgende Schaltung:

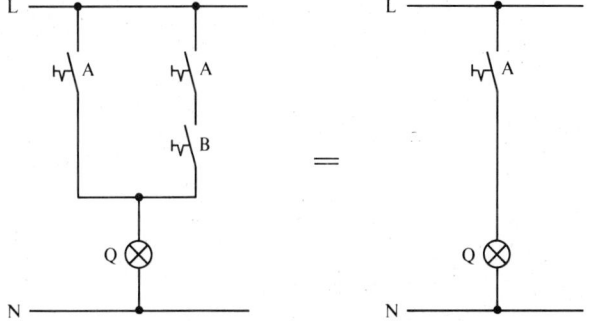

Bild 3.32 Schaltung mit Kontakten für das Absorptionsgesetz 3.3.4.1

Aus dieser Schaltung (Bild 3.32) ist ersichtlich, daß die Lampe Q nur dann brennen kann, wenn der Schalter A geschlossen ist. Der Zweig, der die Reihenschaltung von A UND B enthält, ist deshalb überflüssig.
Bild 3.33 zeigt die entsprechende kontaktlose Schaltung:

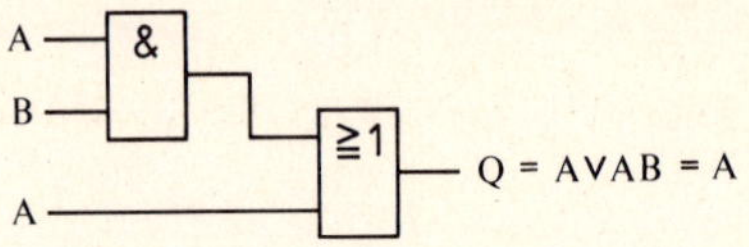

A ─┐&│
B ─┘ │
      └─┐≥1│
A ───────┘ └─ Q = A∨AB = A

Bild 3.33   Kontaktlose Schaltung zum Absorptionsgesetz 3.3.4.1

Für dieses Absorptionsgesetz ergibt sich folgende Funktionstabelle:(Tabelle 3.12):

	B	A	AB	A∨AB
0	L	L	L	L
1	L	H	L	H
2	H	L	L	L
3	H	H	H	H
	1	2	3	4

Tabelle 3.12
Funktionstabelle zum Absorptionsgesetz 3.3.4.1

Die Spalte 2 (A) stimmt mit der Spalte 4 (A∨AB) überein. Dieses Gesetz ist also gültig. Dies folgt auch aus den entsprechenden Venn-Diagrammen: (Bild 3.34)

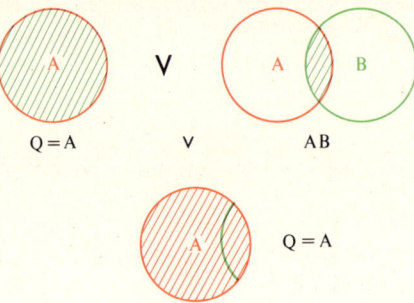

Q = A   ∨   AB

Q = A

Bild 3.34   Venn-Diagramme zum Absorptionsgesetz 3.3.4.1

Mit dem distributiven Gesetz 3.3.3.1 kann dieses Absorptionsgesetz ebenfalls abgeleitet werden.

Q = A∨AB   die gemeinsame Variable A kann ausgeklammert werden:
Q = A(H∨B)   nach 3.24 wird die Klammer H, also
Q = A

3.3 Theoreme für zwei und mehr Variable

3.3.4.2 $Q = A(A \vee B) = A$

Diesem Absorptionsgesetz entspricht folgende Schaltung mit Kontakten: (Bild 3.35)

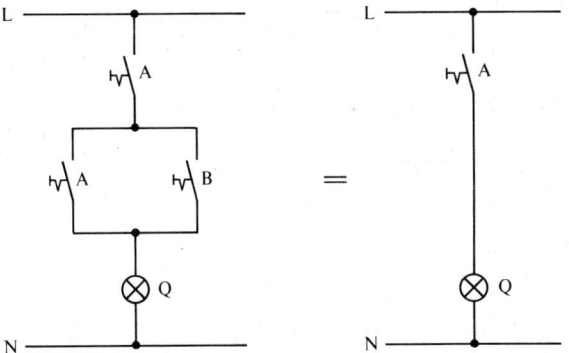

Bild 3.35 Schaltung mit Kontakten zum Absorptionsgesetz 3.3.4.2

Die Lampe Q brennt nur, wenn der Schalter A geschlossen ist. Die mit dem Schalter A in Reihe liegende Parallelschaltung von A und B (A ODER B) ist überflüssig.
Bild 3.36 zeigt die kontaktlose Schaltung zum Absorptionsgesetz. 3.3.4.2.

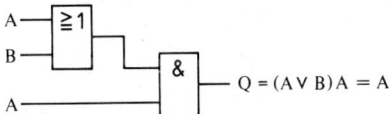 $Q = (A \vee B)A = A$

Bild 3.36 Kontaktlose Schaltung zum Absorptionsgesetz 3.3.4.2

Der Beweis für die Gültigkeit dieses Gesetzes wird mit der Funktionstabelle 3.13 erbracht.

	B	A	A∨B	A(A∨B)
0	L	L	L	L
1	L	H	H	H
2	H	L	H	L
3	H	H	H	H

Tabelle 3.13
Funktionstabelle zum Absorptionsgesetz 3.3.4.2

Die Spalte 2 (A) stimmt mit der Spalte 4 Q = A (A ∨ B) überein. Dieses Gesetz ist also gültig.
Gleiches zeigen auch die entsprechenden Venn-Diagramme (Bild 3.37).

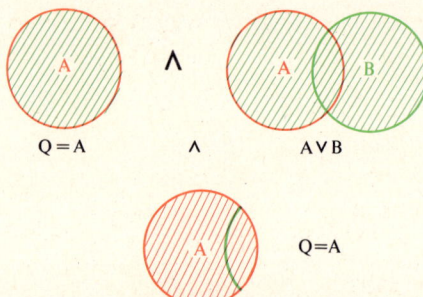

Bild 3.37   Venn-Diagramm zum Absorptionsgesetz 3.3.4.2

Auch dieses Gesetz kann wieder aus anderen Gesetzen abgeleitet werden.
Aus dem distributiven Gesetz 3.3.3.1 folgt:

$$A(A \vee B) = AA \vee AB; \quad AA = A \text{ nach } 3.2.6$$
$$= A(H \vee B); \quad H \vee B = H \text{ nach } 3.2.4$$
$$Q = A$$

3.3.4.3 $Q = A(\overline{A} \vee B) = AB$

Vorstehendes Gesetz kann in folgender Schaltung mit Kontakten dargestellt werden: (Bild 3.38)

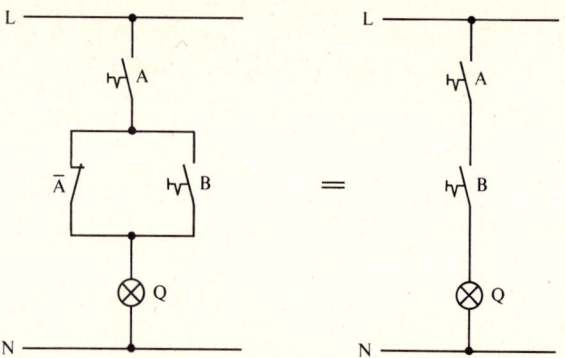

Bild 3.38   Schaltung mit Kontakten für das Absorptionsgesetz 3.3.4.3

3.3 Theoreme für zwei und mehr Variable

Wenn der Arbeitskontakt (Schließer) des Schalters A geschlossen wird, öffnet sich gleichzeitig der Ruhekontakt $\overline{A}$ (Öffner).
Über den linken Strompfad kann die Lampe nie eingeschaltet werden. Dieser Strompfad ist also überflüssig.
Den obigen Schaltungen mit Kontakten entsprechen folgende kontaktlose Schaltungen: (Bild 3.39)

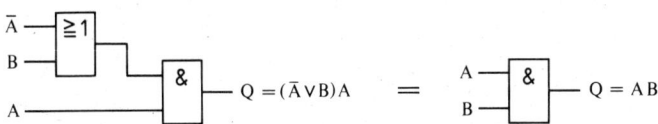

Bild 3.39 Kontaktlose Schaltung zum Absorptionsgesetz 3.3.4.3

Den Beweis für die Gültigkeit dieses Gesetzes liefert die Funktionstabelle (3.14).

	B	A	$\overline{A}$	$\overline{A}\vee B$	$A(\overline{A}\vee B)$	AB
0	L	L	H	H	L	L
1	L	H	L	L	L	L
2	H	L	H	H	L	L
3	H	H	L	H	H	H
	1	2	3	4	5	6

Tabelle 3.14 Funktionstabelle zum Absorptionsgesetz 3.3.4.3

Für die linke Seite der Gleichung ergibt die Spalte 5 die Lösung. Die Lösung der rechten Seite zeigt Spalte 6 (UND-Verknüpfung). Diese beiden Spalten stimmen überein. Dieses Gesetz ist also gültig.

Eine gute Veranschaulichung der Zusammenhänge zeigen die folgenden Venn-Diagramme: (Bild 3.40)

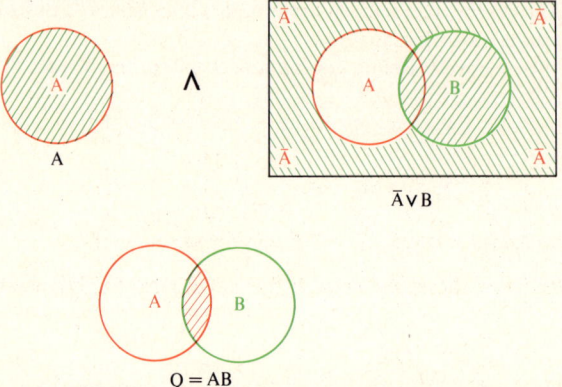

Bild 3.40   Venn-Diagramm zum Absorptionsgesetz 3.3.4.3

Mit bereits abgeleiteten Gesetzen kann dieses Gesetz ebenfalls bewiesen werden. Aus dem Gesetz 3.3.4.3: $Q = A(\overline{A} \vee B)$ wird durch ausmultiplizieren: $Q = A\overline{A} \vee AB$ (distributives Gesetz 3.3.3.1).
Nach 3.2.8 ist $A\overline{A} = L$ und nach 3.2.3 kann L parallel zu einer beliebigen Schaltung wegfallen (Unterbrechung).
Es ist also $Q = AB$.

3.3.4.4 $Q = A \vee \overline{A}B = A \vee B$

Die Schaltung mit Kontakten zeigt folgendes Bild (3.41):

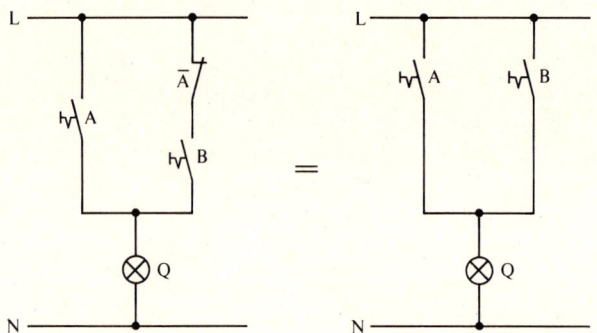

Bild 3.41   Schaltung mit Kontakten für das Absorptionsgesetz 3.3.4.4

Die Lampe Q brennt, wenn der Schalter A geschlossen ist, dann ist aber der Ruhekontakt $\overline{A}$ (Öffner) offen. Die Lampe Q brennt auch, wenn der Schalter B geschlossen ist.

3.3 Theoreme für zwei und mehr Variable

Sollte A und B gleichzeitig geschlossen sein, so brennt die Lampe ebenfalls. Der Kontakt $\overline{A}$ des Schalters A ist also überflüssig.
Diesem Gesetz 3.3.4.4 entsprechen folgende kontaktlose Schaltungen: (Bild 3.42)

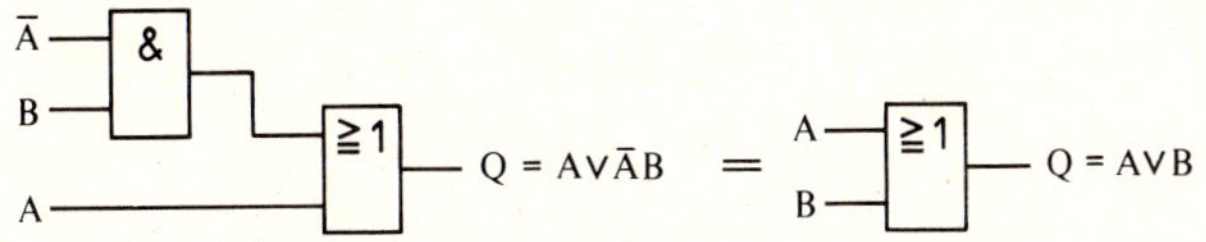

Bild 3.42 Kontaktlose Schaltung für das Absorptionsgesetz 3.3.4.4

Den Beweis für die Gültigkeit dieses Gesetzes liefert wieder die Funktionstabelle: (Tabelle 3.15)

	B	A	$\overline{A}$	$\overline{A}B$	$A \vee \overline{A}B$	$A \vee B$
0	L	L	H	L	L	L
1	L	H	L	L	H	H
2	H	L	H	H	H	H
3	H	H	L	L	H	H
	1	2	3	4	5	6

Tabelle 3.15 Funktionstabelle zum Absorptionsgesetz 3.3.4.4

Die Spalte 5 (Lösung der linken Seite) stimmt mit Spalte 6 (Lösung der rechten Seite) überein. Dieses Gesetz ist also gültig. Die entsprechenden Venn-Diagramme zeigen diese Zusammenhänge. (Bild 3.43)

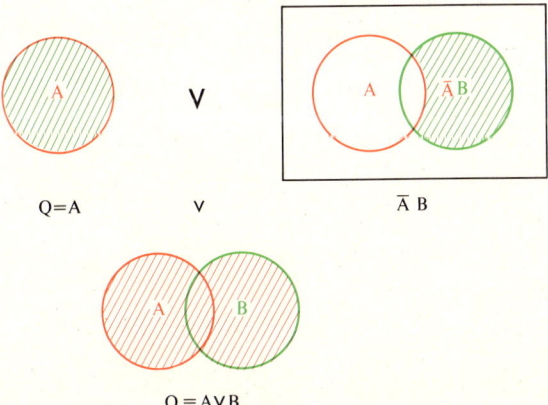

Bild 3.43 Venn-Diagramme des Absorptionsgesetz 3.3.4.4

68 3 Grundgesetze der Schaltalgebra

Auch dieses Gesetz kann mit bereits bewiesenen Gesetzen abgeleitet werden.
Nach dem 2. distributiven Gesetz gilt
A ∨ BC = (A ∨ B) (A ∨ C)   3.3.3.2.
Substituiert man für C : $\overline{A}$, so ergibt sich
A ∨ $\overline{A}$B = (A ∨ $\overline{A}$) (A ∨ B) = H (A ∨ B) = A ∨ B
Damit   Q = A ∨ B.

3.4 Die Theoreme von De Morgan (1806–1871)

$$Q = \overline{A \vee B} = \overline{A} \wedge \overline{B} \quad 3.4.1$$

Die linke Seite dieser Schaltungsgleichung stellt die NOR-Verknüpfung (2.4) dar. Mit Kontakten ergeben sich für dieses Theorem folgende Schaltungen:

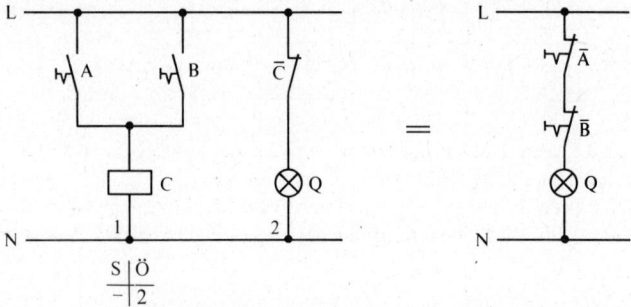

Bild 3.44 Schaltungen mit Kontakten für das De Morgansche Gesetz 3.4.1

Die Lampe Q brennt nur, wenn die beiden Schalter A und B nicht betätigt sind. Diese Funktion kann erreicht werden durch die Parallelschaltung der beiden Arbeitskontakte (Schließer) A und B mit anschließender Negation (linke Seite) oder durch die Reihenschaltung der Ruhekontakte (Öffner) $\overline{A}$ und $\overline{B}$.
Es ergeben sich folgende kontaktlose Schaltungen:

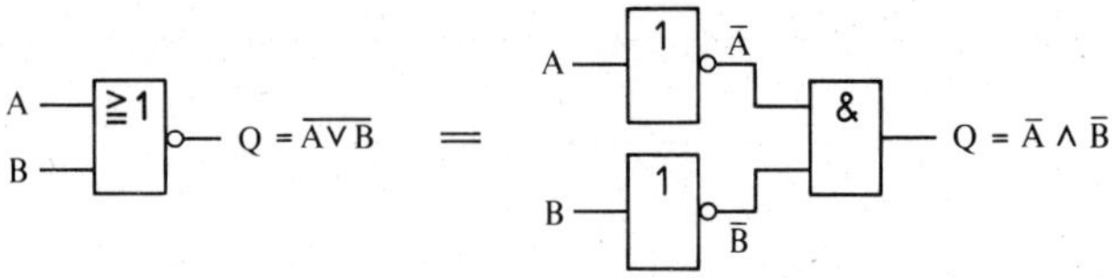

Bild 3.45 Kontaktlose Schaltung für das De Morgansche Gesetz 3.4.1

Die NOR-Verknüpfung zweier Variablen kann durch die UND-Verknüpfung dieser beiden Variablen ersetzt werden, sofern diese dem Eingang negiert zugeführt werden. (Theorem 3.4.1)

3.4 Die Theoreme von De Morgan

Der Nachweis der Gültigkeit dieses Gesetzes wird mit der Funktionstabelle (Tabelle 3.16) erbracht.

	B	A	$\bar{B}$	$\bar{A}$	C	$\bar{C} = \overline{A \vee B}$	$\bar{A} \wedge \bar{B}$
0	L	L	H	H	L	H	H
1	L	H	H	L	H	L	L
2	H	L	L	H	H	L	L
3	H	H	L	L	H	L	L
	1	2	3	4	5	6	7

Tabelle 3.16 Funktionstabelle zum De Morganschen Gesetz 3.4.1

In Spalte 5 wird die ODER-Verknüpfung der Variablen $A \vee B = C$ gebildet.
In Spalte 6 wird dieses Ergebnis negiert $\bar{C} = Q = \overline{A \vee B}$.
Dies ist die NOR-Verknüpfung der Variablen A und B (linke Seite).
In Spalte 7 wird die UND-Verknüpfung der negierten Variablen A und B gebildet (rechte Seite).
Spalte 6 und 7 stimmen überein. Dieses Gesetz ist also gültig.
Mit den entsprechenden Venn-Diagrammen läßt sich ebenfalls dieses Gesetz beweisen: Bild 3.46

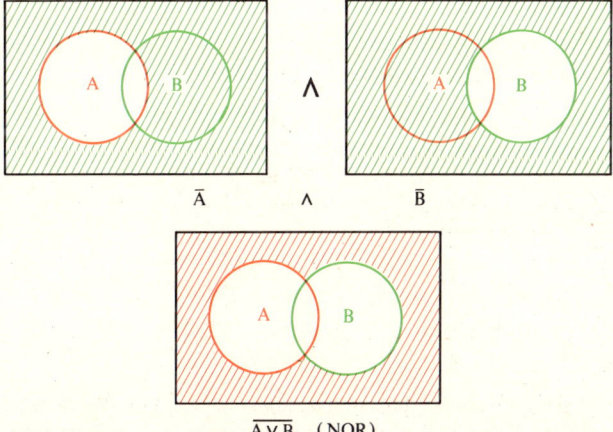

Bild 3.46 Venn-Diagramme zum De Morganschen Gesetz 3.4.1

Für Umformungen wird häufig eine andere Form dieses Gesetzes verwendet. Negiert man beide Seiten von 3.4.1 so ergibt sich:

$$\overline{\overline{A \vee B}} = \overline{\overline{A} \wedge \overline{B}} \quad \text{Nach 3.2.9 ergibt sich:}$$
$$A \vee B = \overline{\overline{A} \wedge \overline{B}} \quad 3.4.2$$

Die ODER-Verknüpfung kann also ersetzt werden durch eine NAND-Verknüpfung, bei der die Variablen negiert sind. (Bild 3.47)

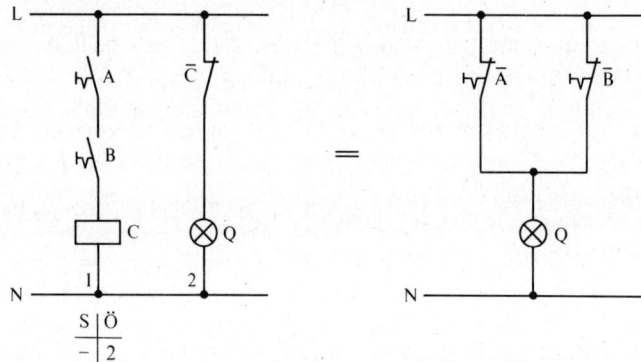

Bild 3.47   Kontaktlose Schaltung zu 3.4.2

$$Q = \overline{A \wedge B} = \overline{A} \vee \overline{B} \quad 3.4.3$$

Die linke Seite entspricht der NAND-Verknüpfung (2.5). Folgende Schaltungen mit Kontakten entsprechen diesem Theorem: (Bild 3.48)

Bild 3.48   Schaltung mit Kontakten zum De Morganschen Theorem 3.4.3

Die Lampe Q brennt nur dann nicht, wenn beide Schalter betätigt sind. Diese Funktion wird erreicht durch die Reihenschaltung der Kontakte A UND B und anschließende Negation (Ruhekontakt bzw. Öffner des Schützes $\overline{C}$). Diese Funktion entspricht der linken Seite des Theorems 3.4.3. Die gleiche Funktion wird durch die Parallelschaltung der Ruhekontakte (Öffner) $\overline{A}$ und $\overline{B}$ erreicht.
Bild 3.49 zeigt die entsprechenden kontaktlosen Schaltungen:

Bild 3.49   Kontaktlose Schaltungen zu Theorem 3.4.3

3.4 Die Theoreme von De Morgan

Die NAND-Verknüpfung der beiden Variablen A und B kann durch eine ODER-Verknüpfung ersetzt werden; die beiden Variablen müssen jedoch negiert werden.
Mit der Funktionstabelle (Tabelle 3.17) wird der Nachweis der Gültigkeit dieses Gesetzes erbracht.

	B	A	$\bar{B}$	$\bar{A}$	C = AB	$\bar{C} = \overline{AB}$	$\bar{A} \vee \bar{B}$
0	L	L	H	H	L	H	H
1	L	H	H	L	L	H	H
2	H	L	L	H	L	H	H
3	H	H	L	L	H	L	L
	1	2	3	4	5	6	7

Tabelle 3.17   Funktionstabelle zum De Morganschen Gesetz 3.4.3

In Spalte 5 wird die UND-Verknüpfung der Variablen A UND B gebildet. Spalte 6 enthält die NAND-Verknüpfung der beiden Variablen. (Linke Seite der Schaltungsgleichung)
In Spalte 7 wird die ODER-Verknüpfung der negierten Variablen gebildet. Diese Spalte entspricht der rechten Seite der Schaltungsgleichung. Spalte 6 und 7 stimmen überein. Dieses Gesetz ist also gültig.
Die entsprechenden Venn-Diagramme zeigen ebenfalls die Gültigkeit des De Morganschen Gesetzes 3.4.3.

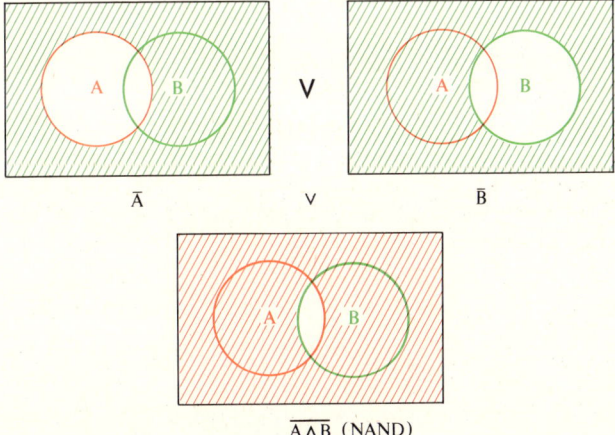

Bild 3.50   Venn-Diagramm zum De Morganschen Gesetz 3.4.3

Auch dieses Gesetz wird häufig in einer anderen Form zu Umformungen verwendet. Werden beide Seiten von 3.4.3 negiert, so ergibt sich:

$$\overline{A \wedge B} = \overline{\overline{A} \vee \overline{B}} \quad \text{nach 3.2.9 ergibt sich}$$

$$A \wedge B = \overline{\overline{A} \vee \overline{B}} \quad 3.4.4$$

Die UND-Verknüpfung kann durch eine NOR-Verknüpfung ersetzt werden, bei der die Variablen negiert sind. Bild 3.51 zeigt die entsprechenden kontaktlosen Schaltungen.

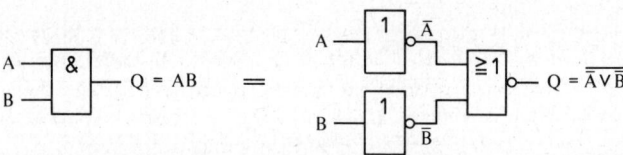

Bild 3.51 Kontaktlose Schaltungen zu Gesetz 3.4.4

Man beachte, daß eine Schaltfunktion nicht einfach dadurch invertiert werden kann, daß man die einzelnen Variablen invertiert. Es müssen immer auch die entsprechenden Verknüpfungsbefehle invertiert werden. Dies soll folgendes Beispiel zeigen:

$$\overline{H \vee L} = \overline{H} \wedge \overline{L} = LH = L, \text{ hingegen:}$$

$$\overline{H} \vee \overline{L} = L \vee H = H$$

Die Shannonsche Regel:

Die De Morganschen Gesetze können ganz allgemein formuliert werden. Es gilt:

$$f(A, B, C \ldots \wedge, \vee) = \overline{f\,(\overline{A}, \overline{B}, \overline{C} \ldots \vee, \wedge)}$$

Eine beliebige Schaltungsgleichung kann dadurch negiert werden, daß
    1. Alle Variablen negiert werden.
    2. Alle UND-Verknüpfungen durch ODER-Verknüpfungen ersetzt werden, ebenso alle ODER-Verknüpfungen durch UND-Verknüpfungen,
    z. B. $\overline{AB \vee CD} = (\overline{A} \vee \overline{B}) \wedge (\overline{C} \vee \overline{D})$. Ausführlich:
$$\overline{AB \vee CD} = \overline{AB} \wedge \overline{CD} = (\overline{A} \vee \overline{B}) \wedge (\overline{C} \vee \overline{D}).$$

3.5 Zusammenstellung der wichtigsten Gesetze der Schaltalgebra

3.5.1 Gesetze, die mit der allgemeinen Algebra übereinstimmen:

Die Übereinstimmung ist vorhanden, wenn für $H = 1$, für $L = 0$ und für $\vee = +$ (plus), für $\wedge = \cdot$ (mal) gesetzt wird.

$A \wedge H = A$	$(A \cdot 1 = A)$	3.2.1
$A \wedge L = L$	$(A \cdot 0 = 0)$	3.2.2
$A \vee L = A$	$(A + 0 = A)$	3.2.3
$AB = BA$	$(AB = BA)$	3.3.1.1 kommutatives Gesetz

3.5 Zusammenstellung der wichtigsten Gesetze der Schaltalgebra

$A \lor B = B \lor A \quad (A + B = B + A) \quad$ 3.3.1.2 kommutatives Gesetz

$A \lor B \lor C \quad = A \lor (B \lor C) \quad = B \lor (A \lor C) \quad = C \lor (A \lor B)$
$(A + B + C) = A + (B + C) = B + (A + C) = C + (A + B)$ $\Big\}$ 3.3.2.1 assoziatives Gesetz

$A \land B \land C \quad = (A \land B) \land C \quad = A \land (B \land C) \quad = B \land (A \land C)$
$ABC \quad = (AB) \cdot C \quad = A \cdot (BC) \quad = B \cdot (AC)$ $\Big\}$ 3.3.2.2 assoziatives Gesetz

$A (B \lor C) \quad = A \cdot B \lor A \cdot C$
$[A (B + C) \quad = AB + AC]$ $\Big\}$ 3.3.3.1 1. distributives Gesetz

Ebenso stimmen folgende Postulate mit denen der gewöhnlichen Algebra überein. z. B.:

$L \land L = L \quad (0 \cdot 0 = 0) \quad$ 3.1.5
$L \land H = L \quad (0 \cdot 1 = 0) \quad$ 3.1.6
$H \land H = H \quad (1 \cdot 1 = 1) \quad$ 3.1.8
$L \lor L = L \quad (0 + 0 = 0) \quad$ 3.1.9
$L \lor H = H \quad (0 + 1 = 1) \quad$ 3.1.10

3.5.2 Gesetze, die in der gewöhnlichen Algebra **nicht** gültig sind:

$A \lor H = H \quad (A + 1 \neq 1) \quad$ 3.2.4
$A \lor A = A \quad (A + A \neq A) \quad$ 3.2.5
$A \land A = A \quad (A \cdot A \neq A) \quad$ 3.2.6
$A \lor \overline{A} = H \quad$ 3.2.7
$A \land \overline{A} = L \quad$ 3.2.8

$A \lor BC = (A \lor B) \land (A \lor C)$
$A + BC \neq (A + B)(A + C)$ $\Big\}$ 3.3.3.2 2. distributives Gesetz

$A \lor AB = A \quad$ 3.3.4.1 1. Absorptionsgesetz
$A (A \lor B) = A \quad$ 3.3.4.2 2. Absorptionsgesetz
$A (\overline{A} \lor B) = AB \quad$ 3.3.4.3 3. Absorptionsgesetz
$A \lor \overline{A} \land B = A \lor B \quad$ 3.3.4.4 4. Absorptionsgesetz
$\overline{A \lor B} = \overline{A} \land \overline{B} \quad$ 3.4.1 1. De Morgansches Theorem
$A \lor B = \overline{\overline{A} \land \overline{B}} \quad$ 3.4.2 2. De Morgansches Theorem
$\overline{A \land B} = \overline{A} \lor \overline{B} \quad$ 3.4.3 3. De Morgansches Theorem
$A \land B = \overline{\overline{A} \lor \overline{B}} \quad$ 3.4.4 4. De Morgansches Theorem

Ebenso ist Postulat 3.1.12 in der gewöhnlichen Algebra nicht gültig

$H \lor H = H \quad (1 + 1 \neq 1)$.

3.5.3 Dualitätsprinzip

Werden in Gesetzen die UND- mit der ODER-Verknüpfung vertauscht, und umgekehrt, so ergeben sich gleichfalls gültige Beziehungen, z. B.:

    3.3.1.1 und 3.3.1.2 kommutatives Gesetz,
    3.3.2.1 und 3.3.2.2 assoziatives Gesetz,
    3.3.3.1 und 3.3.3.2 distributives Gesetz.

3.6 Vorrangregeln

Auch in der Schaltalgebra kann eine bestimmte Reihenfolge der durchzuführenden Operationen vereinbart werden. Diese lautet:
1) Negation
2) UND-Verknüpfung (Konjunktion)
3) ODER-Verknüpfung (Disjunktion)

Den Punkten 2 und 3 entspricht die Regel: Punktrechnung (UND) geht vor Strichrechnung (ODER) der gewöhnlichen Algebra. Diese Rangfolge kann wie in der gewöhnlichen Algebra durch Klammersetzen unterbrochen werden.
Beim Aufstellen von Schaltungsgleichungen müssen zusammengehörige ODER-Verknüpfungen eingeklammert werden.
Beispiel: 3.1 (Bild 3.52)

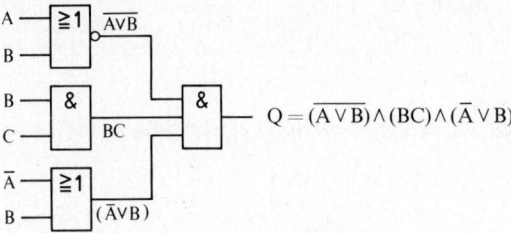

Bild 3.52 Beispiel 3.1 zu 3.6 Vorrangregeln

In vorstehendem Beispiel (Bild 3.52) ist für die NOR-Verknüpfung $\overline{(A \lor B)}$ wegen des Vorrangs keine Klammer erforderlich.
Ebenso kann die Klammer für die UND-Verknüpfung BC entfallen. Vielfach werden jedoch Klammern gesetzt, um eine bessere Übersicht zu erhalten.
Bei der ODER-Verknüpfung $(\overline{A} \lor B)$ ist die Klammer unbedingt erforderlich. Ohne diese Klammer würde die Schaltungsgleichung eine andere Bedeutung erhalten.
Folgende Form ist also auch richtig: $Q = \overline{A \lor B} \land BC \land (\overline{A} \lor B)$.

Insbesondere sind Klammern zu setzen, wenn die De Morganschen Gesetze auf NAND- oder NOR-Verknüpfungen angewandt werden.

z.B.: 3.2 $\overline{(A \land \overline{B})} C = (\overline{A} \lor B) C = \overline{A} C \lor BC$

Ohne Klammer wäre entstanden: $\overline{A} \lor BC$. Dies entspricht nicht dem obigen richtigen Resultat.

3.7 Aufbau der wichtigsten Verknüpfungsglieder mit NAND- und NOR-Gliedern

Mit den abgeleiteten Regeln der Schaltalgebra kann jede beliebige Schaltungsgleichung so umgeformt werden, daß man zu ihrer Verwirklichung nur eine einzige Verknüpfung benötigt. In modernen integrierten Schaltkreisen werden NAND- und NOR-Verknüpfungen bevorzugt.

3.7 Aufbau der wichtigsten Verknüpfungsglieder mit NAND- und NOR-Gliedern

3.7.1 Aufbau mit NAND-Gliedern

3.7.1.1 Negation (1.2)

$$Q = \overline{A}$$

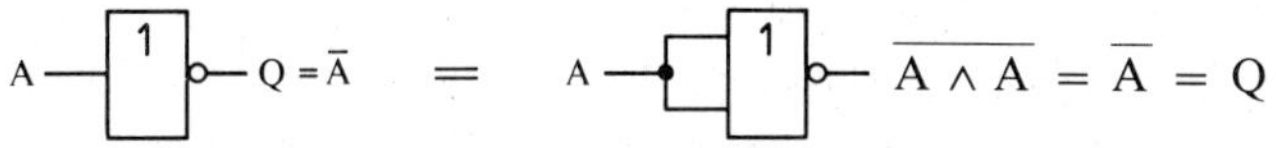

A —[1]— $Q = \overline{A}$ = A —[1]— $\overline{A \wedge A} = \overline{A} = Q$

Bild 3.53 Negation mit NAND verwirklicht

Damit die NAND-Bedingung erfüllt ist, müssen alle Eingänge miteinander verbunden werden.
Bei integrierten Schaltkreisen in TTL-Technik wirken nicht angeschlossene Eingänge so, als ob H vorhanden wäre, deshalb ergibt sich die gleiche Wirkung, wenn nur ein Eingang angeschlossen wird.

3.7.1.2 UND (2.1)

Zur Erfüllung der UND-Bedingung muß die NAND-Verknüpfung negiert werden. Bild 3.54

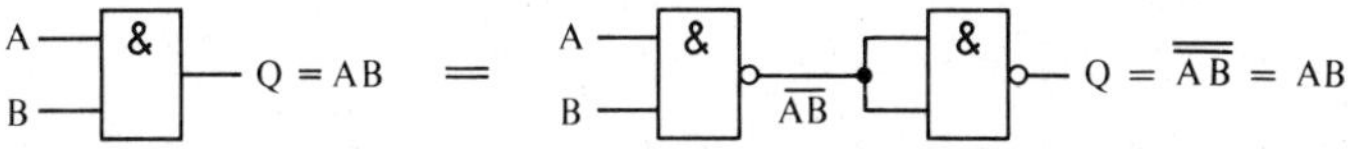

A —[&]— $Q = AB$ = A,B —[&]— $\overline{AB}$ —[&]— $Q = \overline{\overline{AB}} = AB$

Bild 3.54 Verwirklichung der UND-Verknüpfung mit NAND-Gliedern

3.7.1.3 ODER (2.2)

Mit dem De Morganschen Gesetz 3.4.2 kann die ODER-Verknüpfung mit NAND-Gliedern verwirklicht werden. (Bild 3.55)

$$Q = A \vee B = \overline{\overline{A} \wedge \overline{B}} \qquad 3.7.1.3$$

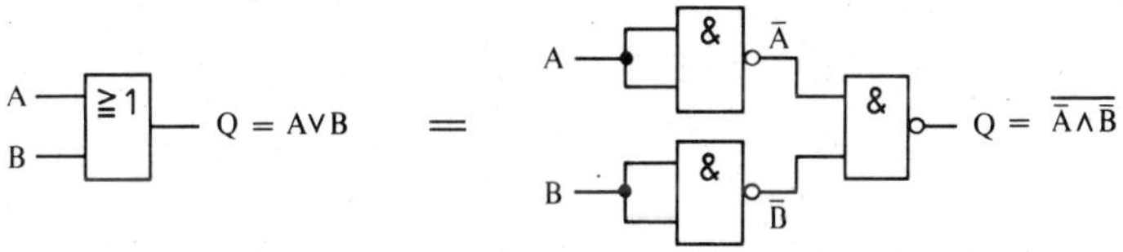

A,B —[≥1]— $Q = A \vee B$ = (NAND-Schaltung) $Q = \overline{\overline{A} \wedge \overline{B}}$

Bild 3.55 Verwirklichung der ODER-Verknüpfung mit NAND-Gliedern

3.7.1.4 NOR (2.4)

Mit dem De Morganschen Gesetz 3.4.1 kann die NOR-Verknüpfung mit NAND-Gliedern verwirklicht werden.

$$Q = \overline{A \vee B} = \overline{\overline{\overline{A} \wedge \overline{B}}} \qquad 3.7.1.4$$

Da keine UND-Glieder vorhanden sind, muß die rechte Seite zweimal negiert werden. (Theorem 3.2.9)

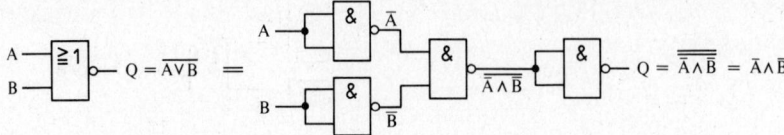

Bild 3.56 Verwirklichung der NOR-Verknüpfung mit NAND-Gliedern

3.7.1.5 Exklusiv-ODER (2.3)

$$Q = \overline{A}B \vee A\overline{B} \quad (2.3)$$

Zunächst werden beide Seiten negiert:

$$\overline{Q} = \overline{\overline{A}B \vee A\overline{B}} = \overline{\overline{A}B} \wedge \overline{A\overline{B}} \quad \text{(nach De Morgan 3.4.1)}$$

Dies ist die Nichtansprechbedingung. Um die Ansprechbedingung zu erhalten, muß noch einmal negiert werden:

$$Q = \overline{\overline{\overline{A}B} \wedge \overline{A\overline{B}}} = \overline{A}B \vee A\overline{B} \quad 3.7.1.5$$

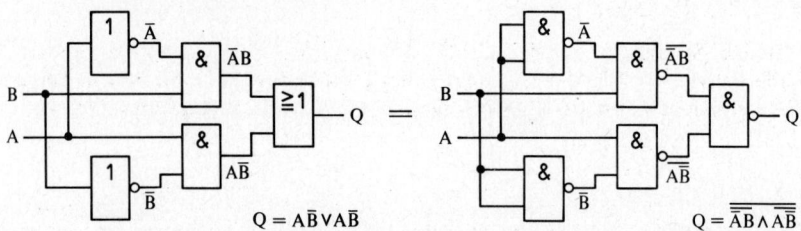

Bild 3.57 Verwirklichung der Exklusiv-ODER-Verknüpfung nur mit NAND-Gliedern

3.7.2 Aufbau mit NOR-Gliedern

3.7.2.1 Negation (1.2)

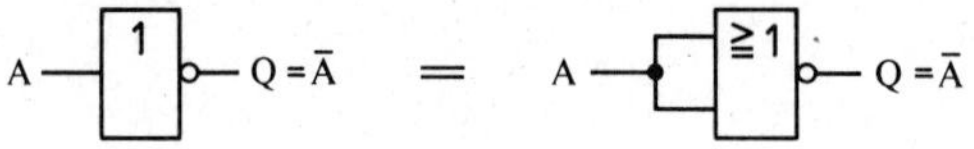

Bild 3.58 Verwirklichung der Negation mit der NOR-Verknüpfung

3.7.2.2 UND (2.1)

Die Realisierung der UND-Verknüpfung mit NOR-Gliedern ergibt sich aus dem De Morganschen Gesetz 3.4.4:

$$Q = A \wedge B = \overline{\overline{A} \vee \overline{B}} \quad 3.7.2.2$$

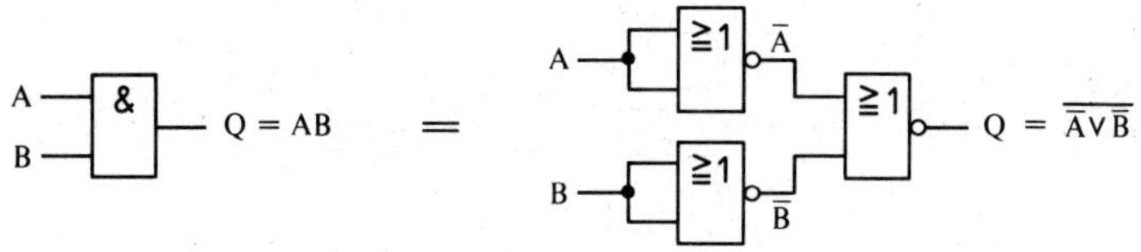

3.7 Aufbau der wichtigsten Verknüpfungsglieder mit NAND- und NOR-Gliedern

Bild 3.59 Verwirklichung der UND-Verknüpfung mit NOR-Gliedern

3.7.2.3 ODER (2.2)

Zur Erfüllung der ODER-Bedingung muß die NOR-Verknüpfung negiert werden.

$$Q = A \vee B = \overline{\overline{A \vee B}}$$

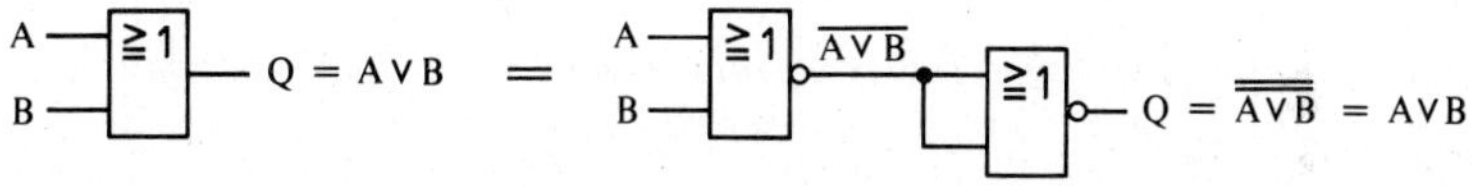

Bild 3.60 Verwirklichung der ODER-Verknüpfung durch NOR-Glieder

3.7.2.4 NAND (2.5)

Mit dem De Morganschen Gesetz 3.4.3 $Q = \overline{A \wedge B} = \overline{A} \vee \overline{B}$ ergibt sich aus der NAND-Verknüpfung eine ODER-Verknüpfung der negierten Variablen. Durch anschließende doppelte Negation läßt sich die NAND-Verknüpfung mit NOR-Gliedern aufbauen.

$$Q = \overline{A \wedge B} = \overline{\overline{\overline{A} \vee \overline{B}}} \qquad 3.7.2.4$$

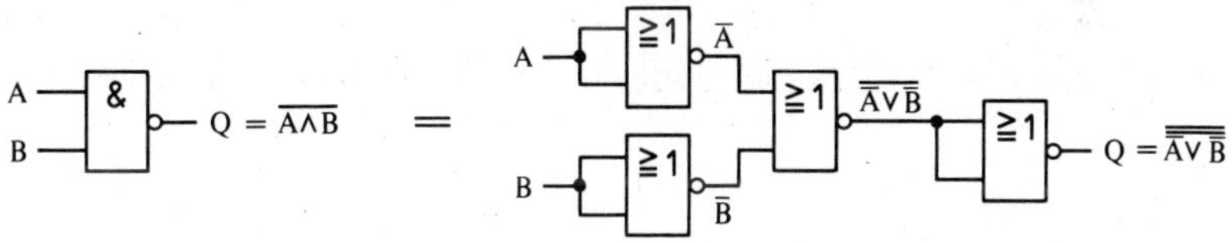

Bild 3.61 Verwirklichung der NAND-Verknüpfung mit NOR-Gliedern

3.7.2.5 Exklusiv-ODER (2.3)

$$Q = \overline{A}B \vee A\overline{B}$$

Die beiden UND-Verknüpfungen ($\overline{A}B$ und $A\overline{B}$) werden mit dem De Morganschen Gesetz 3.4.4 in NOR-Verknüpfungen umgeformt:

$$Q = \overline{A \vee \overline{B}} \vee \overline{\overline{A} \vee B}$$

Mit anschließender doppelter Negation kann die Exklusiv-ODER-Verknüpfung mit NOR-Gliedern aufgebaut werden.

$$Q = \overline{A}B \vee A\overline{B} = \overline{\overline{A \vee \overline{B}} \vee \overline{\overline{A} \vee B}} \qquad 3.7.2.5$$

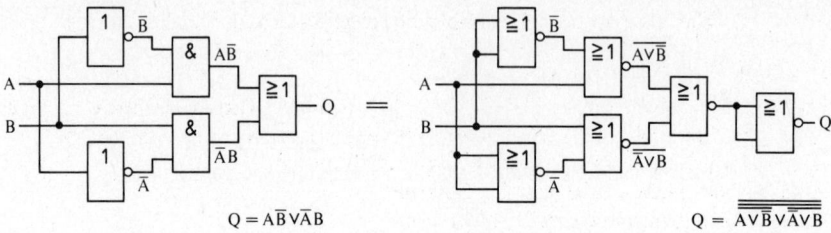

Bild 3.62 Verwirklichung der Exklusiv-ODER-Verknüpfung mit NOR-Gliedern

3.8 Die Normalformen der Schaltalgebra

In den Normalformen der Schaltalgebra werden die in den Funktionstabellen enthaltenen logischen Zusammenhänge beschrieben. Von jeder Schaltung läßt sich eine Normalform entwickeln. Ist die Schaltungsgleichung gegeben, so kann die Normalform durch Erweitern erhalten werden. Man unterscheidet die disjunktive und die konjunktive Normalform.

3.8.1 Die disjunktive Normalform. (DNF)

Beim Aufstellen der Schaltungsgleichung (2.9) wurden die Variablen innerhalb einer Zeile mit UND und die Zeilen untereinander mit ODER verknüpft. Berücksichtigt wurden nur jene Zeilen, für die die Ausgangsvariable Q den Wert H angenommen hat, dies entsprach der Ansprechbedingung. Die so gewonnene Schaltungsgleichung entspricht der disjunktiven Normalform. Allgemein gilt:

In der disjunktiven Normalform werden alle UND-Verknüpfungen (Konjunktionen) disjunktiv (mit ODER) verknüpft, bei denen die Ausgangsvariable den Wert H annimmt.
Dies soll folgendes Beispiel zeigen: Für die Äquivalenz ergab sich folgende Funktionstabelle (Siehe 2.6).

	B	A	Q	DNF
0	L	L	H	$\bar{A} \wedge \bar{B}$
1	L	H	L	
2	H	L	L	
3	H	H	H	AB

Tabelle 3.18 Beispiel zur disjunktiven Normalform (Äquivalenz)

3.8 Die Normalformen der Schaltalgebra

Für die Tabelle 3.18 (Äquivalenz) ergibt sich folgende disjunktive Normalform:

$$Q_D = \overline{A} \wedge \overline{B} \vee AB \qquad 3.8.1$$

Sind in den einzelnen Termen (UND-Verknüpfungen) alle Variablen enthalten, wobei diese negiert oder nicht negiert auftreten können, so nennt man diese Minterme.
Die Minterme im gewählten Beispiel sind: $\overline{A} \wedge \overline{B}$ und AB.
Bei n Variablen gibt es maximal 2^n Minterme.
Bei zwei Variablen sind dies $2^2 = 4$ Minterme.
Für die Nichtansprechbedingung der Äquivalenz ergibt sich:

$$\overline{Q} = A\overline{B} \vee \overline{A}\,B.$$

Daraus kann die Ansprechbedingung durch Inversion gewonnen werden. Mit den De Morganschen Gesetzen ergibt sich:

$$Q = \overline{(A\overline{B}) \vee (\overline{A}\,B)} = \overline{(A\,\overline{B})} \wedge \overline{(\overline{A}\,B)} = (\overline{A} \vee B)(A \vee \overline{B})$$

Daraus folgt eine andere gleichwertige Darstellungsform für die Äquivalenz. Diese Form wird im folgenden Abschnitt beschrieben.

3.8.2 Die konjunktive Normalform (KNF)

In der konjunktiven Normalform werden alle Disjunktionen (ODER-Verknüpfungen) der negierten Eingangsvariablen konjunktiv (mit UND) miteinander verknüpft, die den Funktionswert L ergeben.
Für die Äquivalenz ergibt sich:

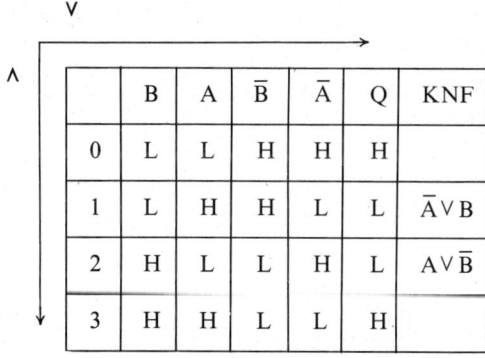

Tabelle 3.19 Beispiel zur konjunktiven Normalform (Äquivalenz)

Für die Äquivalenz ergibt sich folgende konjunktive Normalform:

$$Q_K = (\overline{A} \vee B)(A \vee \overline{B}) \qquad 3.8.2$$

Die einzelnen Disjunktionen werden Maxterme genannt, wenn sie alle Variablen enthalten. Im vorstehenden Beispiel sind also $\overline{A} \vee B$ und $A \vee \overline{B}$. Maxterme.
Maximal gibt es bei zwei Variablen vier Maxterme.

In der Praxis werden Funktionstabellen mit disjunktiv verknüpften Variablen seltener verwandt. Wie gezeigt wurde, können die jeweiligen Maxterme durch Inversion der Nichtansprechbedingung direkt aus der Funktionstabelle gewonnen werden.

3.8.3 Vergleich der disjunktiven mit der konjunktiven Normalform

Jede Schaltung kann entweder durch eine Schaltungsgleichung in disjunktiver oder in konjunktiver Normalform beschrieben werden. Zwar sind die Schaltungsgleichungen unterschiedlich aufgebaut, doch lassen sich beide Formen ineinander überführen. Dies wird im folgenden mit den Rechenregeln der Schaltalgebra gezeigt.
Für die Äquivalenz ergab sich:

3.8.1   Disjunktive Normalform: $Q_D = \bar{A} \wedge \bar{B} \vee AB$.

Die entsprechende kontaktlose Schaltung zeigt Bild 3.63.

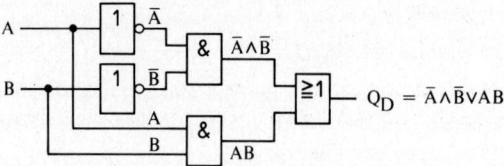

Bild 3.63   Disjunktive Normalform der Äquivalenz

3.8.2   Konjunktive Normalform: $Q_K = (\bar{A} \vee B)(A \vee \bar{B})$.   Bild 3.64 zeigt die entsprechende kontaktlose Schaltung:

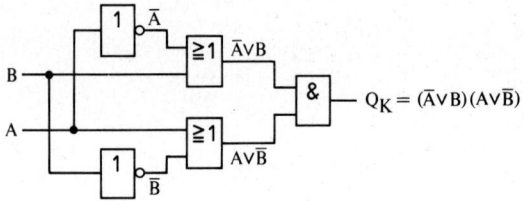

Bild 3.64   Konjunktive Normalform der Äquivalenz

Auf 3.8.2 wird das distributive Gesetz angewandt:

$$Q_K = (\bar{A} \vee B)(A \vee \bar{B}) = \bar{A}A \vee \bar{A} \wedge \bar{B} \vee AB \vee B\bar{B}$$

Nach 3.2.8 wird $\bar{A}A$ und $B\bar{B} = L$ und kann nach 3.2.3 wegfallen.

Damit $Q_K = \bar{A} \wedge \bar{B} \vee AB = Q_D$.

3.8 Die Normalformen der Schaltalgebra

Mit der Funktionstabelle kann ebenfalls die Übereinstimmung gezeigt werden:
Tabelle 3.20

	B	A	$\overline{B}$	$\overline{A}$	$\overline{A} \wedge \overline{B}$	AB	Q_D	$\overline{A} \vee B$	$A \vee \overline{B}$	Q_K
0	L	L	H	H	H	L	H	H	H	H
1	L	H	H	L	L	L	L	L	H	L
2	H	L	L	H	L	L	L	H	L	L
3	H	H	L	L	L	H	H	H	H	H
	1	2	3	4	5	6	7	8	9	10

Tabelle 3.20 Vergleich der konjunktiven Normalform mit der disjunktiven Normalform für die Äquivalenz

Die Spalte 7 (disjunktive Normalform Q_D) stimmt mit Spalte 10 (konjunktive Normalform Q_K) überein. Die beiden Formen beschreiben also die gleiche Schaltungsaufgabe. (Äquivalenz)
Um das Aufstellen der disjunktiven bzw. der konjunktiven Normalform einer gegebenen Schaltung zu erleichtern, werden in folgender Tabelle (3.21) alle Minterme und alle Maxterme, die bei vier Variablen auftreten, angegeben.
Die Maxterme werden für jede Zeile durch Inversion der Minterme erhalten. Z.B. Zeile 0: L L LL Minterm $\overline{A} \wedge \overline{B} \wedge \overline{C} \wedge \overline{D}$, durch Inversion ergibt sich:

$$\overline{\overline{A} \wedge \overline{B} \wedge \overline{C} \wedge \overline{D}} = A \vee B \vee C \vee D \quad \text{(Maxterm)}$$

(Nach dem De Morganschen Gesetz 3.4.3).

	D	C	B	A	Minterme	Maxterme
0	L	L	L	L	$\bar{A} \wedge \bar{B} \wedge \bar{C} \wedge \bar{D}$	$A \vee B \vee C \vee D$
1	L	L	L	H	$A \wedge \bar{B} \wedge \bar{C} \wedge \bar{D}$	$\bar{A} \vee B \vee C \vee D$
2	L	L	H	L	$\bar{A} \wedge B \wedge \bar{C} \wedge \bar{D}$	$A \vee \bar{B} \vee C \vee D$
3	L	L	H	H	$A \wedge B \wedge \bar{C} \wedge \bar{D}$	$\bar{A} \vee \bar{B} \vee C \vee D$
4	L	H	L	L	$\bar{A} \wedge \bar{B} \wedge C \wedge \bar{D}$	$A \vee B \vee \bar{C} \vee D$
5	L	H	L	H	$A \wedge \bar{B} \wedge C \wedge \bar{D}$	$\bar{A} \vee B \vee \bar{C} \vee D$
6	L	H	H	L	$\bar{A} \wedge B \wedge C \wedge \bar{D}$	$A \vee \bar{B} \vee \bar{C} \vee D$
7	L	H	H	H	$A \wedge B \wedge C \wedge \bar{D}$	$\bar{A} \vee \bar{B} \vee \bar{C} \vee D$
8	H	L	L	L	$\bar{A} \wedge \bar{B} \wedge \bar{C} \wedge D$	$A \vee B \vee C \vee \bar{D}$
9	H	L	L	H	$A \wedge \bar{B} \wedge \bar{C} \wedge D$	$\bar{A} \vee B \vee C \vee \bar{D}$
10	H	L	H	L	$\bar{A} \wedge B \wedge \bar{C} \wedge D$	$A \vee \bar{B} \vee C \vee \bar{D}$
11	H	L	H	H	$A \wedge B \wedge \bar{C} \wedge D$	$\bar{A} \vee \bar{B} \vee C \vee \bar{D}$
12	H	H	L	L	$\bar{A} \wedge \bar{B} \wedge C \wedge D$	$A \vee B \vee \bar{C} \vee \bar{D}$
13	H	H	L	H	$A \wedge \bar{B} \wedge C \wedge D$	$\bar{A} \vee B \vee \bar{C} \vee \bar{D}$
14	H	H	H	L	$\bar{A} \wedge B \wedge C \wedge D$	$A \vee \bar{B} \vee \bar{C} \vee \bar{D}$
15	H	H	H	H	$A \wedge B \wedge C \wedge D$	$\bar{A} \vee \bar{B} \vee \bar{C} \vee \bar{D}$

Tabelle 3.21 Minterme und Maxterme für Schaltungen mit vier Variablen
(Mit roter Farbe sind die Minterme und Maxterme bei zwei Variablen, mit grüner bei drei Variablen gekennzeichnet.)

Aus Tabelle 3.21 können auch die Minterme und die Maxterme von Schaltfunktionen mit weniger als vier Variablen entnommen werden. Die nicht vorhandenen Variablen werden weggelassen.
Beispiel 3.1: Für eine Schaltung ist folgende Funktionstabelle ermittelt worden (Tabelle 3.22):

3.8 Die Normalformen der Schaltalgebra

	C	B	A	Q	Minterme	Maxterme
0	L	L	L	H	$\bar{A}\,\bar{B}\,\bar{C}$	
1	L	L	H	H	$A\,\bar{B}\,\bar{C}$	
2	L	H	L	L		$A \vee \bar{B} \vee C$
3	L	H	H	L		$\bar{A} \vee \bar{B} \vee C$
4	H	L	L	L		$A \vee B \vee \bar{C}$
5	H	L	H	H	$A\,\bar{B}\,C$	
6	H	H	L	H	$\bar{A}\,B\,C$	
7	H	H	H	L		$\bar{A} \vee \bar{B} \vee \bar{C}$

Tabelle 3.22   Beispiel 3.1 für die Ermittlung der Minterme und der Maxterme

Aus Tabelle 3.22 ergibt sich folgende disjunktive Normalform:

$$Q_D = \bar{A}\,\bar{B}\,\bar{C} \vee A\,\bar{B}\,\bar{C} \vee A\,\bar{B}\,C \vee \bar{A}\,B\,C$$

und die konjunktive Normalform:

$$Q_K = (A \vee \bar{B} \vee C)\,(\bar{A} \vee \bar{B} \vee C)\,(A \vee B \vee \bar{C})\,(\bar{A} \vee \bar{B} \vee \bar{C}).$$

Ist für eine gegebene Schaltfunktion die Zahl der Maxterme kleiner, als die Zahl der Minterme, so ergibt die konjunktive Normalform eine einfachere Schaltung. Das gleiche gilt auch im umgekehrten Fall.
In dem gewählten Beispiel (3.1) sind beide Normalformen gleichwertig.
In diesem Buch wird die disjunktive Normalform bevorzugt. Sie läßt sich leichter aus der Aufgabenstellung gewinnen. Sie wurde in allen vorangegangenen Kapiteln verwendet. Wie gezeigt wurde, läßt sich die konjunktive Normalform sehr leicht durch Inversion der Nichtansprechbedingung mit den De Morganschen Gesetzen gewinnen.
Vielfach ist eine Schaltfunktion in keiner der beiden Normalformen gegeben. Durch Umformungen mit den abgeleiteten Gesetzen der Schaltalgebra lassen sich die vollständigen Normalformen entwickeln. Für diese Umformungen sind insbesondere folgende Theoreme geeignet:

3.3.3.1 $A\,(B \vee C) = A B \vee A C$
3.2.7 $A \vee \bar{A} = H$
3.2.5 $A \vee A = A$
3.2.6 $A \wedge A = A$

Beispiel: 3.2.
Die Schaltungsgleichung: $A \vee BC \vee \overline{A}BC = Q$ soll auf die vollständige disjunktive Normalform erweitert werden.
Nur in dem Minterm $\overline{A}BC$ sind alle drei Variablen enthalten. Die übrigen Terme müssen so erweitert werden, daß alle drei Variablen auftreten.
Beim ersten fehlen B und C.
Zuerst wird nach 3.2.7 erweitert mit $B \vee \overline{B}$:

$$A(B \vee \overline{B}) = AB \vee A\overline{B}$$

außerdem mit $C \vee \overline{C}$

$$(AB \vee A\overline{B})(C \vee \overline{C}) = ABC \vee AB\overline{C} \vee A\overline{B} \wedge C \vee A\overline{B} \wedge \overline{C}.$$

Beim zweiten Term fehlt nur A. Es wird erweitert mit $A \vee \overline{A}$

$$BC(A \vee \overline{A}) = ABC \vee \overline{A}BC.$$

Damit ergibt sich:

$$ABC \vee AB\overline{C} \vee A\overline{B}C \vee A\overline{B}\,\overline{C} \vee ABC \vee \overline{A}BC \vee \overline{A}BC = Q_D$$

Die doppelt auftretenden Terme ABC und $\overline{A}BC$ werden entsprechend 3.2.5 nur einmal geschrieben:

$$ABC \vee AB\overline{C} \vee A\overline{B}C \vee A\overline{B}\,\overline{C} \vee \overline{A}BC = Q_D \quad \text{disjunktive Normalform.}$$

Diese Minterme entsprechen in Tabelle 3.21 den Zeilen 7, 3, 5, 1, 6. Die Zeilen 0, 2, 4 enthalten die entsprechenden Maxterme: damit ergibt sich die konjunktive Normalform:

$$(A \vee B \vee C)(A \vee \overline{B} \vee C)(A \vee B \vee \overline{C}) = Q_K$$

3.9 *Übungsaufgabe zu 3:*

Ü 3.1 Folgende Schaltungsgleichung ist zu untersuchen:

$$Q = \overline{A}B \vee AB.$$

Ü 3.1.1 Zeichnen Sie das Venn-Diagramm für diese Gleichung! Welche Lösung ergibt sich aus dem Venn-Diagramm?

Ü 3.1.2 Entwickeln Sie die entsprechende Lösung mit Hilfe von Funktionstabellen.

Ü 3.1.3 Geben Sie die Schaltungen mit Kontakten und kontaktlos an.

Ü 3.1.4 Zeigen sie mit den abgeleiteten Gesetzen wie diese Umformung durchgeführt werden kann.

Ü 3.1.5 Ermitteln Sie die konjunktive Normalform der gegebenen Schaltungsgleichung.

4 Vereinfachungsverfahren

Die Schaltungsgleichungen, die sich aus den Funktionstabellen ergeben, lassen sich meistens vereinfachen. Das Ziel jeder Vereinfachung ist, die betreffende Schaltung mit dem geringsten Aufwand aufzubauen. Dabei muß so vereinfacht werden, daß die jeweilige Schaltung mit den vorhandenen Elementen verwirklicht werden kann. Ganz allgemein gilt: Je weniger Variable in einer Schaltungsgleichung auftreten, desto weniger Eingänge werden benötigt. Je weniger Verknüpfungen auftreten, desto weniger Elemente werden benötigt. Es gibt leider keine Methode, mit der die einfachste Realisierung vorausbestimmt werden kann. Wenn eine Vereinfachung nach einer der folgenden Methode durchgeführt wurde, ist man noch nicht sicher, ob man wirklich die einfachste Form gefunden hat.

4.1 Vereinfachung mit den Theoremen der Schaltalgebra

Mit den abgeleiteten Gesetzen der Schaltalgebra lassen sich viele Schaltungen vereinfachen. Insbesondere ist zu beachten, daß durch Erweiterung mit den Theoremen 3.2.5 und 3.2.6 unter Umständen eine weitere Vereinfachung möglich ist. Einige Beispiele sollen eine Einführung geben:

Beispiel 4.1.1. Aus einer Funktionstabelle wurde folgende Schaltungsgleichung (disjunktive Normalform) abgelesen:

$$Q = ABC \vee AB\overline{C} \vee \overline{A}BC \vee A\overline{B} \wedge \overline{C} \vee \overline{A}BC.$$

Mit dem distributiven Gesetz 3.3.3.1 ergibt sich:

$$Q = AB(C \vee \overline{C}) \vee A\overline{B}(C \vee \overline{C}) \vee \overline{A}BC.$$

Die Klammerausdrücke $(C \vee \overline{C})$ werden nach 3.2.7 gleich H und können nach 3.2.1 weggelassen werden. Damit wird $Q = AB \vee A\overline{B} \vee \overline{A}BC$. Das gleiche Verfahren kann auf die ersten beiden Terme angewandt werden:

$$Q = A(B \vee \overline{B}) \vee \overline{A}BC = A \vee \overline{A}BC.$$

Mit dem 4. Absorptionsgesetz $A \vee \overline{A}B = A \vee B$ (3.3.4.4) kann weiter vereinfacht werden, wenn für B, BC gesetzt wird

$$Q = A \vee BC.$$

Durch Erweiterung der ursprünglichen Schaltungsgleichung mit dem Term ABC hätte die gleiche Lösung gefunden werden können:

$$Q = A \vee \overline{A}BC \vee ABC = A \vee BC(\overline{A} \vee A)$$

$$Q = A \vee BC.$$

In der gegebenen Schaltungsgleichung wurden fünf UND-Verknüpfungen und vier ODER-Verknüpfungen benötigt. In der vereinfachten Schaltung ist nur noch eine UND- und eine ODER-Verknüpfung erforderlich.
Mit NAND-Gliedern ergibt sich (Nach dem De Morganschen Gesetz 3.4.2):

$$Q = \overline{\overline{A} \wedge \overline{BC}}$$

Die entsprechende kontaktlose Schaltung zeigt Bild 4.1.

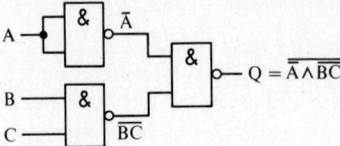

Bild 4.1 Vereinfachte Schaltung mit NAND-Gliedern für Beispiel 4.1.1

Enthält eine Schaltung NAND- und NOR-Glieder, so muß die entsprechende Schaltungsgleichung so umgeformt werden, daß nur UND-, ODER-, und Negationsglieder auftreten, damit die Rechenregeln der Schaltalgebra angewandt werden können. Dies soll folgendes Beispiel zeigen.

Beispiel 4.1.2. Nachstehende kontaktlose Schaltung soll auf eine möglichst einfache Form gebracht werden: (Bild 4.2)

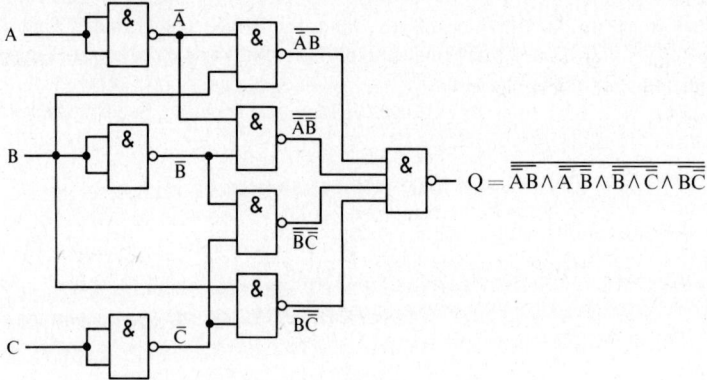

Bild 4.2 Kontaktlose Schaltung zu Beispiel 4.1.2

Aus Bild 4.2 ergibt sich folgende Schaltungsgleichung:
$$Q = \overline{\overline{\overline{AB} \wedge \overline{\overline{A} \ \overline{B}} \wedge \overline{\overline{B} \ \overline{C}} \wedge \overline{BC}}}.$$

Mit dem De Morganschen Gesetz 3.4.3 ($Q = \overline{A \wedge B} = \overline{A} \vee \overline{B}$) folgt:
$$Q = \overline{A}B \vee \overline{A} \ \overline{B} \vee \overline{B} \ \overline{C} \vee B\overline{C}.$$

Bei den beiden letzten Termen kann $\overline{C}$ ausgeklammert werden (3.3.3.1)
$$Q = \overline{A}B \vee \overline{A} \ \overline{B} \vee \overline{C}(\overline{B} \vee B).$$

Ebenso bei den ersten beiden Termen $\overline{A}$
$$Q = \overline{A}(B \vee \overline{B}) \vee \overline{C}(\overline{B} \vee B).$$

Nach 3.2.7 ($A \vee \overline{A} = H$) und 3.2.1 ($A \wedge H = A$) können die beiden Klammernausdrücke wegfallen.

Damit: $Q = \overline{A} \vee \overline{C}$.

4.2 Vereinfachungen mit dem Karnaugh-Diagramm

Wenn nur NAND-Glieder zur Verfügung stehen, muß mit dem De Morganschen Gesetz 3.4.2 umgeformt werden:

$$Q = \overline{A \wedge C}.$$

Die gegebene Schaltung kann mit einer einzigen NAND-Verknüpfung mit zwei Eingängen realisiert werden (Bild 4.3).

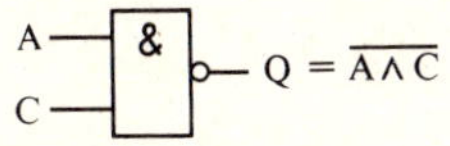

A ─┤ & ├o─ Q = $\overline{A \wedge C}$
C ─┤   │

Bild 4.3 Vereinfachte kontaktlose Schaltung zu Beispiel 4.1.2

4.2 Vereinfachungen mit dem Karnaugh-Diagramm (KV-Diagramm) [3]

4.2.1 Das Karnaugh-Diagramm für 2 Variable

Im Venn-Diagramm Bild 1.12 wurden bei zwei Variablen vier verschiedene Bereiche unterschieden. Diese vier Bereiche waren gekennzeichnet durch:

1. A = L; B = L; bzw. $\overline{A}\,\overline{B}$ (0)
2. A = H; B = L; bzw. $A\overline{B}$ (1)
3. A = L; B = H; bzw. $\overline{A}B$ (2)
4. A = H; B = H; bzw. AB (3)

Im Karnaugh-Diagramm werden diesen vier Bereichen vier Felder zugeordnet, ähnlich wie bei einer Landkarte. Es wird folgende Anordnung gewählt: Bild 4.4.

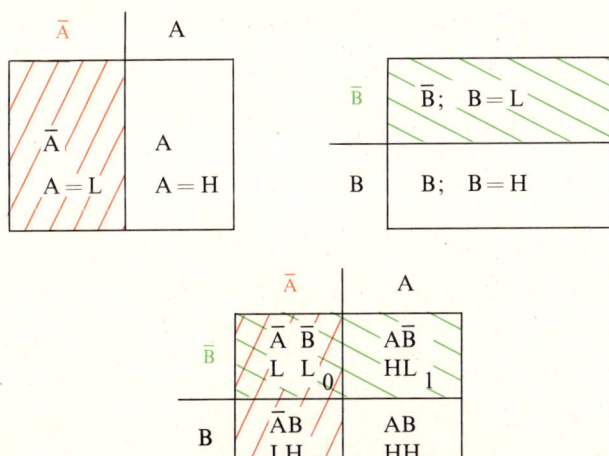

Bild 4.4 Karnaugh-Diagramm für zwei Variable

Die Anordnung der Felder ist beliebig. Doch muß darauf geachtet werden, daß sich beim Übergang von einem Feld zum andern, jeweils eine Variable ändert. In allen folgenden Diagrammen wird die dargestellte Anordnung bevorzugt. Dieses Diagramm wird auch Karnaugh-Veitch-Diagramm oder kurz KV-Diagramm genannt.
In die Felder wurde jeweils die entsprechende Dezimalzahl eingetragen.
Jedes Feld stellt die UND-Verknüpfung (Konjunktion) der betreffenden Variablen dar.

Soll eine Schaltung mit dem Karnaugh-Diagramm beschrieben werden, so erhält das Feld, für das die betr. Eingangskombination am Ausgang H ergibt, die Kennzeichnung H. Beispiel 4.2.1:
Für die ODER-Verknüpfung 2.2 ergab sich folgende Funktionstabelle: Tabelle 2.2.

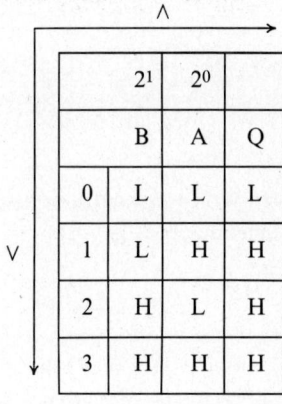

Tabelle 2.2
Funktionstabelle der ODER-Verknüpfung von zwei Variablen

Nur in Zeile 0 ist die Nichtansprechbedingung $\overline{Q} = \overline{A} \wedge \overline{B}$ erfüllt. Das Feld 0 im Karnaugh-Diagramm erhält also die Kennzeichnung L. Alle übrigen H. Das Karnaugh-Diagramm der ODER-Verknüpfung zeigt Bild 4.5.

Bild 4.5 Karnaugh-Diagramm der ODER-Verknüpfung

Die Felder untereinander werden mit ODER (disjunktiv) verknüpft.
Aus der Funktionstabelle 2.2 ergibt sich nach 2.9 (Variable jeder Zeile mit UND und Zeilen untereinander mit ODER verknüpft) folgende Schaltungsgleichung:

$$Q = A\overline{B} \vee \overline{A}B \vee AB.$$

Diese Schaltungsgleichung kann auch dem Karnaugh-Diagramm entnommen werden. Im Feld 1 ergibt sich die UND-Verknüpfung $A\overline{B}$. In Feld 2: $\overline{A}B$. In Feld 3: AB. Da die Felder untereinander mit ODER verknüpft werden ergibt sich:

4.2 Vereinfachungen mit dem Karnaugh-Diagramm

$$Q = A\overline{B} \vee \overline{A}B \vee AB.$$
$$1 23$$

Dies ist die disjunktive Normalform der ODER-Verknüpfung. Mit den Gesetzen der Schaltalgebra kann zunächst Feld 1 und 3 wie folgt zusammengefaßt werden:

$$A\overline{B} \vee AB = A(\overline{B} \vee B) = A \text{①}$$

Diese beiden Felder unterscheiden sich in der Variablen B. Für Feld 1 galt $A\overline{B}$. Für Feld 3 AB.

Ganz allgemein gilt: Benachbarte Felder unterscheiden sich nur in einer einzigen Variablen. Sofern diese Felder H besitzen, können sie also zusammengefaßt werden. Beim Übergang von einem Feld zum andern kann die Variable eliminiert werden, die sich ändert.

Ebenso können die Felder 2 und 3 zusammengefaßt werden.

$$\overline{A}B \vee AB = B \wedge (\overline{A} \vee A) = B \text{②}$$

Damit ergibt sich für $Q = A\overline{B} \vee AB \vee \overline{A}B \vee AB = A \vee B$.
Dies ist die Definitionsgleichung der ODER-Verknüpfung.
Das Feld 3: AB mußte zweimal verwendet werden. Dies ist nach 3.2.5 gestattet.
Im Karnaugh-Diagramm wurde wie folgt zusammengefaßt: Bild 4.6

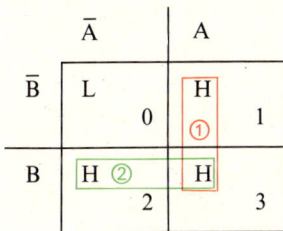

Bild 4.6
Zusammenfassung im Karnaugh-Diagramm
für die ODER-Verknüpfung

Es sind grundsätzlich nur Einkreisungen senkrecht und waagrecht gestattet. Bei Einkreisungen in der Diagonalen ändern sich beide Variablen, eine Zusammenfassung ist deshalb nicht möglich.

Bei Zweier-Einkreisungen entfällt eine Variable!

In diesem Beispiel hätte die Lösung über die Nichtansprechbedingung leichter gefunden werden können.
Für die Nichtansprechbedingung gilt:

$$\overline{Q} = \overline{A} \wedge \overline{B} \quad \text{(L im Feld 0).}$$

Durch Inversion erhält man die Ansprechbedingung:

$$Q = \overline{\overline{A} \wedge \overline{B}}.$$

Mit dem De Morganschen Gesetz 3.4.3 ergibt sich ebenfalls die Definitionsgleichung der ODER-Verknüpfung:

$$Q = \overline{\overline{A} \wedge \overline{B}} = A \vee B.$$

Ein weiteres Beispiel (4.2.2) soll zeigen, wie das Karnaugh-Diagramm sehr vorteilhaft zur Vereinfachung von Schaltungen verwendet werden kann.
Folgende kontaktlose Schaltung ist gegeben (Bild 4.7).

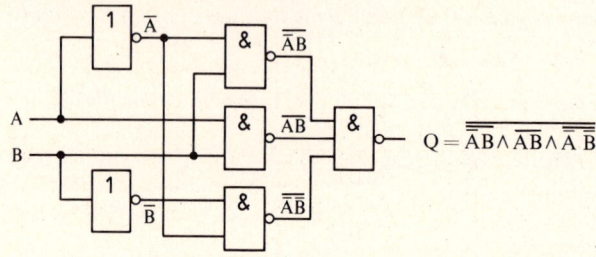

Bild 4.7 Beispiel zum Karnaugh-Diagramm mit zwei Variablen

Aus dieser Schaltung ergibt sich folgende Schaltungsgleichung:
$$Q = \overline{\overline{\overline{AB} \wedge \overline{AB} \wedge \overline{\overline{A} \, \overline{B}}}}$$

Mit dem De Morganschen Gesetz 3.4.3 ($Q = \overline{A \wedge B} = \overline{A} \vee \overline{B}$) ergibt sich:
$$Q = \overline{A}B \vee A\overline{B} \vee \overline{A}\, \overline{B}.$$

Dies ist die disjunktive Normalform für die gegebene Schaltung. Die einzelnen Minterme können im Karnaugh-Diagramm wie folgt eingetragen werden: (Bild 4.8)

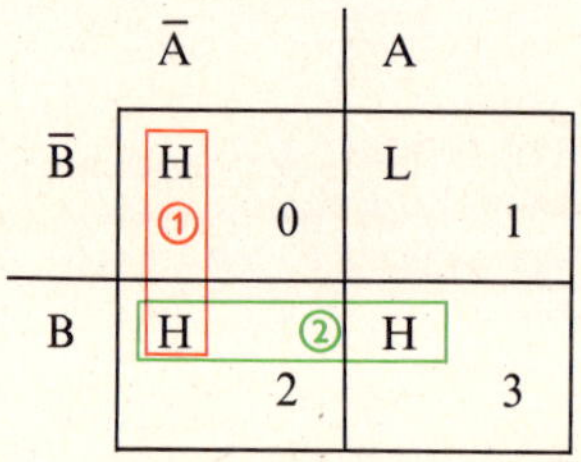

	$\overline{A}$	A
$\overline{B}$	H ① 0	L 1
B	H 2	② H 3

Bild 4.8
Karnaugh-Diagramm zu Schaltung Bild 4.7

Es können folgende Einkreisungen gebildet werden:

Feld 0 und 2: $\overline{A}\,\overline{B} \vee \overline{A}B = \overline{A}$ ①
Felder 2 und 3: $\overline{A}B \vee AB = B$ ②
Damit $Q = \overline{A}\,\overline{B} \vee \overline{A}B \vee \overline{A}B \vee AB = \overline{A} \vee B$
Dies ist die Implikation 11 ($\overline{Q} = A\overline{B}$; $Q = \overline{A} \vee B$).

Zur Umformung in NAND-Glieder wird das De Morgansche Gesetz 3.4.2 verwandt:
$$Q = \overline{A} \vee B = \overline{A \wedge \overline{B}}.$$

Diese vereinfachte Schaltung mit NAND- und Negationsgliedern zeigt Bild 4.9.

$Q = \overline{A\overline{B}}$ Bild 4.9
Vereinfachte Schaltung zu Beispiel 4.2.2

4.2 Vereinfachungen mit dem Karnaugh-Diagramm

4.2.2 Das Karnaugh-Diagramm für 3 Variable.

Nach 2.3 ergibt sich die Zahl der Kombinationsmöglichkeiten aus der Zahl der Variablen wie folgt: $Z = 2^V$. Bei drei Variablen ($V = 3$) sind also 8 Zeilen in der Funktionstabelle nötig.

	C	B	A	Minterm
0	L	L	L	$\bar{A}\,\bar{B}\,\bar{C}$
1	L	L	H	$A\,\bar{B}\,\bar{C}$
2	L	H	L	$\bar{A}\,B\,\bar{C}$
3	L	H	H	$A\,B\,\bar{C}$
4	H	L	L	$\bar{A}\,\bar{B}\,C$
5	H	L	H	$A\,\bar{B}\,C$
6	H	H	L	$\bar{A}\,B\,C$
7	H	H	H	$A\,B\,C$

Tabelle 4.1
Funktionstabelle bei drei Variablen
mit zugehörigen Mintermen

Die Tabelle 4.1 zeigt die Funktionstabelle bei drei Variablen. Zu jeder Zeile ist der zugehörige Minterm angegeben.

Im Karnaugh-Diagramm sind jetzt 8 Felder nötig. Es wird folgende Anordnung gewählt: (Bild 4.10)

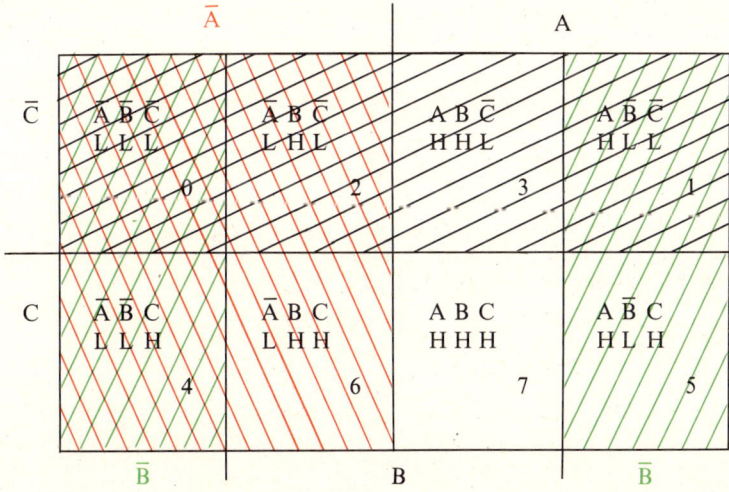

Bild 4.10 Karnaugh-Diagramm bei drei Variablen

Die Anordnung der Variablen kann beliebig gewählt werden. Es ist nur darauf zu achten, daß sich beim Übergang von einem Feld auf das andere nur eine Variable ändert. Z.B.: Ändert sich beim Übergang von Feld 0 auf Feld 2 $\bar{B}$ in B. Von Feld 2 auf Feld 3 $\bar{A}$ in A.
Im Beispiel (4.2.3) wird die Darstellung einer Schaltfunktion im Karnaugh-Diagramm gezeigt.
Folgende Schaltungsgleichung soll im Karnaugh-Diagramm dargestellt werden:

$$Q = A \vee BC \vee \bar{A}\,\bar{B}\,C \vee A\,\bar{B}\,C.$$

Dies ist nicht die vollständige disjunktive Normalform, denn die ersten beiden Terme enthalten nicht alle Variablen.
Der erste Term muß wie folgt erweitert werden:

$$A = A(B \vee \bar{B}) = AB \vee A\bar{B} = (AB \vee A\bar{B})(C \vee \bar{C}) = \underset{7}{ABC} \vee \underset{3}{AB\bar{C}} \vee \underset{5}{A\bar{B}C} \vee \underset{1}{A\bar{B}\bar{C}}$$

In die Felder 1, 3, 5 und 7 muß H eingetragen werden. Diese vier Felder haben A gemeinsam. Dies kann direkt eingetragen werden.
Im zweiten Term fehlt nur die Variable A. Diese ändert sich beim Übergang von Feld 6 auf Feld 7. Es gilt

$$BC\bar{A} \vee BCA = BC(\bar{A} \vee A).$$

Feld 6 und 7 erhalten also H. Damit ergibt sich für die gegebene Schaltfunktion folgendes Karnaugh-Diagramm: Bild 4.11

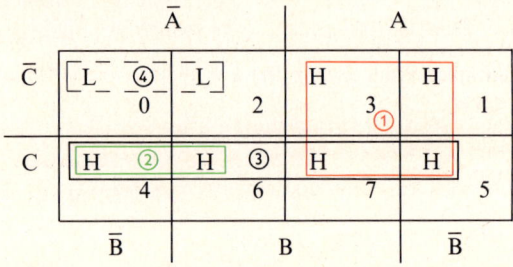

Bild 4.11 Karnaugh-Diagramm der gegebenen Schaltfunktion
$Q = A \vee BC \vee \bar{A}\,\bar{B}\,C \vee A\,\bar{B}\,C$

Zur Vereinfachung der Schaltfunktion können folgende Einkreisungen gebildet werden: ① Felder 1, 3, 7, 5. Diese Viererkreisung ergibt, wie gezeigt: A.
Bei Viererkreisungen entfallen zwei Variable (B und C).
Weiterhin: ②Bei dieser Einkreisung (Feld 4 und 6) ändert sich $\bar{B}$ in B. Es ergibt sich $\bar{A}C(\bar{B} \vee B) = \bar{A}C$.
Vorteilhafter ist jedoch die Viererkreisung ③ (Felder 4, 6, 7 und 5), hier ändert sich außerdem $\bar{A}$ in A. Es ergibt sich: $C(\bar{A} \vee A)(\bar{B} \vee B) = C$.
Die vereinfachte Schaltfunktion lautet:

$$Q = A \vee C.$$

Dies hätte wieder aus der Nichtansprechbedingung hergeleitet werden können. Dafür gilt:

$$\bar{Q} = \bar{A}\,\bar{B}\,\bar{C} \vee \bar{A}\,B\,\bar{C}.$$

4.2 Vereinfachungen mit dem Karnaugh-Diagramm

Mit der Zweiereinkreisung ④ ergibt sich:

$$\overline{Q} = \overline{A}\,\overline{C}\,(\overline{B} \vee B) = \overline{A}\,\overline{C}.$$

Mit dem De Morganschen Gesetz 3.4.3 ($\overline{A \wedge B} = \overline{A} \vee \overline{B}$) findet man:

$$Q = A \vee C.$$

Ein weiteres Beispiel (4.2.4) soll die Möglichkeiten zur Vereinfachung mit dem Karnaugh-Diagramm zeigen:
Folgende kontaktlose Schaltung soll untersucht werden (Bild 4.12).

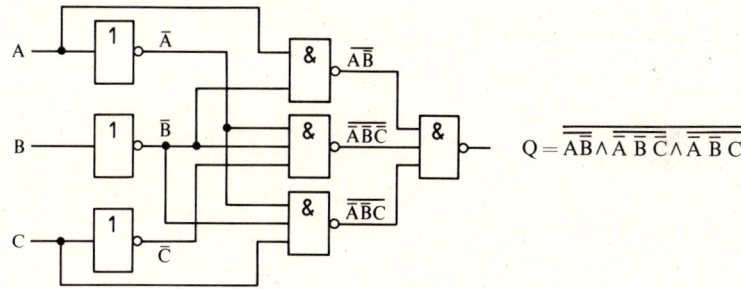

Bild 4.12 Kontaktlose Schaltung zum Beispiel (4.2.4) für das Karnaugh-Diagramm mit drei Variablen

Um die kontaktlose Schaltung (Bild 4.12) im Karnaugh-Diagramm darstellen zu können, muß die Schaltungsgleichung mit dem De Morganschen Gesetz 3.4.3 umgeformt werden. ($\overline{A \wedge B} = \overline{A} \vee \overline{B}$)

$$Q = \overline{\overline{A\overline{B}} \wedge \overline{\overline{A}\,\overline{B}\,C} \wedge \overline{\overline{A}\,B\,C}} = A\overline{B} \vee \overline{A}\,\overline{B}\,C \vee \overline{A}\,B\,C.$$

Jetzt kann die Schaltung im Karnaugh-Diagramm dargestellt werden. (Bild 4.13)

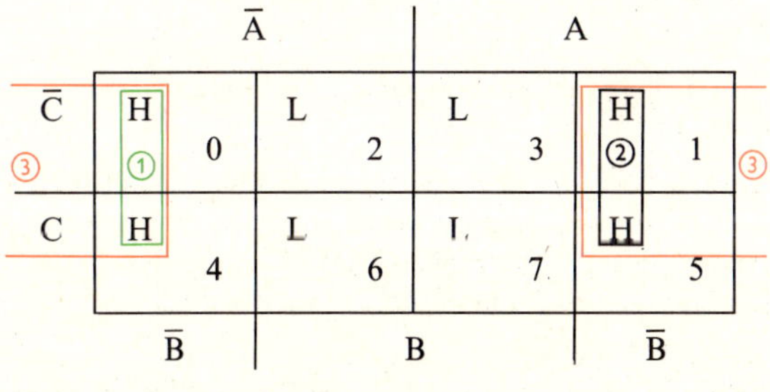

	$\overline{A}$		A	
$\overline{C}$	H ① 0	L 2	L 3	H ② 1
C	H 4	L 6	L 7	H 5
	$\overline{B}$	B	B	$\overline{B}$

③ ... ③

Bild 4.13 Karnaugh-Diagramm zur Schaltung in Bild 4.12

Der Term $A\,\overline{B}$ ist den Feldern 1 und 5 dargestellt.

$$A\overline{B}(C \vee \overline{C}) = A\overline{B}C \vee A\overline{B}\,\overline{C} \quad ②$$

Zunächst kann eine Zweiereinkreisung in den Feldern 0 und 4 gebildet werden:

$$\overline{A}\,\overline{B}\,\overline{C} \vee \overline{A}\,\overline{B}\,C = \overline{A} \wedge \overline{B} \quad ①$$

94 4 *Vereinfachungsverfahren*

Die Variable C entfällt, da sie sich innerhalb der Einkreisung ändert.

Damit wird $Q = A\overline{B} \vee \overline{A}\,\overline{B} = \overline{B}(A \vee \overline{A}) = \overline{B}$.
　　　　　　　② 　　①　　　　　　③

Diese Lösung entspricht der in Bild 4.13 dargestellten Viererreinkreisung. Es können auch Einkreisungen über den Rand des Karnaugh-Diagrammes hinaus vorgenommen werden. Die linke Spalte kann rechts angeordnet werden. (Bild 4.14)

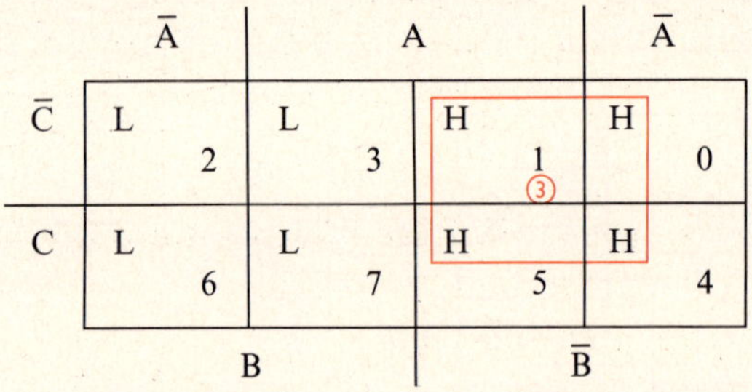

	$\overline{A}$	A		$\overline{A}$
$\overline{C}$	L 2	L 3	H 1 ③	H 0
C	L 6	L 7	H 5	H 4
	B		$\overline{B}$	

Bild 4.14 Andere Darstellung des Karnaugh-Diagramms zur Schaltung Bild 4.12

Die gegebene Schaltung mit 7 NAND-Gliedern kann durch eine einfache Negation ($\overline{B}$) ersetzt werden.

4.2 Vereinfachungen mit dem Karnaugh-Diagramm

4.2.3 Das Karnaugh-Diagramm für vier Variable.

Zur Darstellung einer Schaltung mit vier Variablen sind nach 2.1 $2^4 = 16$ Felder erforderlich. Die 16 Minterme, die in die Felder einzutragen sind, sind in Tabelle 3.21 enthalten. Es ergibt sich folgendes Karnaugh-Diagramm: (Bild 4.15)

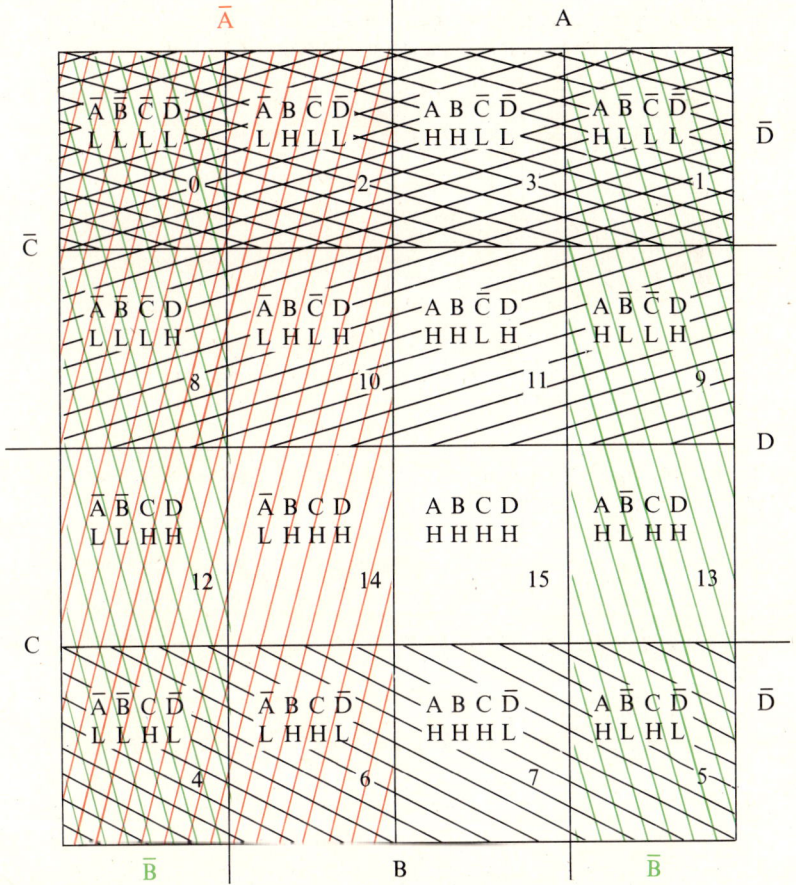

Bild 4.15 Karnaugh-Diagramm für vier Variable.
Die Bereiche, in denen die Variablen negiert sind, sind schraffiert

Beispiel 4.2.5:
Eine Schaltung mit vier Variablen A, B, C, D liefert folgendes Karnaugh-Diagramm:
(Bild 4.16)

	$\bar{A}$		A		
② H 0	L 2	L 3	H ② 1	$\bar{D}$	$\bar{C}$
L 8	L 10	L 11	L 9	D	
L 12	L 14	L 15	L 13		C
H 4	H ① 6	H 7	H 5	$\bar{D}$	
$\bar{B}$	B		$\bar{B}$		

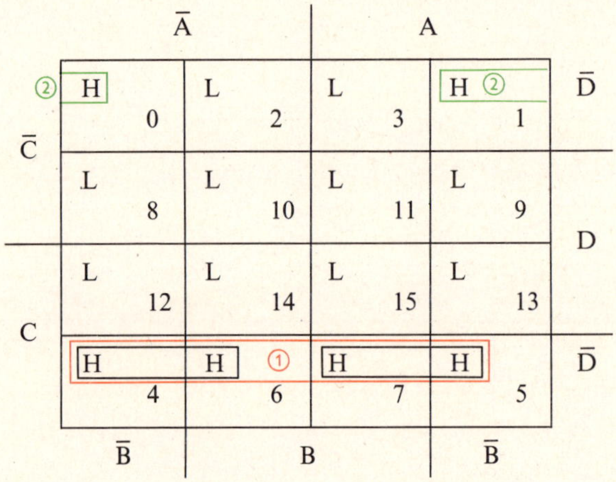

Bild 4.16 Karnaugh-Diagramm (Beispiel 4.2.5)

Aus diesem Karnaugh-Diagramm (Bild 4.16) kann folgende Schaltfunktion abgelesen werden:

$$Q = \bar{A}\,\bar{B}\,\bar{C}\,\bar{D} \vee A\,\bar{B}\,\bar{C}\,\bar{D} \vee \bar{A}\,B\,C\,\bar{D} \vee \bar{A}\,B\,C\,\bar{D} \vee A\,B\,C\,\bar{D} \vee A\,B\,C\,\bar{D}.$$
$$\phantom{Q={}}0 \qquad 1 \qquad 4 \qquad 6 \qquad 7 \qquad 5$$

Zunächst ist zu erkennen, daß die Felder 4, 6, 7 und 5 mit einer Vierereinkreisung zusammengefaßt werden können. Dies wird schrittweise gezeigt:
Für 4 und 6 gilt: $\bar{A}\,\bar{B}\,C\,\bar{D} \vee \bar{A}\,B\,C\,\bar{D}$. Es ändert sich $\bar{B}$ in B. $\bar{A}CD(\bar{B} \vee B) = \bar{A}\,C\,\bar{D}$
(Zweiereinkreisung).
Für 7 und 5 ergibt sich: $A\,B\,C\,\bar{D} \vee A\,\bar{B}\,C\,\bar{D}$. Es ändert sich ebenfalls $\bar{B}$ in B:
$A\,C\bar{D}(B \vee \bar{B}) = A\,C\,\bar{D}$ (Zweiereinkreisung).
Diese beiden Zweiereinkreisungen können zu einer Vierereinkreisung zusammengefaßt werden:

$$\bar{A}\,C\,\bar{D} \vee A\,C\,\bar{D} = (\bar{A} \vee A)\,C\,\bar{D} = C\,\bar{D} \qquad ①$$

Für die mit H belegten Felder 0 und 1 ist nach Bild 4.16 zunächst keine Einkreisung ersichtlich. Nach den Gesetzen der Schaltalgebra (3.3.3.1 distributives Gesetz und 3.2.7) können diese beiden Minterme zusammengefaßt werden.

$$\bar{A}\,\bar{B}\,\bar{C}\,\bar{D} \vee A\,\bar{B}\,\bar{C}\,\bar{D} = (\bar{A} \vee A)\,\bar{B}\,\bar{C}\,\bar{D} = \bar{B}\,\bar{C}\,\bar{D} \qquad ②$$

Wenn die Spalte $\bar{A}\,\bar{B}$ rechts angeordnet wird, ist diese Zweiereinkreisung zu erkennen. Eine weitere Vereinfachung ist möglich, wenn die Zeile $\bar{D}\,\bar{C}$ unten angeordnet wird.
Folgendes Karnaugh-Diagramm läßt eine zweite Vierereinkreisung erkennen (Bild 4.17)

4.2 Vereinfachungen mit dem Karnaugh-Diagramm

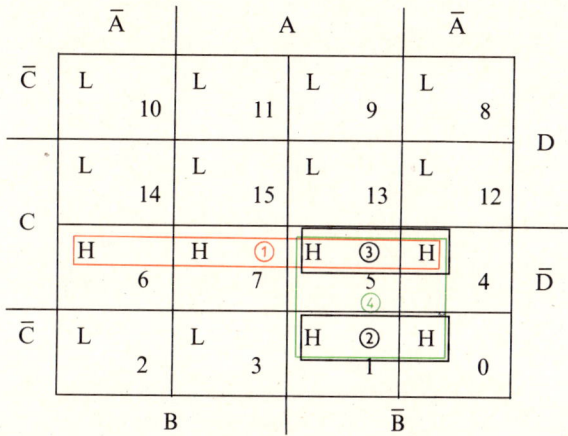

Bild 4.17 Zweites Karnaugh-Diagramm für Beispiel 4.2.5

Die Felder 5, 4, 1 und 0 ergeben:

5 und 4: $A \bar{B} C \bar{D} \vee \bar{A} \bar{B} C \bar{D} = (A \vee \bar{A}) \bar{B} C \bar{D} = \bar{B} C \bar{D}$ ③
1 und 0: $A \bar{B} \bar{C} \bar{D} \vee \bar{A} \bar{B} \bar{C} \bar{D} = (A \vee \bar{A}) \bar{B} \bar{C} \bar{D} = \bar{B} \bar{C} \bar{D}$ ②

Beide Zweiereinkreisungen zusammengefaßt, ergeben die Vierereinkreisung ④:

$$\bar{B} C \bar{D} \vee \bar{B} \bar{C} \bar{D} = \bar{B} \bar{D} (C \vee \bar{C}) = \bar{B} \bar{D}.$$

Die vereinfachte Schaltfunktion ist somit:

$$Q = C \bar{D} \vee \bar{B} \bar{D}$$

Ein zweites Beispiel (4.2.6) zu einer Schaltung mit vier Variablen soll zeigen, wie vorteilhaft das Karnaugh-Diagramm zur Vereinfachung von Schaltungsgleichungen verwendet werden kann.
Von einer Schaltung ist folgende Schaltungsgleichung gegeben:

$$Q = ABC\bar{D} \vee \bar{A} \bar{B} \vee \bar{A}BCD \vee A\bar{B} \vee ABCD.$$
$\qquad\qquad\quad$ 7 $\qquad\qquad$ 14 $\qquad\quad$ 15   Nummern der Felder

Dies ergibt folgendes Karnaugh-Diagramm: (Bild 4.18)

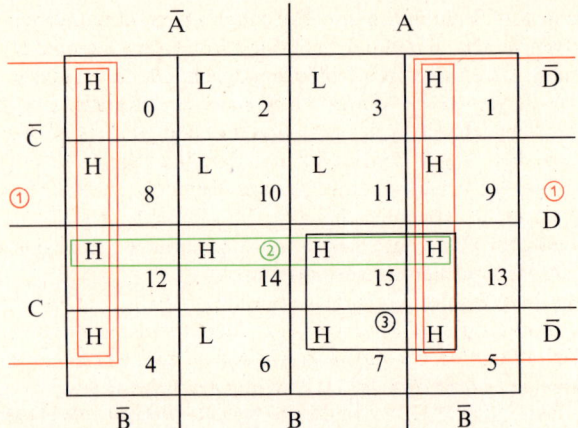

Bild 4.18 Karnaugh-Diagramm zu Beispiel 4.2.6

Die Terme $\bar{A}\bar{B}$ und $A\bar{B}$ sind im Karnaugh-Diagramm Viererblöcke. Sie können zusammengefaßt werden: $(\bar{A} \vee A)\,\bar{B} = \bar{B}$. ①
Diese Zusammenfassung entspricht einem Achterblock. Die Variablen A, C und B konnten eliminiert werden.
Bei einem Achterblock entfallen 3 Variable!
Es liegt nun nahe, die Minterme 14 und 15 sowie 15 und 7 zu Zweierblöcken wie folgt zusammenzufassen:

14 und 15: $\bar{A}BCD \vee ABCD = BCD$
15 und 7: $ABCD \vee ABC\bar{D} = ABC$.

Vorteilhafter ist es jedoch, folgende Viererblöcke zu bilden:

②: 12, 14, 15 und 13: $\bar{A}\,\bar{B}C D \vee \bar{A}BCD \vee ABCD \vee A\bar{B}CD = CD$ sowie
③: 15, 13, 5 und 7: $ABCD \vee A\bar{B}CD \vee A\bar{B}C\bar{D} \vee A\bar{B}C\bar{D} = AC$.
Dadurch ist eine weitere Vereinfachung möglich geworden.
Die vereinfachte Schaltfunktion lautet jetzt:

$$Q = \bar{B} \vee CD \vee AC$$
　　　① ② ③

Zur Umformung in NAND-Glieder wird das De Morgansche Gesetz 3.4.2 benutzt: $(A \vee B = \overline{\bar{A} \wedge \bar{B}})$

$$Q = \overline{B \wedge \overline{CD} \wedge \overline{AC}}.$$

Damit ergibt sich folgende kontaktlose Schaltung: (Bild 4.19)

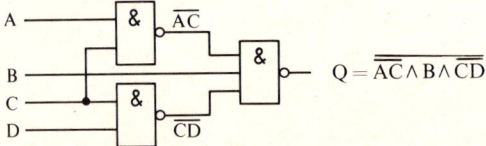

Bild 4.19 Kontaktlose Schaltung zu Beispiel 4.2.6

4.2 Vereinfachungen mit dem Karnaugh-Diagramm

Zur Vereinfachung von Schaltungen im Karnaugh-Diagramm müssen möglichst große Blöcke gebildet werden, damit möglichst viele Variablen eliminiert werden können. Es sind Zweier-, Vierer- und Achterblöcke möglich. Da die einzelnen Minterme zur Erweiterung verwendet werden können, dürfen sich die einzelnen Blöcke teilweise überdecken. Der entscheidende Vorteil des Karnaugh-Diagramms ist, daß diese Überdeckungen leicht erkannt werden können. Es muß darauf geachtet werden, daß möglichst wenig Einkreisungen gebildet werden um alle Terme zu erfassen. Es müssen so lange Einkreisungen gebildet werden, bis alle H-Felder oder alle L-Felder erfaßt sind. Es muß jeweils geprüft werden, ob Einkreisungen um H-Felder oder Schleifen um L-Felder zu einem einfacheren Ergebnis führen.

Die Blöcke müssen jedoch sehr sorgfältig ausgewählt werden. Am zweckmäßigsten bildet man zuerst Blöcke für die Minterme, die in keiner anderen Zusammenfassung liegen können. Vielfach ergeben sich für die gleiche Aufgabe verschiedene gleichwertige Lösungen, je nachdem welche Form der Einkreisung gewählt wurde.

Sehr weitgehende Vereinfachungen ergeben sich, wenn für verschiedene Felder sowohl H als auch L gesetzt werden kann. Die Funktionswerte für diese Felder sind frei wählbar, also X-beliebig. Man spricht auch von "don't care terms". Mit diesen Feldern läßt sich durch geschickte Belegung mit H oder L meistens eine sehr einfache Lösung erzielen. Dies soll das folgende Beispiel zeigen (4.2.7). Bild 4.20

		$\bar{A}$		A		
$\bar{C}$	H 0	H 2	H 3	X 1	$\bar{D}$
	L 8	X 10	X 11	L 9	
					D
C	L 12	H 14	X 15	X 13	
	X 4	H 6	X 7	H 5	$\bar{D}$
	$\bar{B}$	B		$\bar{B}$	

Bild 4.20 Karnaugh-Diagramm zu Beispiel 4.2.7

Die beliebigen Werte X können, aber sie müssen nicht verwendet werden. Deshalb werden grundsätzlich keine Blöcke gebildet, die *nur* beliebige Werte enthalten.
Je nachdem welchen beliebigen Feldern H und L zugeordnet wird, können unterschiedliche Schaltfunktionen entstehen.
In diesem Beispiel wird zweckmäßigerweise das Feld 13 mit L belegt. Alle übrigen X-Felder erhalten H. Dies ergibt folgendes Karnaugh-Diagramm: (Bild 4.21)

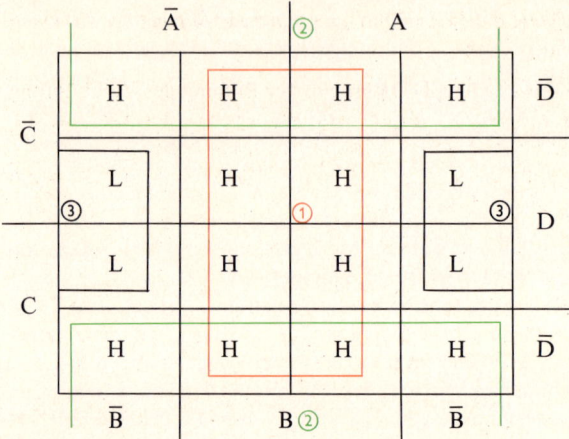

Bild 4.21   Zweites Karnaugh-Diagramm zu Beispiel 4.2.7

Für die Ansprechbedingung erkennt man zwei Achtereinkreisungen ① und ②. Diese ergeben:

$$Q = B \vee \overline{D}.$$

Für die Nichtansprechbedingung ergibt sich ein Viererblock ③

$$\overline{Q} = \overline{B}D.$$

Daraus die Ansprechbedingung:

$$Q = \overline{\overline{B} \wedge D} = B \vee \overline{D} \text{ (mit dem De Morganschen Gesetz 3.4.3)}$$

Können in einem Karnaugh-Diagramm für vier Variable alle Felder mit H belegt werden, so könnte eine Sechzehnereinkreisung gebildet werden; es könnten vier Variablen eliminiert werden. Da bei allen Einschaltkombinationen am Ausgang H erscheint, kann die gegebene Schaltung durch einen dauernd geschlossenen Schalter ersetzt werden. Der Wert der Schaltfunktion ist also:

$$Q = H.$$

Ganz entsprechend gilt dies für die Belegung aller Felder mit L, wo dann die Schaltung durch einen dauernd geöffneten Schalter ersetzt werden kann (Q = L).

4.2.4   Karnaugh-Diagramme für mehr als 4 Variable

Während das Karnaugh-Diagramm für vier Variablen ein ausgezeichnetes Mittel zur Minimisierung von Schaltungen darstellt, wird es sehr unübersichtlich, wenn mehr als vier Variable auftreten. Die Nachbarschaftsverhältnisse sind nicht mehr so leicht überschaubar. In der Literatur finden sich mehrere Vorschläge für Karnaugh-Diagramme mit fünf und mehr Variablen. Es wird hier auf eine Darstellung verzichtet.

4.2 Vereinfachungen mit dem Karnaugh-Diagramm

4.2.5 Verwendung des Karnaugh-Diagramms zur Bildung der Verknüpfung von Schaltfunktionen

Mit Vorteil kann das Karnaugh-Diagramm zur Bildung der Verknüpfung von Schaltungsgleichungen verwendet werden. Ähnlich, wie bei der Verwendung des Venn-Diagramms, kann die vereinfachte Lösung sehr leicht abgelesen werden.
Für das 2. distributive Gesetz 3.3.3.2 $Q = (A \vee B)(A \vee C) = A \vee BC$ ergaben sich folgende Venn-Diagramme (Bild 4.22).

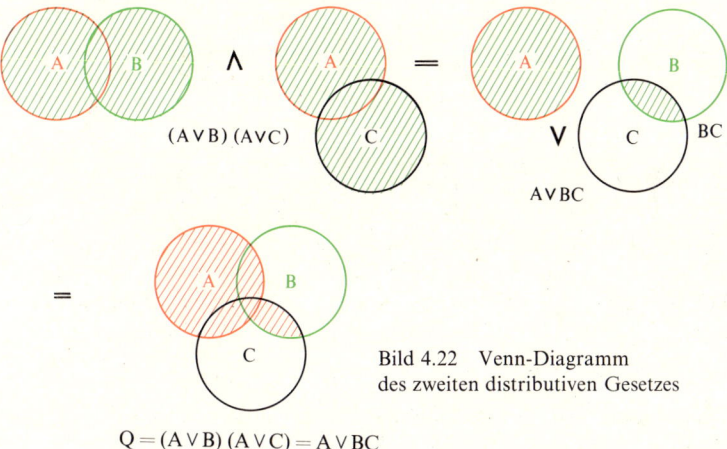

Bild 4.22 Venn-Diagramm des zweiten distributiven Gesetzes

$Q = (A \vee B)(A \vee C) = A \vee BC$

Das resultierende Venn-Diagramm ist für beide Seiten der Gleichung gleich. Ganz entsprechend ergibt sich aus den Karnaugh-Diagrammen: (Bild 4.23) (Da der Zusammenhang für drei Variable dargestellt werden soll, müssen Karnaugh-Diagramme für drei Variable gezeichnet werden.)

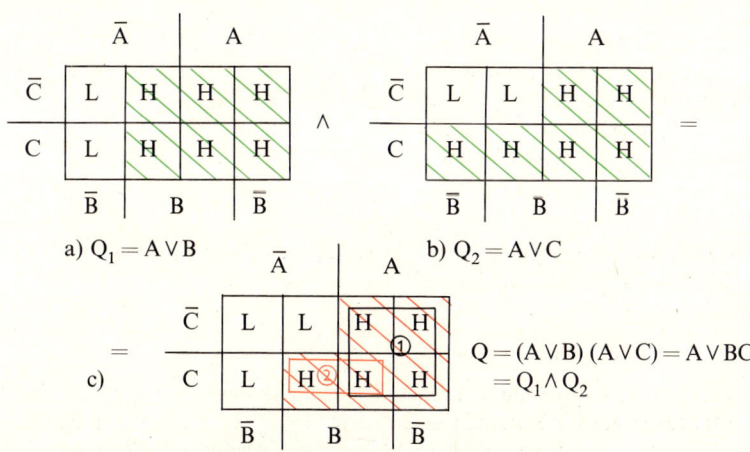

Bild 4.23 UND-Verknüpfung der Schaltfunktionen $Q_1 = (A \vee B)$ und $Q_2 = (A \vee C)$ im Karnaugh-Diagramm

Werden Schaltfunktionen mit UND verknüpft, so erhalten im resultierenden Karnaugh-Diagramm c) nur die Felder H, bei denen im Karnaugh-Diagramm a) und im Karnaugh-Diagramm b), Felder mit H belegt sind.
Die Lösung ergibt sich mit zwei Einkreisungen:

Die Viererreinkreisung ① ergibt A
Die Zweierreinkreisung ② ergibt BC
Damit $\quad Q = \underbrace{(A \vee B)}_{Q_1} \underbrace{(A \vee C)}_{Q_2} = A \vee BC.$
$\qquad\qquad\qquad\quad \wedge$

In ähnlicher Weise ergibt sich die ODER-Verknüpfung zweier Schaltfunktionen im Karnaugh-Diagramm, wenn im resultierenden Karnaugh-Diagramm die Felder mit H belegt werden, die im Karnaugh-Diagramm der einen Schaltfunktion oder im Karnaugh-Diagramm der anderen Schaltfunktion (oder in beiden) mit H belegt sind.

Dies wird in folgendem Beispiel gezeigt:
$Q_1 = ABC$; $Q_2 = \bar{A}BC$ (Bild 4.24). Diese beiden Schaltfunktionen sollen mit ODER verknüpft werden.

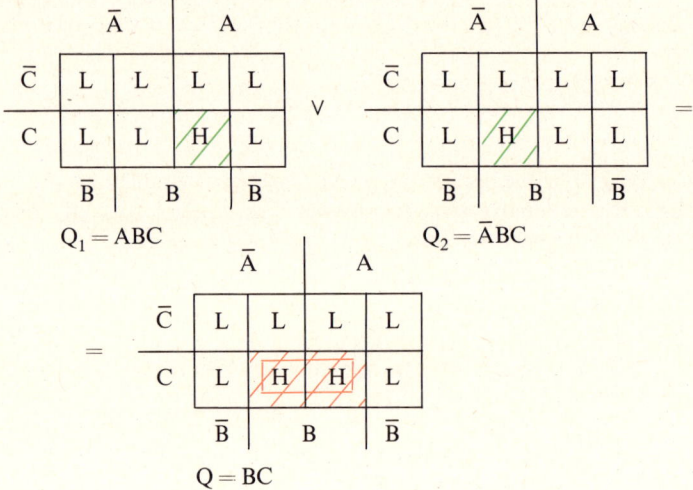

Bild 4.24 Darstellung der ODER-Verknüpfung zweier Schaltfunktionen

Die resultierende Schaltfunktion $Q = BC$ ergibt sich durch eine Zweierreinkreisung.

Zur Inversion werden alle Felder, die mit H belegt waren, mit L belegt. Alle Felder, die L hatten erhalten H.
Folgendes Beispiel soll die Verknüpfung einer Schaltung mit Karnaugh-Diagrammen und deren Vereinfachung zeigen.
Beispiel 4.2.8: Folgende kontaktlose Schaltung ist gegeben: (Bild 4.25)

4.2 Vereinfachungen mit dem Karnaugh-Diagramm

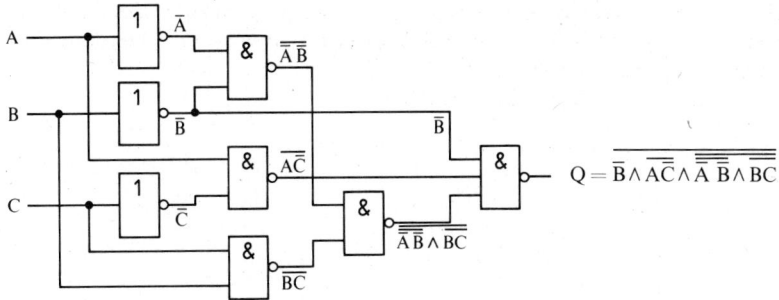

Bild 4.25 Kontaktlose Schaltung zu Beispiel 4.2.8

Aus dem Schaltbild (4.25) kann folgende Schaltfunktion abgelesen werden:

$$Q = \overline{\overline{B \wedge \overline{AC}} \wedge \overline{\overline{A}\,\overline{B} \wedge \overline{BC}}}.$$

Schrittweise wird nun das Karnaugh-Diagramm für diese Schaltung aufgebaut. Da die gegebene Schaltung drei Variable enthält, sind jeweils Karnaugh-Diagramme für drei Variable zu zeichnen. Zweckmäßigerweise bedient man sich der beiliegenden Vordrucke.

Für $\overline{B}$ gilt folgendes Karnaugh-Diagramm:

	$\overline{A}$		A	
$\overline{C}$	H	L	L	H
C	H	L	L	H
	$\overline{B}$	B	$\overline{B}$	

Bild 4.26a Karnaugh-Diagramm für $\overline{B}$

Für den Term $\overline{AC}$ wird zuerst das Karnaugh-Diagramm für $A\overline{C}$ gezeichnet und anschließend invertiert: (Bilder 4.26b und c)

	$\overline{A}$		A	
$\overline{C}$	L	L	H	H
C	L	L	L	L
	$\overline{B}$	B	$\overline{B}$	

	$\overline{A}$		A	
$\overline{C}$	H	H	L	L
C	H	H	H	H
	$\overline{B}$	B	$\overline{B}$	

Bild 4.26b $A\overline{C}$ Bild 4.26c $\overline{A\overline{C}}$

Ebenso wird gebildet: $\overline{A} \wedge \overline{B}$ und dann invertiert $\overline{\overline{A} \wedge \overline{B}}$

	$\overline{A}$	A		
$\overline{C}$	H	L	L	L
C	H	L	L	L
	$\overline{B}$	B	$\overline{B}$	

Bild 4.26d $\overline{A} \wedge \overline{B}$

	$\overline{A}$	A		
$\overline{C}$	L	H	H	H
C	L	H	H	H
	$\overline{B}$	B	$\overline{B}$	

Bild 4.26e $\overline{\overline{A} \wedge \overline{B}}$

Der Term BC wird in gleicher Weise behandelt

	$\overline{A}$	A		
$\overline{C}$	L	L	L	L
C	L	H	H	L
	$\overline{B}$	B	$\overline{B}$	

Bild 4.26f BC

	$\overline{A}$	A		
$\overline{C}$	H	H	H	H
C	H	L	L	H
	$\overline{B}$	B	$\overline{B}$	

Bild 4.26g $\overline{BC}$

Nun wird die UND-Verknüpfung $\overline{\overline{A} \wedge \overline{B}} \wedge \overline{BC}$ gebildet und dann invertiert. Nur die Felder werden mit H belegt, die in beiden Diagrammen gleichzeitig H besitzen: (Aus Bild 4.26e und 4.26g)

	$\overline{A}$	A		
$\overline{C}$	L	H	H	H
C	L	L	L	H
	$\overline{B}$	B	$\overline{B}$	

Bild 4.26h $\overline{\overline{A} \wedge \overline{B}} \wedge \overline{BC}$

	$\overline{A}$	A		
$\overline{C}$	H	L	L	L
C	H	H	H	L
	$\overline{B}$	B	$\overline{B}$	

Bild 4.26i $\overline{\overline{\overline{A} \wedge \overline{B}} \wedge \overline{BC}}$

Jetzt wird die UND-Verknüpfung $\overline{B} \wedge \overline{A\overline{C}} \wedge \overline{\overline{\overline{A} \wedge \overline{B}} \wedge \overline{BC}}$ gebildet und dann invertiert: (Aus den Bildern 4.26a, 4.26c, 4.26i)

4.2 Vereinfachungen mit dem Karnaugh-Diagramm

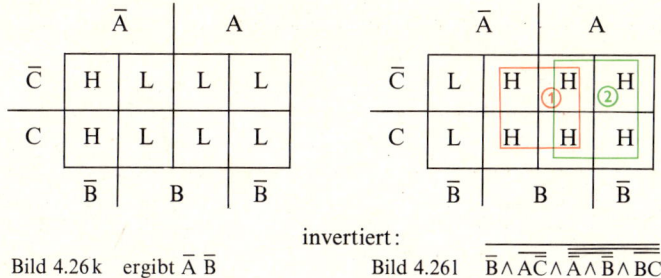

Bild 4.26k ergibt $\overline{A}\,\overline{B}$

invertiert:

Bild 4.26l $\quad\overline{\overline{B \wedge A\overline{C}} \wedge \overline{\overline{A} \wedge \overline{B}} \wedge \overline{BC}}$

Die Lösung zeigt Bild 4.26 l. Die beiden Viierereinkreisungen ① und ② ergeben:

$$Q = A \vee B.$$

Umgeformt in NAND-Glieder: (De Morgan 3.4.2)

$$Q = \overline{\overline{A} \wedge \overline{B}}.$$

Zur Verwirklichung genügt ein einziges NAND-Glied, wenn die Eingänge negiert werden.
Diese Lösung kann auch mit den Regeln der Schaltalgebra abgeleitet werden. Aus der Schaltfunktion (Beispiel 4.2.8)

$$Q = \overline{\overline{B \wedge A\overline{C}} \wedge \overline{\overline{A} \wedge \overline{B}} \wedge \overline{BC}}$$

ergibt sich durch Anwendung des De Morganschen Gesetzes 3.4.3:

$$Q = \overline{\overline{B \wedge A\overline{C}}} \vee \overline{\overline{\overline{A} \wedge \overline{B}}} \vee \overline{\overline{BC}}$$

Wird dieses Gesetz noch einmal auf die einzelnen Terme angewandt, so erhält man:

$$Q = B \vee A\overline{C} \vee (A \vee B) \wedge (\overline{B} \vee \overline{C}) = B \vee A\overline{C} \vee A\overline{B} \vee A\overline{C} \vee B\overline{B} \vee B\overline{C} =$$
$$= B \vee A\overline{C} \vee B\overline{C} \vee A\overline{B}.$$

Mit dem 1. Absorptionsgesetz:

$$Q = B(H \vee \overline{C}) \vee A\overline{B} \vee A\overline{C} = B \vee A\overline{B} \vee A\,\overline{C}.$$

Mit dem 4. Absorptionsgesetz:

$$B \vee A \vee A\,C = B \vee A.$$

Es genügt also eine ODER-Verknüpfung.

4.2.6   Vereinfachung von Schaltgruppen, bei denen im Karnaugh-Diagramm gleiche Felder belegt sind

Mit den gezeigten Vereinfachungsverfahren ergaben sich zweistufige Schaltungen. In der ersten Stufe waren UND-Verknüpfungen, in der zweiten Stufe ODER-Verknüpfungen erforderlich.
Eine wesentliche Vereinfachung ergibt sich, wenn für mehrere Schaltgruppen gleiche Felder im Karnaugh-Diagramm belegt sind.
Von vier Schaltgruppen wurden folgende Karnaugh-Diagramme ermittelt: (Bild 4.27)

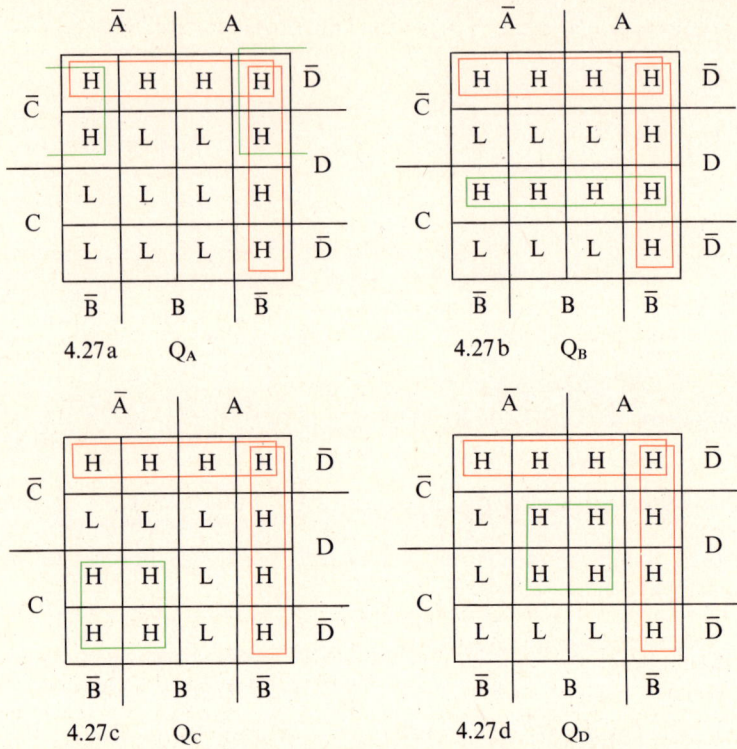

Bild 4.27 (a–d) Karnaugh-Diagramme für vier verschiedene Schaltgruppen, bei denen im Karnaugh-Diagramm teilweise gleiche Felder belegt sind

Aus den KV-Diagrammen (Bild 4.27) können folgende Schaltungsgleichungen abgelesen werden:

4.27a: $Q_A = \overline{D}\,\overline{C} \vee A\overline{B} \vee \overline{B}\,\overline{C}$
4.27b: $Q_B = \overline{D}\,\overline{C} \vee A\overline{B} \vee CD$
4.27c: $Q_C = \overline{D}\,\overline{C} \vee A\overline{B} \vee \overline{A}C$
4.27d: $Q_D = \overline{D}\,\overline{C} \vee A\overline{B} \vee BD$

In allen vier Schaltungen treten die Terme $\overline{D}\,\overline{C} \vee A\overline{B} = X$ gemeinsam auf. Es ist deshalb einfacher, diese Schaltung nur einmal aufzubauen und in der jeweiligen Schaltgruppe entsprechend zu berücksichtigen. Damit ergeben sich folgende Schaltungsgleichungen:

4.27a: $Q_A = X \vee \overline{B}\,\overline{C}$
4.27b: $Q_B = X \vee CD$
4.27c: $Q_C = X \vee \overline{A}C$
4.27d: $Q_D = X \vee BD$

4.3 Das Vereinfachungsverfahren nach Quine-McCluskey

Daraus kann man nachstehende kontaktlose Schaltung ableiten (Bild 4.28).

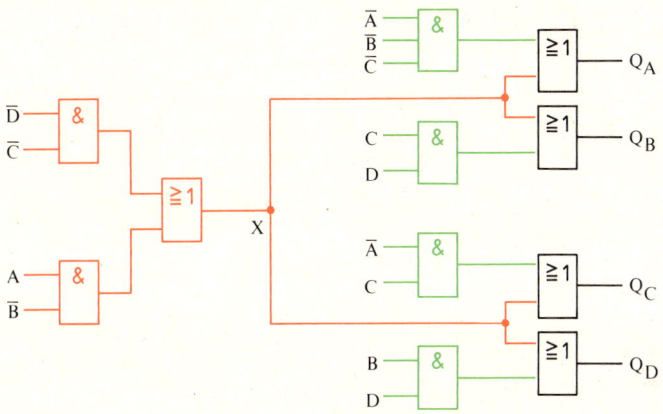

Bild 4.28   Vereinfachte Schaltung für vier Schaltgruppen

4.3 Das Vereinfachungsverfahren nach Quine-McCluskey [5, 6, 7, 8]

Bei größerer Variablenzahl ist insbesondere das Verfahren von Quine-McCluskey zur Vereinfachung von Schaltfunktionen geeignet. Allerdings ist der Schreibaufwand bei dieser Methode außerordentlich groß. Ebenso ist diese Methode nicht so anschaulich, wie das Karnaugh-Diagramm. Ein entscheidender Vorteil ist jedoch, daß man diese Methode auf Digitalrechnern programmieren kann.

Die einzelnen Schritte dieses Verfahrens werden mit einem Beispiel gezeigt:
Beispiel 4.3.1. Die gezeichnete kontaktlose Schaltung soll vereinfacht werden:
(Bild 4.29)

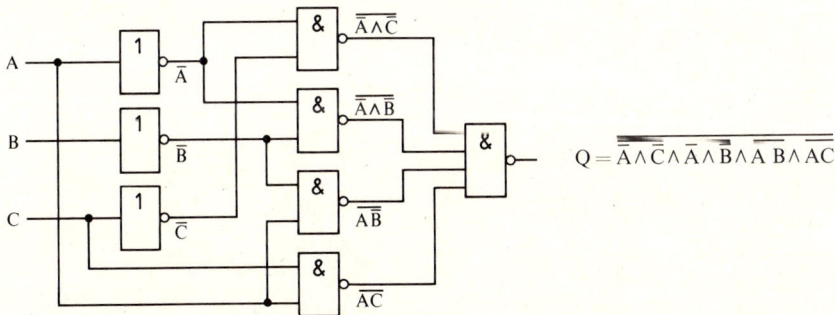

Bild 4.29   Kontaktlose Schaltung zu Beispiel 4.3.1

Für die gegebene Schaltung (Bild 4.29) ergibt sich folgende Schaltungsgleichung:
$$Q = \overline{\overline{\overline{A} \wedge \overline{C}} \wedge \overline{\overline{A} \wedge \overline{B}} \wedge \overline{A\overline{B}} \wedge \overline{AC}}$$

1. Ermittlung der disjunktiven Normalform
Durch Anwendung des De Morganschen Gesetzes 3.4.3 ($\overline{AB} = \overline{A} \vee \overline{B}$) ergibt sich:

$$Q = \overline{A}\overline{C} \vee \overline{A}\overline{B} \vee A\overline{B} \vee AC$$

Die Schaltungsgleichung muß nun zur vollständigen disjunktiven Normalform erweitert werden. Dazu wird das Gesetz 3.2.7 ($A \vee \overline{A} = H$) verwendet. In jedem Minterm müssen alle Variablen enthalten sein. Im gewählten Beispiel sind dies drei.

$$Q = (\overline{A}\overline{C})(B \vee \overline{B}) \vee (\overline{A}\overline{B})(C \vee \overline{C}) \vee A\overline{B}(C \vee \overline{C}) \vee AC(B \vee \overline{B}) =$$
$$= \overline{A}\overline{C}B \vee \overline{A}\overline{C} \wedge \overline{B} \vee \overline{A}\overline{B}C \vee \overline{A}\overline{B} \wedge \overline{C} \vee A\overline{B}C \vee A\overline{B}\overline{C} \vee ABC \vee A\overline{B}C$$

Innerhalb der Minterme werden die Variablen alphabetisch geordnet. Nach dem Gesetz 3.25 ($A \vee A = A$) werden mehrfach auftretende gleiche Minterme nur einmal angeschrieben.

$$Q = \overline{A}B\overline{C} \vee \overline{A}\overline{B}\overline{C} \vee \overline{A}\overline{B}C \vee \overline{A}\overline{A}\overline{B}\wedge\overline{C} \vee A\overline{B}C \vee A\overline{B}\overline{C} \vee ABC \vee A\overline{B}\overline{C} =$$
$$= \overline{A}B\overline{C} \vee \overline{A}\overline{B}\overline{C} \vee \overline{A}\overline{B}C \vee A\overline{B}C \vee A\overline{B}\overline{C} \vee ABC$$

2. In jedem Minterm werden die negierten Variablen durch L, die nicht negierten Variablen durch H ersetzt.

$$Q = LHL \vee LLL \vee LLH \vee HLH \vee HLL \vee HHH$$

3. Die so erhaltenen Binärausdrücke werden nun nach der Zahl der auftretenden H geordnet und jeweils in Gruppen mit der gleichen Anzahl von H untereinander geschrieben. Die einzelnen Gruppen werden durch einen Querstrich abgegrenzt:

	1 2 4
	A B C
0	LLL
2	LHL
4	LLH
1	HLL
5	HLH
7	HHH

Vor jeden Term wird die äquivalente Dezimalzahl geschrieben. Dabei ist zu beachten, daß A die Potenz 2^0, B = 2^1 und C = 2^2 zugeordnet wird, wie dies bisher immer durchgeführt wurde. Es kann auch eine andere Kennzeichnung gewählt werden.

4. Im nächsten Schritt werden die Minterme benachbarter Gruppen daraufhin untersucht ob sie sich nur in einer einzigen Variablen unterscheiden. Z. B. unterscheiden sich der Term 0: LLL und der Term 2: LHL in der zweiten Stelle. Diesen beiden Termen entspricht in Variablenschreibweise:
0: $\overline{A} \wedge \overline{B} \wedge \overline{C}$; 2: $\overline{A}B\overline{C}$ es kann wie folgt ausgeklammert werden: $\overline{A}\,\overline{C}(B \vee \overline{B})$. Nach Gesetz 3.2.7 ($A \vee \overline{A} = H$) kann dieser Ausdruck vereinfacht werden zu $\overline{A} \wedge \overline{C}$. Die Variable B fällt weg. *An der Stelle, an der eine Variable wegfällt, wird ein Strich gemacht.* Die Minterme, die zur Vereinfachung verwendet werden konnten, werden abgehakt. Vor den resultierenden Term werden jeweils die Dezimalzahlen der Terme geschrieben, aus denen er entstanden ist.

4.3 Das Vereinfachungsverfahren nach Quine-McCluskey

Für das gewählte Beispiel ergibt sich:

```
      1 2 4
0    LLL ✓      0,2   L–L ✓
                0,4   LL– ✓
2    LHL ✓      0,1   –LL ✓    0,1/4,5 –L–
4    LLH ✓      4,5   –LH ✓    0,4/1,5 –L–
1    HLL ✓
                1,5   HL– ✓
5    HLH ✓
                5,7   H–H
7    HHH ✓
```

Das gleiche Verfahren ist mit den neu gewonnenen Ausdrücken so lange zu wiederholen, bis sich keine Vereinfachungen mehr bilden lassen. Es dürfen nur Terme verglichen werden, die den Bindestrich an der gleichen Stelle haben.

z. B.:   0,1/4,5 –L–   bzw.   0,4/1,5 –L–

Treten in einer Liste gleiche Terme mehrfach auf, so werden alle bis auf einen gestrichen. Der zweite Term kann also wegfallen.

5. Die zum Schluß übrigbleibenden Terme, die nicht abgehakt oder gestrichen werden konnten, sind die sog. Prim-Implikanten.
In den Prim-Implikanten werden nun wieder statt H und L die Variablen A, B und C an den entsprechenden Stellen eingesetzt. Dies ergibt:

$0,2\ L–L = \overline{A}\,\overline{C}$

$0,1/4,5\ –L– = \overline{B}$

$5,7\ H–H = AC$

Die Prim-Implikanten werden durch ODER verknüpft. Damit ergibt sich als Schaltfunktion für das gewählte Beispiel:

$Q = \overline{A}\,\overline{C} \vee AC \vee \overline{B}$

Dieses Resultat kann auch aus dem entsprechenden Karnaugh-Diagramm abgelesen werden. Für die Schaltfunktion $Q = \overline{A}\,\overline{C} \vee \overline{A}\,\overline{B} \vee A\overline{B} \vee AC$ (Beispiel 4.3.1) ergibt sich:

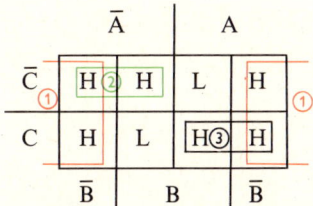

Bild 4.30   Karnaugh-Diagramm zu Beispiel 4.3.1

Dieses Karnaugh-Diagramm kann mit der Vierereinkreisung ① und den zwei Zweiereinkreisungen ② und ③ vereinfacht werden. Es ergibt sich die gleiche Lösung

$$Q = \overline{B} \vee \overline{A} \, \overline{C} \vee AC$$

Mit dem De Morganschen Gesetz 3.4.2 ergibt sich die Schaltfunktion mit NAND-Gliedern:

$$Q = \overline{\overline{A \wedge \overline{C}} \wedge \overline{AC} \wedge B}$$

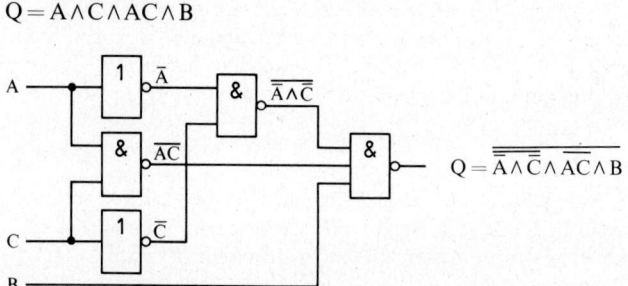

Bild 4.31 Vereinfachte kontaktlose Schaltung zu Beispiel 4.3.1 mit NAND-Gliedern

Mit einem weiteren Beispiel (4.3.2) wird gezeigt, wie eine gegebene Schaltung mit dem Verfahren Quine-McClusky vereinfacht werden kann.

Beispiel 4.3.2. Für eine Schaltung wurde folgende Funktionstabelle ermittelt:

	C	B	A	Q
0	L	L	L	H
1	L	L	H	L
2	L	H	L	L
3	L	H	H	L
4	H	L	L	H
5	H	L	H	H
6	H	H	L	H
7	H	H	H	H

Tabelle 4.2 Funktionstabelle zu Beispiel 4.3.2

Aus dieser Funktionstabelle läßt sich folgende Schaltfunktion ablesen:

$$Q = \overline{A} \, \overline{B} \, \overline{C} \vee \overline{A} \, \overline{B} \, C \vee A \, \overline{B} \, C \vee \overline{A} \, BC \vee ABC.$$

Dies ist bereits die disjunktive Normalform der Schaltungsgleichung.

4.3 Das Vereinfachungsverfahren nach Quine-McCluskey

Im zweiten Schritt werden die negierten Variablen durch L, die nicht negierten durch H ersetzt:

$Q = LLL \lor LLH \lor HLH \lor HHH \lor LHH$.

Jetzt werden die einzelnen Terme geordnet nach der Zahl der H untereinander geschrieben; davor wird die entsprechende Dezimalzahl geschrieben.
Diese Aufgabe kann einfacher gelöst werden. Die erste Gruppe kann direkt der Funktionstabelle entnommen werden, wenn die Reihenfolge A B C beachtet wird und jeweils Gruppen mit der gleichen Anzahl von H gebildet werden.

```
      1 2 4
 0    LLL ✓          0,4    LL –
 4    LLH ✓          4,6    L – H ✓        4,6/5,7   – – H
 5    HLH ✓          4,5    – LH ✓         4̶,5̶/6̶,7̶   –̶ –̶ H̶
 6    LHH ✓          5,7    H – H ✓
 7    HHH ✓          6,7    – HH ✓
```

Nun wird untersucht, ob sich die Terme zweier benachbarter Gruppen nur in einer einzigen Variablen unterscheiden.
Alle Terme, bei denen dies möglich ist, werden in einer neuen Liste angeschrieben. An der Stelle, an der sich die Terme unterscheiden, wird ein Strich gemacht. Vor die neu entstandenen Ausdrücke werden die Dezimalzahlen angeschrieben, aus denen sie gebildet werden konnten. Verwendete Terme werden abgehakt. Dieses Verfahren wird so lange wiederholt, bis sich keine Vereinfachung mehr bilden läßt. Die restlichen Terme nennt man Prim-Implikanten.
Die nicht abgehakten Terme sind:

0,4   LL –

4,6/5,7   – – H
4̶,5̶/6̶,7̶   –̶ –̶ H̶

Dies ergibt die Schaltungsgleichung:

$Q = \overline{A}\,\overline{B} \lor C$.

Die gleiche Lösung zeigt das KV-Diagramm (Bild 4.31)

	$\overline{A}$		A	
$\overline{C}$	H ①	L	L	L
C	H	H ②	H	H
	$\overline{B}$	B		$\overline{B}$

Bild 4.32   Karnaugh-Diagramm zu Beispiel 4.3.2

Dieses Karnaugh-Diagramm kann mit einer Vierereinkreisung ② und einer Zweiereinkreisung ① vereinfacht werden. Es ergibt sich

$Q = \overline{A}\,\overline{B} \lor C$.

In vielen Fällen können mit diesem Verfahren nicht die einfachsten Lösungen gewon-

nen werden. Ein weiteres Hilfsmittel zur Minimisierung ist die Prim-Implikantentabelle.
In dieser werden alle Dezimalziffern der übriggebliebenen Prim-Implikanten über senkrechte Striche geschrieben. Vor waagrechte Striche werden die noch vorhandenen Prim-Implikanten in Variablenschreibweise angeschrieben. Durch Kreuze werden die Dezimalzahlen markiert, aus denen der betreffende Prim-Implikant gebildet werden konnte.

Z.B.: 4.3.3 Folgende Schaltungsgleichung soll mit dem Verfahren nach Quine-McClusky vereinfacht werden:

$Q = \overline{A}\overline{B}\overline{C} \vee \overline{A}\overline{B}C \vee \overline{A}B\overline{C} \vee A B\overline{C}$

$Q = LLL \vee LLH \vee LHL \vee HLH$

0	LLL ✓
4	LLH ✓
2	LHL ✓
5	HLH ✓

0,4	LL–
0,2	L–L
4,5	–LH

Die Lösung würde lauten: $\overline{A}\overline{B} \vee \overline{A}\overline{C} \vee \overline{B}C$. Dafür ergibt sich folgende Prim-Implikantentabelle: (Bild 4.33)

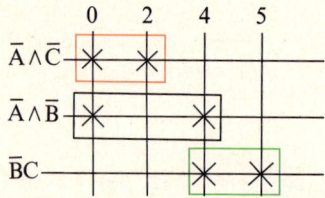

Bild 4.33 Prim-Implikantentabelle zu Beispiel 4.3.3

Jetzt werden die Spalten aufgesucht, in denen nur ein einziges Kreuz vorhanden ist. Die zugehörigen Prim-Implikanten werden unbedingt benötigt. Dies sind $\overline{A} \wedge \overline{C}$ und $\overline{B}C$. Werden von diesen Prim-Implikanten andere überdeckt, so können diese wegfallen. Der Prim-Implikant $\overline{A} \wedge \overline{B}$ wird von den beiden Prim-Implikanten $\overline{A} \wedge \overline{C}$ und $\overline{B}C$ überdeckt, er kann also wegfallen. Damit ergibt sich als Lösung:

$Q = \overline{A}\,\overline{C} \vee \overline{B}C$.

Aus dem entsprechenden KV-Diagramm kann diese Lösung ebenfalls abgelesen werden: (Bild 4.34)

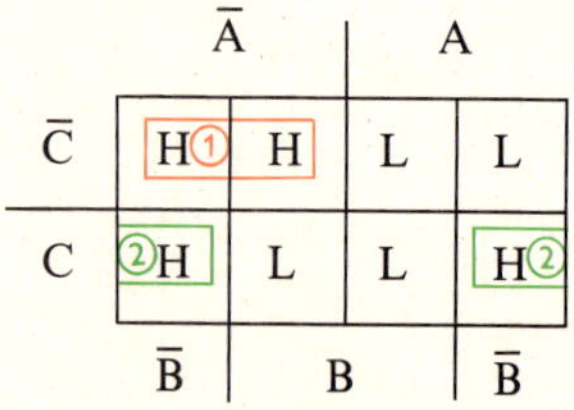

Bild 4.34 KV-Diagramm zu Beispiel 4.3.3

4.4 Übungsaufgaben zu 4

Ü 4.1.1 Folgende Schaltungsgleichung soll mit den Regeln der Schaltungsalgebra vereinfacht werden:

$$Q = [B(B \vee D)\,(\overline{B} \vee \overline{E} \vee \overline{A})] \vee [(B \vee C)(C \vee D)(C \vee E \vee A)].$$

Ü 4.1.2 Für die vereinfachte Schaltungsgleichung ist die Schaltung mit NAND-Gliedern zu zeichnen.

Ü 4.2 Gegeben ist die Schaltungsgleichung:

$$Q = [D\overline{F} \vee E(G \vee H) \vee A \vee BC]\,[A \vee BC]\,[\overline{E}F \vee EG \vee ED \vee A \vee BC].$$

Ü 4.2.1 Man zeichne die Schaltung mit Kontakten für diese Schaltungsgleichung.

Ü 4.2.2 Kann diese Schaltung vereinfacht werden?

Ü 4.2.3 Die Schaltung ist mit NAND-Gliedern aufzubauen!

Ü 4.3 Folgende kontaktlose Schaltung soll untersucht werden (Bild Ü 4.4.1):

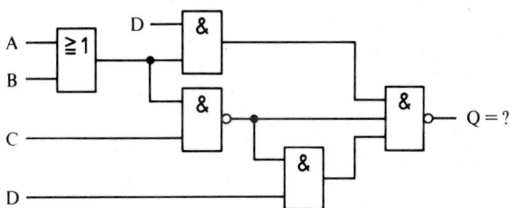

Bild Ü 4.4.1   Schaltung zu Aufgabe 4.3

Ü 4.3.1 Ermitteln Sie die Schaltungsgleichung für die kontaktlose Schaltung Bild Ü 4.4.1! (Q = ?)

Ü 4.3.2 Man zeichne das Karnaugh-Diagramm für vorstehende Schaltung.

Ü 4.3.3 Mit dem Karnaugh-Diagramm ist die Schaltung zu vereinfachen.

Ü 4.3.4 Die vereinfachte Schaltung ist mit NAND-Gliedern darzustellen.

5 Einige wichtige Schaltungen

5.1 Einfache Zuordner

Bei diesen soll am Ausgang Q dann und nur dann H erscheinen, wenn am Eingang eine bestimmte Variablenkombination vorhanden ist. Soll der Zuordner z. B. 5.1.1 die duale 7 anzeigen, so muß, am Eingang vorhanden sein: LHHH; dies entspricht $\overline{D}CBA$. Die dualen Ziffern sind von rechts nach links mit steigenden Potenzen angeordnet. Diese Aufgabe kann mit folgender sehr einfacher Schaltung erfüllt werden: (Bild 5.1)

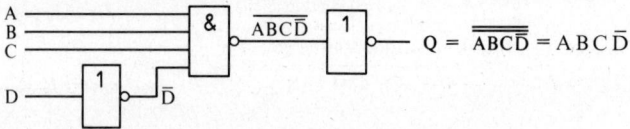

Bild 5.1   Einfacher Zuordner für die Dualzahl sieben (LHHH)

Für Zuordner verwendet man statt der Funktionstabelle die Zuordnungstabelle. In dieser werden nur die Zeilen angeschrieben, bei denen bei der betr. Eingangskombination am Ausgang H erscheint. Tabelle 5.1

	16	8	4	2	1	
	E	D	C	B	A	Q
21	H	L	H	L	H	H
31	H	H	H	H	H	H
23	H	L	H	H	H	H

Tabelle 5.1   Zuordnungstabelle zu Beispiel 5.1.2 mit fünf Variablen

Die Zuordnungstabelle 5.1 zeigt ein Beispiel (5.1.2) mit fünf Variablen. Nur bei den angeführten drei Kombinationen tritt am Ausgang H auf. Bei allen übrigen 29 Kombinationen (2^5-3) erscheint am Ausgang L. Vorstehendes Beispiel zeigt, daß die Zuordnungstabelle wesentlich einfacher ist, als die entsprechende Funktionstabelle.
Aus der Zuordnungstabelle läßt sich folgende Schaltungsgleichung ablesen:

$$Q = A\overline{B}C\overline{D}E \vee ABCDE \vee ABCDE.$$

Mit dem De Morganschen Theorem 3.4.2 ($A \vee B = \overline{\overline{A} \wedge \overline{B}}$) läßt sich vorstehende Schaltungsgleichung mit NAND-Verknüpfungen verwirklichen. Dies ergibt folgende Schaltungsgleichung:

$$Q = \overline{\overline{A\overline{B}C\overline{D}E} \wedge \overline{ABCDE} \wedge \overline{ABC\overline{D}E}}.$$

Dieser Schaltungsgleichung entspricht folgende kontaktlose Schaltung: (Bild 5.2)

5.1 Einfache Zuordner

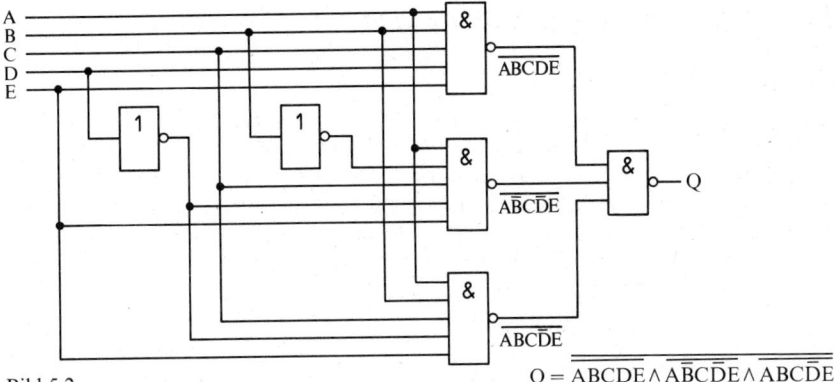

Bild 5.2 $\quad Q = \overline{ABCDE} \wedge \overline{AB\overline{C}DE} \wedge \overline{ABC\overline{DE}}$
Kontaktlose Schaltung zu Beispiel 5.1.2 mit NAND-Gliedern

Die ursprüngliche Schaltungsgleichung läßt sich mit den Regeln der Schaltalgebra vereinfachen. Die UND-Verknüpfung ACE kann ausgeklammert werden.

$$Q = ACE(BD \vee \overline{B}\,\overline{D} \vee B\overline{D}) = ACE(BD \vee \overline{B}\,\overline{D} \vee B\overline{D} \vee B\overline{D})\,(\text{Erweiterung mit } B\overline{D})$$
$$= ACE(B \vee \overline{D}) = ABCE \vee AC\overline{D}E = \overline{\overline{ABCE} \wedge \overline{AC\overline{D}E}}.$$

Diese vereinfachte Schaltung ist in Bild 5.3 dargestellt:

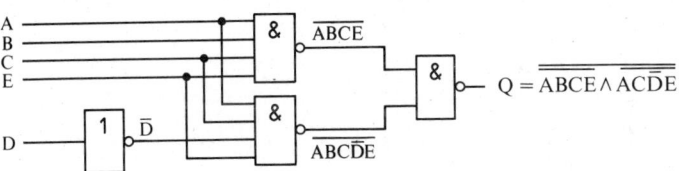

Bild 5.3 Vereinfachte Schaltung zu Beispiel 5.1.2

Die Zuordnungstabelle wird für den Ausgangswert H aufgestellt, sofern dieser Wert nur selten auftritt.
Tritt hingegen L selten auf, so ist es zweckmäßig, eine Zuordnungstabelle für L aufzustellen. Um die Ansprechbedingung zu erhalten, muß die gewonnene Schaltungsgleichung invertiert werden. Beispiel 5.1.3 soll dies zeigen:

	E	D	C	B	A	Q
31	H	H	H	H	H	L
27	H	H	L	H	H	L
22	H	L	H	H	L	L

Tabelle 5.2 Zuordnungstabelle zu Beispiel 5.1.3

Diese Zuordnungstabelle (5.2) ergibt folgende Schaltungsgleichung:

$$\bar{Q} = ABCDE \vee AB\bar{C}DE \vee \bar{A}BC\bar{D}E.$$

Diese Schaltungsgleichung kann mit dem Verfahren von Quine-Mc Clusky vereinfacht werden:

22	LHHLH		
27	HHLHH ✓	27, 31	HH – HH
31	HHHHH ✓		

Damit $\bar{Q} = ABDE \vee \bar{A}BC\bar{D}E$.

Mit dem De Morganschen Gesetz 3.4.1 kann die Ansprechbedingung mit NAND-Gliedern ermittelt werden

$$Q = \overline{ABDE \vee \bar{A}BC\bar{D}E} = \overline{\overline{ABDE} \wedge \overline{\bar{A}BC\bar{D}E}}.$$

Treten in einer Schaltung Variable auf, die sowohl H als auch L (X) sein können, so ist in jedem Fall zu untersuchen, ob sich mit diesen Termen keine Vereinfachung ergibt.

5.2 Digitaler Vergleicher (Komparator)

Häufig sollen digitale Größen miteinander verglichen werden. Sollen die Variablen A und B miteinander verglichen werden, so ergeben sich folgende Möglichkeiten:

1) A ist gleich B (A = B)
2) A größer B (A > B) (A = H; B = L)
3) A kleiner B (A < B) (A = L; B = H)

Dies führt zu folgender Funktionstabelle:

	B	A	A = B	A > B	A < B
0	L	L	H	L	L
1	L	H	L	H	L
2	H	L	L	L	H
3	H	H	H	L	L

Tabelle 5.3 Funktionstabelle zu Beispiel 5.2.1 (Komparator)

Für die drei Möglichkeiten ergeben sich folgende Schaltungsgleichungen:

1) A = B: $\bar{A}\bar{B} \vee AB$ Dies ist die Schaltungsgleichung für die Äquivalenz
2) A größer B: $A\bar{B}$
3) A kleiner B: $\bar{A}B$.

5.2 Digitaler Vergleicher (Komparator)

Die entsprechenden Schaltungsgleichungen mit NAND-Gliedern sind

1) $A = B$: $\overline{\overline{\overline{A}\,\overline{B} \wedge \overline{AB}}} = X$
2) A größer B: $\overline{\overline{A\overline{B}}} = Y$
3) A kleiner B: $\overline{\overline{\overline{A}B}} = Z$

Die Schaltung mit NAND-Gliedern zeigt Bild 5.4

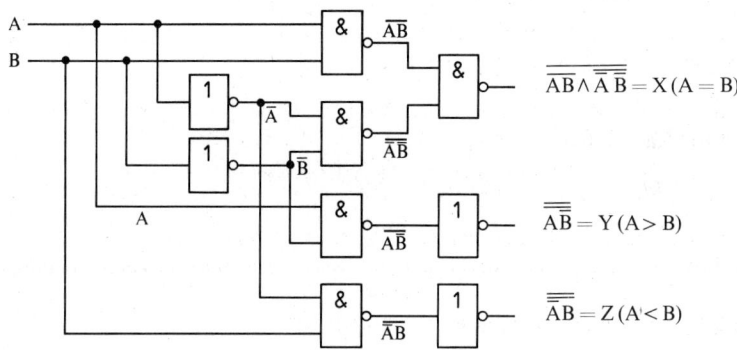

Bild 5.4 Schaltung mit NAND-Gliedern für den Komparator (Beispiel 5.2.1)

Vorstehende Schaltung läßt sich vereinfachen.

$$X = \overline{\overline{AB \wedge \overline{A}\,\overline{B}}} = (\overline{A} \vee \overline{B})(A \vee B) = \overline{A}B \vee A\overline{B} = Y \vee Z.$$

Mit NAND-Gliedern:
$$X = \overline{Y \wedge Z} = \overline{\overline{\overline{A}B} \wedge \overline{A\overline{B}}} \quad \text{(Bild 5.5)}$$

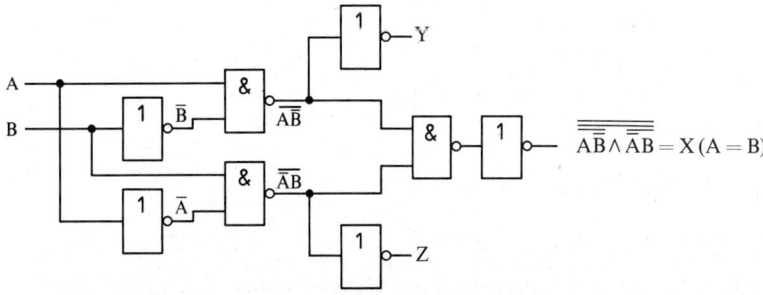

Bild 5.5 Vereinfachte Schaltung zu Beispiel 5.2.1 (Komparator)

5.3 Multiplexer

Mit Multiplexern, auch Datenwählern (Data Selector) werden die logischen Zustände verschiedener Dateneingänge nacheinander abgefragt und auf einen Ausgang geschaltet. Es handelt sich im Prinzip um einen Umschalter bei dem die an verschiedenen Eingangsleitungen anliegende Information auf eine Ausgangsleitung geschaltet wird. Die Auswahl der Eingänge wird mit im Dualdode codierten Adresseneingängen vorgenommen. Die Dateneingänge erhalten im folgenden Beispiel die Bezeichnung D_0, D_1, D_2 und D_3; die Adresseneingänge sind A und B.

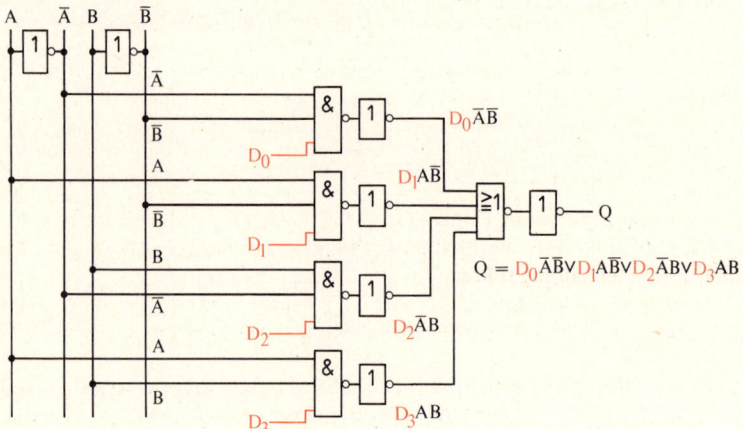

Bild 5.6 Prinzipschaltung für Multiplexer (Beispiel 5.3.1)

Für den Multiplexer nach Bild 5.6 ergibt sich folgende Schaltfunktion:

$$Q = D_0 \overline{A}\,\overline{B} \lor D_1 A \overline{B} \lor D_2 \overline{A} B \lor D_3 AB.$$

Der Dateneingang D_0 wird nur dann zum Ausgang Q durchgeschaltet, wenn die Dualzahl 0 (LL = $\overline{A}\,\overline{B}$) angewählt wird. Dies gilt entsprechend für die übrigen Dateneingänge. Mit einem zusätzlichen Eingang (Strobe), der an alle vier UND-Verknüpfungen angeschlossen ist kann der Ausgang abgeschaltet werden, z. B.: 4:1 Datenselektor mit 4 Eingängen und zwei Steuereingängen:

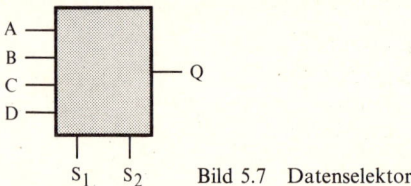

Bild 5.7 Datenselektor

Wenn man die Funktionstabelle zu diesem Datenselektor angeben würde (wie gewohnt), so würde diese sehr groß, da insgesamt 6 Eingangsvariablen vorhanden sind: 4 Dateneingänge und 2 Steuereingänge; außerdem ist dann die Funktion nicht deutlich zu erkennen. Es wird deshalb eine abgekürzte Funktionstabelle verwendet:

5.4 "Zwei- von Drei"-Auswahl

S_1	S_2	Ausgang Q
L	L	A
L	H	B
H	L	C
H	H	D

Tabelle 5.4 Funktionstabelle

Die Ausgangsvariable Q ist gleich einer Eingangsvariablen, die durch S_1 und S_2 bestimmt wird.

5.4 "Zwei- von Drei"-Auswahl

Überwachungseinrichtungen müssen bei Gefahr möglichst sicher abschalten. Andererseits sollen Fehler im Signalgeber, mit dem der Gefahrenzustand erfaßt wird, zu keiner unnötigen Abschaltung führen.

Sollen diese Forderungen mit großer Sicherheit erfüllt werden, so verwendet man mehrere Signalgeber, z. B. drei und verknüpft deren Ausgänge im Sinne einer Zwei von Drei-Auswahl.

Diese Schaltung liefert dann und nur dann ein Ausgangssignal, wenn mindestens zwei der drei Signalgeber den Gefahrenzustand signalisieren. Selbst wenn ein Geber blockiert, wird der Ausschaltbefehl erteilt. Umgekehrt soll eine unnötige Abschaltung verhindert werden, wenn einer der Geber unbegründet einen Gefahrenzustand meldet. Diese Bedingungen führen zu folgender Funktionstabelle: (Tabelle 5.5)

	C	B	A	Q
0	L	L	L	L
1	L	L	H	L
2	L	H	L	L
3	L	H	H	H
4	H	L	L	L
5	H	L	H	H
6	H	H	L	H
7	H	H	H	H

Tabelle 5.5 Funktionstabelle für die "Zwei-von Drei"-Auswahl (Beispiel 5.4)

Aus der Funktionstabelle 5.4 läßt sich folgende Schaltungsgleichung ablesen:

$$Q = AB\overline{C} \vee A\overline{B}C \vee \overline{A}BC \vee ABC.$$

Mit dem Karnaugh-Diagramm läßt sich diese Schaltung vereinfachen: (Bild 5.7)

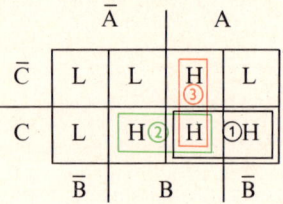

Bild 5.8
Karnaugh-Diagramm zu Beispiel 5.4

Es lassen sich drei Zweier-Einkreisungen bilden. Die vereinfachte Schaltfunktion lautet:

$$Q = \underset{①}{AC} \vee \underset{②}{BC} \vee \underset{③}{AB}$$

Mit NAND-Gliedern:

$$Q = \overline{\overline{AC} \wedge \overline{BC} \wedge \overline{AB}}.$$

5.5 Tristate-Technik

Normale Digitalschaltungen besitzen zwei Ausgangszustände, nämlich H und L (hohes Potential und niedriges Potential).
Ein Tristate-Bauelement hat zusätzlich zu diesen zwei Normalzuständen einen dritten, hochohmigen Zustand.
Je nach Schaltkreisfamilie kann dieser hochohmige Zustand auf verschiedene Weise realisiert werden. Die grundsätzliche Wirkungsweise zeigt Bild 5.9.

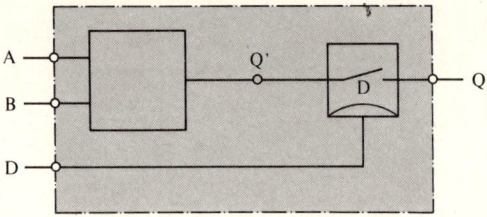

Bild 5.9   Funktion eines Tristate-Elements

Bei geschlossenem Schalter D wirkt die Schaltung wie eine normale digitale Schaltung. Die Ausgänge Q' und Q haben die gleiche Funktion. Sie geben die Verknüpfung des davor geschalteten Bauelementes weiter.
Bei offenem Schalter ist der Ausgang Q hochohmig. Es ergibt sich für diesen Zustand folgende Funktionstabelle:

5.5 Tristate-Technik

Ausgang Q'	Steuereingang D	Ausgang Q
L	Freigabe (enable) H	L
H	Freigabe (enable) H	H
X	Sperren (disable) L	hochohmig

Tabelle 5.6 Funktionstabelle für ein Tristate-Element

Bei den Tristate-Puffern ist nur ein Eingang und nur ein Ausgang vorhanden. Sie schalten entsprechend dem vorgegebenen Programm eine Information auf eine Sammelschiene (Bus), als Schaltzeichen werden verwendet: Bild 5.10

Bild 5.10 Schaltzeichen für Tristate-Puffer

Damit kann eine Leitung zur Übertragung verschiedener Signale verwendet werden. (BUS)
Ein einfaches Bussystem in Tristate-Technik zeigt Bild 5.11:

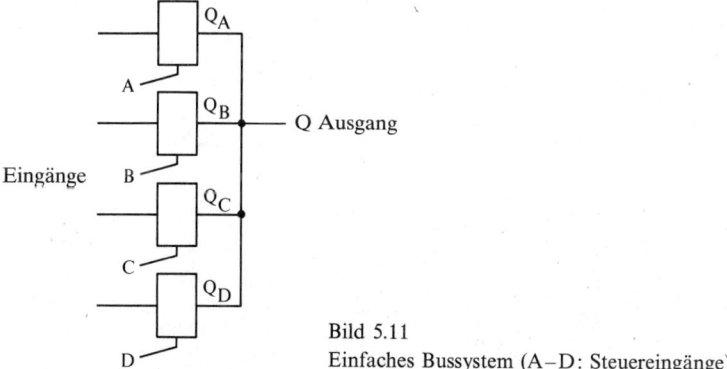

Bild 5.11
Einfaches Bussystem (A–D: Steuereingänge)

Dieses einfache Bussystem besteht aus einer einzigen Leitung. Auf diese können die verschiedenen Eingangsinformationen entsprechend der Freigabe übertragen werden. Beim Tristate-Betrieb muß auf den Normalbetrieb Rücksicht genommen werden. Es können sonst Kurzschlüsse entstehen. Es darf bei Tristatebetrieb an der gleichen Leitung immer nur ein Ausgang freigegeben werden.

Ordnungsgemäßer Tristate-Betrieb ist nur mit folgender Funktionstabelle gewährleistet:

Steuereingänge				Ausgang	Kommentar
D	C	B	A		
L	L	L	H	Q_A	B, C und D nicht mit Bus verbunden
L	L	H	L	Q_B	A, C und B nicht mit Bus verbunden
L	H	L	L	Q_C	A, B und D nicht mit Bus verbunden
H	L	L	L	Q_D	A, B und C nicht mit Bus Verbunden

Tabelle 5.7 Aussteuerung eines BUS-Systems mit Tristate-Elementen

Man beachte: Die meisten Standard-TTL-Bausteine lassen sich nicht einfach am Ausgang parallel schalten. Ausnahmen sind in den Datenbüchern gekennzeichnet. Dies sind die Phantom-Elemente und die Tristate-Bausteine.

Typische Bussysteme bestehen aus mehreren Leitungen. Im folgenden Beispiel ist das gezeichnete Bussystem (Bild 5.12) vierfach vorhanden.

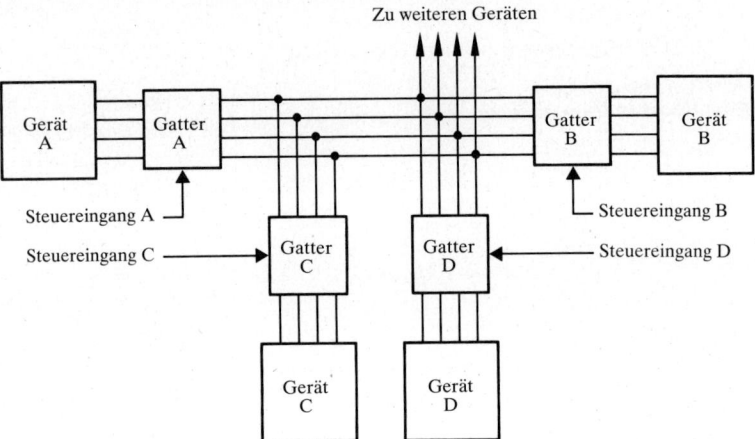

Bild 5.12 Vier Geräte A, B, C und D liegen an einem Bus-System mit 4 Leitungen

Am Bussystem erscheint immer nur die Information eines einzigen der vier Geräte. Bei diesem Bussystem wird die Information nur in einer Richtung übertragen. (eindirektionale Datenleitungen)
In der Mikrocomputertechnik gibt es bidirektionale Datenleitungen. Bei diesen soll die Information in beiden Richtungen weitergeleitet werden können. Dazu sind im einfachsten Fall zwei Tristate-Elemente erforderlich.

5.6 Übungsaufgabe zu 5

Ü 5.1 Es soll eine kontaktlose Schaltung entwickelt werden, mit der die Gleichheit der beiden Dualzahlen A und B festgestellt werden kann. Die beiden Dualzahlen sind zweistellig. Man spricht von Zwei-Bit-Zahlen.

5.1.1 Aus der Funktionstabelle soll die Schaltungsgleichung ermittelt werden.
5.1.2 Die kontaktlose Schaltung soll mit NAND-Gliedern aufgebaut werden.

6 Für die Digitaltechnik wichtige Zahlensysteme

6.1 Das Dualsystem

Beim Dezimalsystem ist jeder Stelle eine Zehnerpotenz zugeordnet. Z. B.: Der Zahl 123 entspricht folgende Darstellung in Zehnerpotenzen:

$$1 \cdot 10^2 + 2 \cdot 10^1 + 3 \cdot 10^0 = 123_{10}.$$

Ebenso ist jeder Stelle im Dualsystem eine Zweierpotenz zugeordnet. Z. B.: Der Dualzahl 101_2 (sprich: Eins Null Eins; nicht Einhunderteins) entspricht folgende Darstellung:

$$1 \cdot 2^2 + 0 \cdot 2^1 + 1 \cdot 2^0 = 4 + 0 + 1 = 5_{10}.$$

Werden verschiedene Zahlensysteme nebeneinander verwendet, so wird zur Unterscheidung die jeweilige Basis als Index angeschrieben.
Bei der Darstellung der Funktionstabellen wurde bereits eine Anordnung entsprechend diesen Zweierpotenzen gewählt (siehe 2.1). Man erhält ein beliebiges anderes Zahlensystem, wenn man für die Stellenwerte andere Potenzen verwendet. Der Zahlenwert ergibt sich jeweils aus der Summe der Produkte von Ziffern mal Stellenwert.
In allen Zahlensystemen ist die Zahl der erforderlichen Ziffern (einschließlich 0) gleich der Basis. Z. B.: Im Dezimalsystem 0 bis 9 (gleich der Basis 10). Im Dualsystem die Ziffern 0 und 1 (gleich der Basis 2). In folgender Tabelle wird das Dezimalsystem mit dem Dualsystem verglichen: Tabelle 6.1

Dezimalzahl:	0	1	2	3	4	5	6	7	8	9	10
Potenzen:		10^0									10^1
Dual:	000	001	010	011	0100	0101	0110	0111	1000	1001	1010
Potenzen:		2^0	2^1		2^2				2^3		

Tabelle 6.1 Vergleich von Dezimalzahlen und Dualzahlen

Die größte Ziffer ist in jedem Zahlensystem um 1 kleiner, als die Basis (B − 1).
Im Dualsystem ist also die größte Ziffer 1.
Der Stellenwert einer Dualzahl wird durch Potenzen von 2 charakterisiert.

6.1.1 Umwandlung von Dualzahlen in Dezimalzahlen

Aus einer Dualzahl erhält man die entsprechende Dezimalzahl, indem man die Werte der einzelnen Stellen addiert. Z. B.: Aus der Dualzahl 1010_2 ergibt sich:

$$1 \cdot 2^3 + 0 \cdot 2^2 + 1 \cdot 2^1 + 0 \cdot 2^0 = 8 + 0 + 2 + 0 = 10_{10}.$$

Beachte: Jede Zweierpotenz tritt nur einmal oder nullmal auf! Aus der Dualzahl 11101_2 ergibt sich:

$$1 \cdot 2^4 + 1 \cdot 2^3 + 1 \cdot 2^2 + 0 \cdot 2^1 + 1 \cdot 2^0 = 16 + 8 + 4 + 0 + 1 = 29_{10}.$$

6.1 Das Dualsystem

Tabelle 6.2   Potenzen von 2

2^n	n	2^{-n}
1	0	
2	1	0.5
4	2	0.25
8	3	0.125
16	4	0.062 5
32	5	0.031 25
64	6	0.015 625
128	7	0.007 812 5
256	8	0.003 906 25
512	9	0.001 953 125
1 024	10	0.000 976 562 5
2 048	11	0.000 488 281 25
4 096	12	0. 244 140 625
8 192	13	0. 122 070 312 5
16 384	14	0. 061 035 166 25
32 768	15	0. 030 517 578 125
65 536	16	0.000 015 258 789 062 5
131 072	17	0. 007 629 394 531 25
262 144	18	0. 003 814 697 265 625
524 288	19	0. 001 907 348 632 812 5
1 048 576	20	0. 000 953 674 316 406 25
2 097 152	21	0.000 000 476 887 158 203 125
4 194 304	22	0. 238 418 579 101 562 5
8 388 608	23	0. 119 209 289 550 781 25
16 777 216	24	0. 059 604 644 775 390 625
33 554 432	25	0. 029 802 322 387 695 312 5
67 108 864	26	0.000 000 014 901 161 193 847 656 25
134 217 728	27	0. 007 450 580 596 923 828 125
268 435 456	28	0. 003 725 290 298 461 914 062 5
536 870 912	29	0. 001 862 645 149 230 957 031 25
1 073 741 824	30	0. 000 931 322 574 615 478 515 625
2 147 483 648	31	0.000 000 000 465 661 287 307 739 257 812 5
4 294 967 296	32	0. 232 830 643 653 869 628 906 25
8 589 934 592	33	0. 116 415 321 826 934 814 453 125
17 179 869 184	34	0. 058 207 660 913 467 407 226 562 5
34 359 738 368	35	0. 029 103 830 456 733 703 613 281 25

Zur Umwandlung kann vorteilhaft die Tabelle 6.2: Potenzen zur Basis 2, verwendet werden. Die Wertigkeit der Dualstellen links vom Komma zeigt die Folge: 1, 2, 4, 8, usw.
Bei Dezimalzahlen können die Stellen hinter dem Komma durch Zehnerpotenzen mit negativen Exponenten beschrieben werden. Die Wertigkeit ist: 10^{-1}, 10^{-2}, 10^{-3} usw.
Ebenso ergibt sich bei Dualzahlen für die Wertigkeit rechts vom Komma: $2^{-1}, 2^{-2}, 2^{-3}$ also: 1/2, 1/4, 1/8 oder in Dezimalbrüchen: 0,5; 0,25; 0,125 usw. In Tabelle 6.2 ist die Wertigkeit der Stellen hinter dem Komma angegeben.
Der Dualzahl $1,011_2$ entspricht die Dezimalzahl:

$$1 \cdot 2^0 + 0 \cdot 2^{-1} + 1 \cdot 2^{-2} + 1 \cdot 2^{-3} = 1,0 + 0,25 + 0,125 = 1,375_{10}.$$

6.1.2 Umwandlung von Dezimalzahlen in Dualzahlen

Mit Hilfe der Tafel 6.2 kann aus einer gegebenen Dezimalzahl die entsprechende Dualzahl ermittelt werden. Es wird untersucht, welche höchste Zweierpotenz in der gegebenen Zahl enthalten ist. Der Wert dieser Zweierpotenz wird subtrahiert. Die Reste werden gleich behandelt. Die Stellen der Dualzahl, in denen eine Zweierpotenz enthalten ist erhalten eine 1, die übrigen eine 0.
Für die Dezimalzahl 7_{10} ergibt sich:
höchste enthaltene Zweierpotenz: $2^2 = 4_{10}$
Rest 3 höchste enthaltene Zweierpotenz: $2^1 = 2_{10}$
Rest 1 höchste enthaltene Zweierpotenz: $2^0 = 1_{10}$
Rest Null. Dies ergibt die Dualzahl: 111_2 ($2^2 + 2^1 + 2^0$).
Für die Dezimalzahl 13_{10} gilt:
höchste enthaltene Zweierpotenz: $2^3 = 8_{10}$
Rest 5 höchste enthaltene Zweierpotenz: $2^2 = 4_{10}$
die Zweierpotenz 2^1 tritt nicht auf, an der entsprechenden Stelle ist also 0 zu schreiben. Dies ergibt die Dualzahl: 1101_2 ($2^3 + 2^2 + 0 \cdot 2^1 + 2^0$).
Vielfach wird ein anderes Verfahren zur Ermittlung der Dualzahl aus einer gegebenen Dezimalzahl angewandt. Die gegebene Dezimalzahl wird so lange *durch zwei geteilt*, bis das Ergebnis Null wird. Die Reste werden angeschrieben. Die Reste von unten nach oben angeschrieben ergeben die gesuchte Dualzahl, z.B. 1110_2:

```
14 : 2 = 7  Rest 0
 7 : 2 = 3  Rest 1
 3 : 2 = 1  Rest 1
 1 : 2 = 0  Rest 1    →(1 · 2³ + 1 · 2² + 1 · 2¹ + 0 · 2⁰ = 14)
```

Die Rechnung endet, wenn das Ergebnis der Division gleich 0 mit Rest 0 oder 1 ist. Da die Rechnung außerordentlich einfach ist, genügt folgende einfachere Schreibweise:

```
25  1              36  0
12  0              18  0
 6  0  = 11001₂     9  1   = 100100₂
 3  1               4  0
 1  1               2  0
 0                  1  1
                    0
```

6.1 Das Dualsystem

Es werden nur die Zwischenergebnisse und die Reste notiert. Dieses Reste-Verfahren kann umgekehrt auch zur Umwandlung von Dualzahlen in Dezimalzahlen benutzt werden, z. B.: 11001_2

$$\begin{array}{ccccc} 1 & 1 & 0 & 0 & 1 \\ \downarrow & \downarrow & \downarrow & \downarrow & \downarrow \end{array}$$

$2 \cdot 1 + 1 = 3;\ 3 \cdot 2 + 0 = 6;\ 6 \cdot 2 + 0 = 12;\ 12 \cdot 2 + 1 = 25_{10}$

oder: 100100_2

$$\begin{array}{cccccc} 1 & 0 & 0 & 1 & 0 & 0 \\ \downarrow & \downarrow & \downarrow & \downarrow & \downarrow & \downarrow \end{array}$$

$2 \cdot 1 + 0 = 2;\ 2 \cdot 2 + 0 = 4;\ 2 \cdot 4 + 1 = 9;\ 2 \cdot 9 + 0 = 18;\ 2 \cdot 18 + 0 = 36_{10}$.

Das Anschreiben der Zwischenrechnungen ist nicht erforderlich. Damit ergibt sich folgendes einfaches Schema:

1	1	0	0	1
1	3	6	12	25

1	0	0	1	0	0
1	2	4	9	18	36

Für Dezimalbrüche gibt es eine entsprechende Regel: Die Zahl hinter dem Komma wird fortwährend mit 2 *multipliziert;* bleibt das Ergebnis unter 1, wird 0 angeschrieben. Ist das Ergebnis größer als 1, wird 1 angeschrieben. Diese 1 wird subtrahiert und mit dem Ergebnis das Verfahren wiederholt. Die angeschriebenen 0 und 1 von oben nach unten gelesen ergeben die gesuchte Dualzahl.

z. B.:
$0{,}135 \cdot 2 = 0{,}270 \quad 0$
$0{,}270 \cdot 2 = 0{,}54 \quad 0$
$0{,}54 \cdot 2 = 1{,}08 \quad 1$
$1{,}08 - 1 = 0{,}08 \cdot 2 = 0{,}16 \quad 0$
$0{,}16 \cdot 2 = 0{,}32 \quad 0$
$0{,}32 \cdot 2 = 0{,}64 \quad 0$
$0{,}64 \cdot 2 = 1{,}28 \quad 1 \downarrow$
usw.

$0{,}76 \cdot 2 = 1{,}52 \quad 1$
$0{,}52 \cdot 2 = 1{,}04 \quad 1$
$0{,}04 \cdot 2 = 0{,}08 \quad 0 \downarrow$
usw.

Dem Dezimalbruch $0{,}135_{10}$ entspricht die Dualzahl $0{,}0010001_2$.
Kontrolle mit der Tabelle 6.3: $0{,}125 + 0{,}0078125 = 0{,}1328125_{10}$.
Ebenso ergibt 0,76 die Dualzahl $0{,}110_2$.
Kontrolle: $0{,}5 + 0{,}25 = 0{,}75_{10}$.

Je weiter die Multiplikation mit 2 durchgeführt wird, desto genauer wird das Ergebnis.

6.1.3 Umwandlung rationaler Dezimalzahlen in Dualzahlen

Diese werden in den ganzzahligen und den gebrochenen Teil zerlegt. Sie werden nach den gezeigten Verfahren getrennt ermittelt, und dann die Ergebnisse zusammengefügt.

6.2 Das Oktalsystem

Im Oktalsystem wird als Basis $8 = 2^3$ verwendet. Mit acht verschiedenen Ziffern (0, 1, 2, 3, 4, 5, 6 und 7) werden die Zahlen dargestellt. Die größte Ziffer ist 7 (B−1).

6.2.1 Umwandlung von Oktalzahlen in Dezimalzahlen

Aus den Oktalzahlen erhält man die Dezimalzahlen, wenn man die Produkte aus den jeweiligen Ziffern mit den Stellenwerten bildet und anschließend summiert:
Aus der Oktalzahl $2341_8 = 2 \cdot 8^3 + 3 \cdot 8^2 + 4 \cdot 8^1 + 1 \cdot 8^0 = 2 \cdot 512 + 3 \cdot 64 + 4 \cdot 8 + 1 \cdot 1$
ergibt sich die Dezimalzahl: $= 1024 + 192 + 32 + 1 = 1249_{10}$.

6.2.2 Umwandlung von Dezimalzahlen in Oktalzahlen

Mit der Reste-Methode, wie sie bei der Umwandlung von Dezimalzahlen in Dualzahlen angewandt wurde, kann auch hier die Lösung gefunden werden. Die gegebene Dezimalzahl wird so lange durch acht dividiert, bis das Ergebnis Null wird. Die bei jeder Division entstehenden Reste ergeben von unten nach oben gelesen die gesuchte Oktalzahl

z. B.: Welche Oktalzahl ergibt die Dezimalzahl 1249_{10}?

$$1249 : 8 = 156 \quad \text{Rest } 1$$
$$156 : 8 = 19 \quad \text{Rest } 4$$
$$19 : 8 = 2 \quad \text{Rest } 3$$
$$2 : 8 = 0 \quad \text{Rest } 2$$

Die entsprechende Oktalzahl lautet: 2341_8.

6.2.3 Umwandlung von Dualzahlen in Oktalzahlen

Die gegebene Dualzahl wird rechts beginnend in Dreiergruppen eingeteilt. Für jede Dreiergruppe wird die entsprechende Oktalzahl angeschrieben, z. B.:
$1\ 1\ 1\ /\ 0\ 1\ 1\ /\ 1\ 0\ 1_2$
$\quad 7 \qquad 3 \qquad 5_8$
entsprechend nach dem Komma
$0,\ 1\ 1\ 1\ /\ 0\ 0\ 1\ /\ 1\ 0\ 1_2$
$0,\ 7 \qquad 1 \qquad 5_8$
Die Oktalzahl lautet:
$7\ 3\ 5, 7\ 1\ 5_8$

6.3 Das Hexadezimalsystem

Die Basis dieses Systems ist $16 = 2^4$. Es gibt in diesem System 16 verschiedene Ziffern. Da nur zehn verschiedene Zeichen für Zahlen (0–9) bekannt sind, müssen noch sechs Zeichen erfunden werden. Man hat dafür die ersten sechs Buchstaben des Alphabets gewählt. Die Ziffer Zehn wird durch A, Elf durch B, Zwölf durch C, Dreizehn durch D, Vierzehn durch E und Fünfzehn durch F dargestellt. Die Stellenwerte sind Potenzen von 16.

6.3 Das Hexadezimalsystem

6.3.1 Umwandlung von Hexadezimalzahlen in Dezimalzahlen

Aus der Hexadezimalzahl erhält man die entsprechende Dezimalzahl durch Bildung der Summe der Produkte der jeweiligen Ziffer mit ihrem Stellenwert.

hexadezimal	dezimal	hexadezimal	dezimal	hexadezimal	dezimal
000 001	1	000 010	16	000 100	256
000 002	2	000 020	32	000 200	512
000 003	3	000 030	48	000 300	768
000 004	4	000 040	64	000 400	1 024
000 005	5	000 050	80	000 500	1 280
000 006	6	000 060	96	000 600	1 536
000 007	7	000 070	112	000 700	1 792
000 008	8	000 080	128	000 800	2 048
000 009	9	000 090	144	000 900	2 304
000 00A	10	000 0A0	160	000 A00	2 560
000 00B	11	000 0B0	176	000 B00	2 816
000 00C	12	000 0C0	192	000 C00	3 072
000 00D	13	000 0D0	208	000 D00	3 328
000 00E	14	000 0E0	224	000 E00	3 584
000 00F	15	000 0F0	240	000 F00	3 840
001 000	4 096	010 000	65 536	100 000	1 048 576
002 000	8 192	020 000	131 072	200 000	2 097 152
003 000	12 288	030 000	196 608	300 000	3 145 728
004 000	16 384	040 000	262 144	400 000	4 194 304
005 000	20 480	050 000	327 680		
006 000	24 576	060 000	393 216		
007 000	28 672	070 000	458 752		
008 000	32 768	080 000	524 288		
009 000	36 864	090 000	589 824		
00A 000	40 960	0A0 000	655 360		
00B 000	45 056	0B0 000	720 896		
00C 000	49 152	0C0 000	786 432		
00D 000	53 248	0D0 000	851 968		
00E 000	57 344	0E0 000	917 504		
00F 000	61 440	0F0 000	983 040		

Tabelle 6.3 Konvertierungstafel zur Konvertierung von Hexadezimalzahlen zu Dezimalzahlen

Aus der Hexadezimalzahl $2B1A_{16}$ ergibt sich:

$2 \cdot 16^3 + 11 \cdot 16^2 + 1 \cdot 16^1 + 10 \cdot 16^0 =$
$2 \cdot 4096 + 11 \cdot 256 + 1 \cdot 16 + 10 \cdot 1 =$
$8192 + 2816 + 16 + 10 =$
die Dezimalzahl 11034_{10}.

Zur Konvertierung kann man vorteilhaft die Konvertierungstafel (Tabelle 6.3) verwenden. Es sind darin jeweils die Produkte aus Ziffer und Stellenwert der Sedezimalzahl angegeben. Zur Ermittlung der Dezimalzahl muß nur noch die Summe dieser Produkte gebildet werden.

z. B.: $\quad FCBA_{16} = 61\,440 \quad (00F000)$
$\phantom{FCBA_{16}=} + 3\,072 \quad (000C00)$
$\phantom{FCBA_{16}=} + 176 \quad (0000B0)$
$\phantom{FCBA_{16}=} + 10 \quad (00000A)$

$\phantom{FCBA_{16}} = 64\,698_{10} \quad (00FCBA)$

6.3.2 Umwandlung von Dezimalzahlen in Hexadezimalzahlen

Es kann wieder die Reste-Methode angewandt werden. Die gegebene Dezimalzahl wird so lange durch 16 dividiert, bis das Ergebnis Null wird. Entstehen Reste größer als 9, so werden dafür die Buchstaben A bis F eingesetzt.

z. B.: $\quad 11\,034 : 16 = 689 \quad$ Rest $10 = A$
$ 689 : 16 = 43 \quad$ Rest 1
$ 43 : 16 = 2 \quad$ Rest $11 = B$
$ 2 : 16 = 0 \quad$ Rest 2

Die Reste von unten nach oben gelesen ergeben die gesuchte Hexadezimalzahl: 2B1A.

Eine weitere Möglichkeit zur Umwandlung von Dezimalzahlen bietet die Konvertierungstabelle 7.11. Der Nachteil dieser Tabelle ist, daß im sedezimalen System addiert werden muß.

6.3.3 Umwandlung von Hexadezimalzahlen in Dualzahlen in Tetradarstellung

Zur Umwandlung kann folgende Tabelle verwendet werden (Tabelle 6.3). Es sind zum Vergleich außerdem das Dezimalsystem und das Oktalsystem aufgeführt.

Mit dieser Tabelle ergibt sich für die Hexadezimalzahl $1A_{16}$ die Dualzahl $0001\,1010_2$ ebenso für

$$A\,C\,1\,F_{16} = 1010\,1100\,0001\,1111_{16}$$

Für jede Ziffer der Hexadezimalzahl ist eine Vierergruppe von Dualzahlen zu setzen (eine Tetrade).

6.3.4 Umwandlung von Dualzahlen in Hexadezimalzahlen

Die gegebene Dualzahl wird rechts beginnend zu Vierergruppen zusammengefaßt. Für jede Vierergruppe wird die äquivalente Hexadezimalzahl bestimmt. Dazu kann die Tabelle 6.4 benutzt werden

6.3 Das Hexadezimalsystem

Hexadezimalsystem	Dualsystem	Dezimalsystem	Oktalsystem
0	0000	0	0
1	0001	1	1
2	0010	2	2
3	0011	3	3
4	0100	4	4
5	0101	5	5
6	0110	6	6
7	0111	7	7
8	1000	8	10
9	1001	9	11
A	1010	10	12
B	1011	11	13
C	1100	12	14
D	1101	13	15
E	1110	14	16
F	1111	15	17
10	00010000	16	20

Tabelle 6.4   Anfang der Zahlenreihe in verschiedenen Systemen

z.B.:   Dualzahl: 0001 1001 1110 1101_2 =
        Hexadezimalzahl: 1   9   E D_{16}

7 Arithmetik in verschiedenen Zahlensystemen

7.1 Arithmetik im Dualsystem

Die Rechenregeln im Dualsystem sind sehr einfach und entsprechen den Regeln im Dezimalsystem.

7.1.1 Addition im Dualsystem

Es gelten folgende Regeln

$$0 + 0 = 0 \quad \text{(Null plus Null gleich Null)}$$
$$0 + 1 = 1$$
$$1 + 0 = 1$$
$$1 + 1 = 0 \quad \text{mit Übertrag von 1 zur nächsten Stelle: 10 (2 dez) (Carry)}.$$

In folgenden Beispielen wird die Addition im dualen und im dezimalen System verglichen: (Dezimalzahlen in Klammern)

```
z. B.:        01    (1)            01    (1)           0101   (5)
            + 10    (2)          + 11    (3)         + 0011   (3)
            ─────────           ─────────            ──────────
              11₂   (3)          100₂    (4)          1000₂   (8)
Übertrag      00                  11                   111


            011101  (29)          1111   (15)
          + 001100  (12)       + 10001   (17)
          ───────────          ───────────
            101001₂ (41)        100000₂  (32)
Übertrag    11100                11111
```

7.1.1.1 Ausführung der dualen Addition mit digitalen Bausteinen

Ordnet man der Ziffer 0 im dualen System den niedrigen Pegel L und der Ziffer 1 den höheren Pegel H eines digitalen Systems zu, so kann die Addition entsprechend folgender Funktionstabelle verwirklicht werden (Tabelle 7.1):

B + A	Summe	Übertrag	B	A	Summe	Übertrag
0 + 0 =	0	0	L	L	L	L
0 + 1 =	1	0	L	H	H	L
1 + 0 =	1	0	H	L	H	L
1 + 1 =	0	1	H	H	L	H

Tabelle 7.1 Funktionstabelle für die Addition der Zahlen A und B. (Halbaddierer)

7.1 Arithmetik im Dualsystem

Aus der Funktionstabelle 7.1 ergeben sich folgende Schaltungsgleichungen:

a) Für die Summe: $S = A\bar{B} \vee \bar{A}B$ (Exklusiv-ODER)
b) Für den Übertrag: $Ü = AB$ (UND)

Dies führt zu folgender Schaltung:

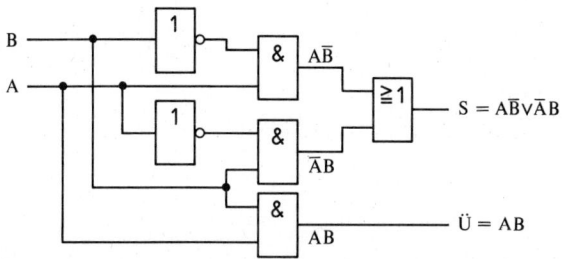

Bild 7.1 Schaltung zur Addition der beiden Zahlen A und B. (Halbaddierer)

Zur Bildung der Summe ist eine Exklusiv-ODER-Verknüpfung erforderlich. Der Übertrag kann mit einer UND-Verknüpfung verwirklicht werden.
Mit dem de Morganschen Gesetz 3.4.2 kann die Schaltungsgleichung so umgeformt werden, daß nur noch NAND-Glieder benötigt werden.

$$S = \overline{\overline{A\bar{B} \vee \bar{A}B}} = \overline{\overline{A\bar{B}} \wedge \overline{\bar{A}B}}. \quad Ü = \overline{\overline{AB}}$$

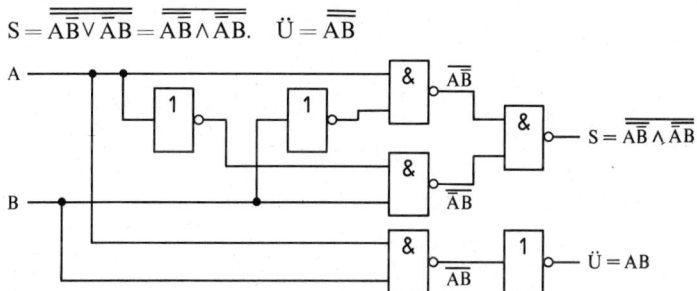

Bild 7.2 Schaltung zur Addition der beiden Zahlen A und B mit NAND-Gliedern. (Halbaddierer)

Folgende Schaltung zeigt einen einfacheren Aufbau des Halbaddierers mit NAND-Gliedern: (Bild 7.3)

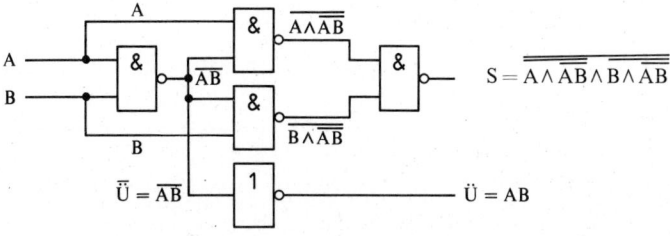

Bild 7.3 Einfacher Aufbau des Halbaddierers mit NAND-Gliedern

In der Schaltung Bild 7.3 werden nur 4 NAND-Glieder und eine Negation benötigt. Gegenüber der Schaltung Bild 7.2 werden zwei Negationen eingespart. Die Schaltungsgleichung für die Summe S läßt sich durch Umformungen mit den De Morganschen Gesetzen und den Regeln der Schaltungsalgebra auf die Exklusiv-ODER-Verknüpfung zurückführen:

$$S = \overline{\overline{A \wedge \overline{AB}} \wedge \overline{B \wedge \overline{AB}}} = A \wedge \overline{AB} \vee B \wedge \overline{AB} = A(\overline{A} \vee \overline{B}) \vee B(\overline{A} \vee \overline{B}) = A\overline{B} \vee \overline{A}B$$

Die abgeleiteten Schaltungen Bild 7.1 und Bild 7.2 sowie Bild 7.3 nennt man Halbaddierer. Das Problem der Addition wird damit nur in der ersten Dualstelle gelöst. Bereits in der zweiten Dualstelle muß der Übertrag aus der vorhergehenden Stelle berücksichtigt werden. Die Schaltung für die zweite Dualstelle muß also drei Eingangsvariablen besitzen, nämlich die Zahlen A, B und Ü.
Diese Anordnung nennt man Volladdierer. Die entsprechende Funktionstabelle (7.2) wird mit Hilfe der Gesetze der Addition von Dualzahlen abgeleitet.

Ü	B	A	Summe	Übertrag	Ü	B	A	Summe	Übertrag
0	0	0	0	0	L	L	L	L	L
0	0	1	1	0	L	L	H	H	L
0	1	0	1	0	L	H	L	H	L
0	1	1	0	1	L	H	H	L	H
1	0	0	1	0	H	L	L	H	L
1	0	1	0	1	H	L	H	L	H
1	1	0	0	1	H	H	L	L	H
1	1	1	1	1	H	H	H	H	H

Tabelle 7.2 Funktionstabelle für den Volladdierer

Als Schaltungsgleichung für die Summe ergibt sich:

$$S = A\,\overline{B}\,\overline{Ü} \vee \overline{A}\,B\,\overline{Ü} \vee \overline{A}\,\overline{B}\,Ü \vee AB\,Ü.$$

Für den Übertrag auf die nächste Stelle gilt

$$Ü_g = A\,B\,\overline{Ü} \vee A\,\overline{B}\,Ü \vee \overline{A}\,B\,Ü \vee AB\,Ü.$$

Um eine möglichst einfache Schaltung zu erhalten, werden die KV-Diagramme für Summe und Übertrag gezeichnet.
Für die Summe ergibt sich: (Bild 7.4)

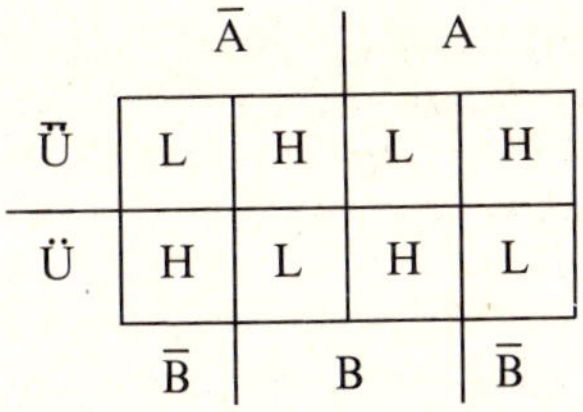

7.1 Arithmetik im Dualsystem

	$\bar{A}$		A	
$\bar{\bar{U}}$	L	H	L	H
Ü	H	L	H	L
	$\bar{B}$	B		$\bar{B}$

Bild 7.4 Karnaugh-Diagramm für die Summenbildung beim Volladdierer

Für die Schaltungsgleichung zur Bildung der Summe ergibt sich keine Vereinfachung. Für den Übertrag $Ü_g$ auf die nächste Stelle gilt (Bild 7.5):

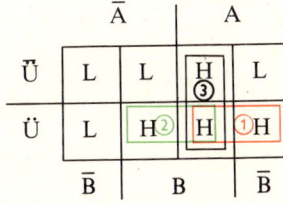

Bild 7.5 Karnaugh-Diagramm für die Bildung des Übertrags $Ü_g$ beim Volladdierer

Die Schaltungsgleichung für den Übertrag läßt sich vereinfachen.

$$Ü_g = AÜ \vee ÜB \vee AB$$

Es ergibt sich somit folgende Schaltung für Summe und Übertrag (Bild 7.6):

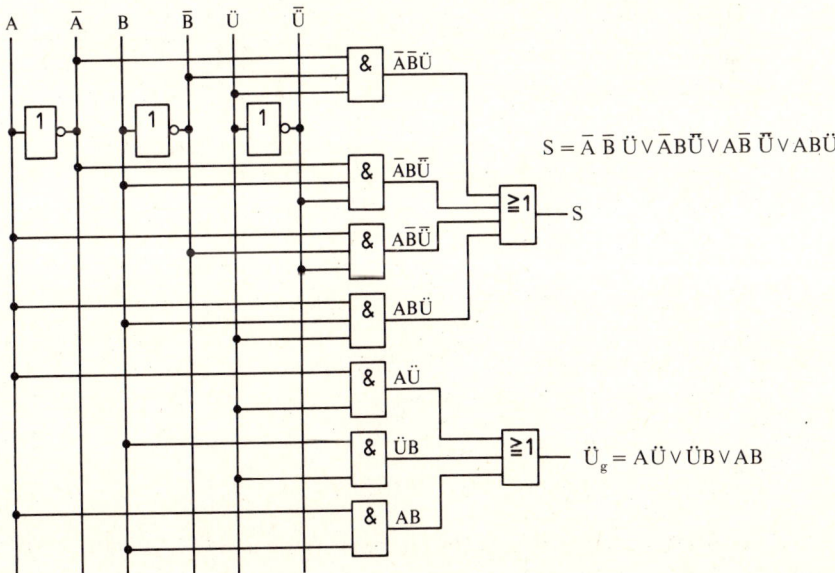

Bild 7.6 Schaltung für Volladdierer

Der Volladdierer kann auch aus zwei Halbaddierern aufgebaut werden. Im ersten Halbaddierer werden zunächst die beiden Summanden A + B addiert. Dadurch ergibt sich die Zwischensumme S'. Im zweiten Halbaddierer wird diese Zwischensumme mit dem vorliegenden Übertrag Ü addiert. Der erste Halbaddierer liefert bereits einen Übertrag Ü' wenn A und B = H sind. Der zweite Halbaddierer ergibt einen Übertrag Ü'', wenn die Zwischensumme S' und der vorliegende Übertrag H werden. Der gesamte Übertrag $Ü_g$ ergibt sich mit einer ODER-Verknüpfung der Zwischenüberträge. Folgendes Blockschaltbild zeigt diese Zusammenhänge: Bild 7.7

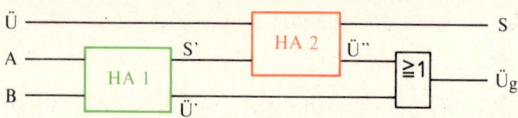

Bild 7.7 Blockschaltbild für Volladdierer, gebildet aus zwei Halbaddierern

Mit der Schaltung nach Bild 7.3 ergibt sich folgende Schaltung für den Volladdierer: (Bild 7.8):

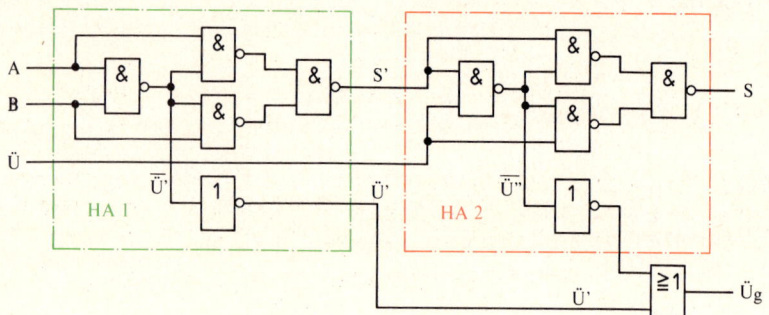

Bild 7.8 Schaltung für den Volladdierer, gebildet aus zwei Halbaddierern

Die Schaltung für den Übertrag $Ü_g$ kann noch vereinfacht werden.

$$Ü_g = Ü' \vee Ü'' = \overline{\overline{Ü'} \wedge \overline{Ü''}}.$$

Damit ergibt sich folgende Schaltung:

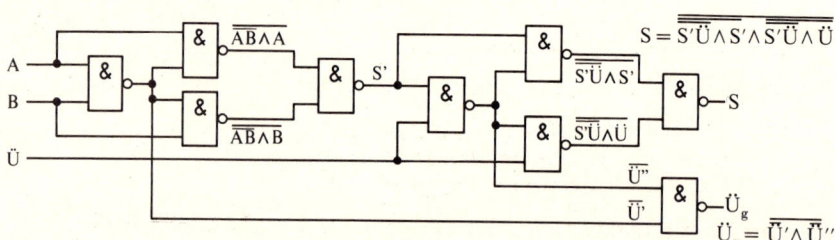

Bild 7.9 Vereinfachte Schaltung für den Volladdierer mit NAND-Gliedern

7.1 Arithmetik im Dualsystem

Zur Kontrolle dieser Schaltung werden die Schaltungsgleichungen so umgeformt, daß die Summe S und der Übertrag $Ü_g$ als Funktion von A, B und Ü entstehen.

$$S = \overline{\overline{S'\, Ü} \wedge S' \wedge \overline{S'\, Ü} \wedge Ü} = \overline{S'\, Ü} \wedge S' \vee \overline{S'\, Ü} \wedge Ü = (\overline{S'} \vee \overline{Ü})S' \vee (\overline{S'} \vee \overline{Ü}) Ü =$$
$$S'\overline{Ü} \vee \overline{S'}Ü \quad \text{(Exklusiv-ODER)}$$

Entsprechend ergibt sich für S':

$$S' = \overline{\overline{AB} \wedge A \wedge \overline{AB} \wedge B} = \overline{AB} \wedge A \vee \overline{AB} \wedge B = (\overline{A} \vee \overline{B})B \vee (\overline{A} \vee \overline{B})A =$$
$$\overline{A}B \vee A\overline{B} \quad \text{(Exklusiv-ODER)}$$

In die Gleichung für S eingesetzt finden wir:

$$S = S'\overline{Ü} \vee \overline{S'}Ü = (\overline{A}B \vee A\overline{B})\overline{Ü} \vee \overline{(\overline{A}B \vee A\overline{B})}Ü = \overline{A}B\overline{Ü} \vee A\overline{B}\ \overline{Ü} \vee \overline{(\overline{A}B \wedge \overline{A\overline{B}})}Ü =$$
$$\overline{A}B\overline{Ü} \vee A\overline{B}\ \overline{Ü} \vee [(A \vee \overline{B})\,(\overline{A} \vee B)]\,Ü = \overline{A}B\overline{Ü} \vee A\overline{B}\ \overline{Ü} \vee (AB \vee \overline{A}\ \overline{B})Ü =$$
$$\overline{A}B\overline{Ü} \vee A\overline{B}\ \overline{Ü} \vee AB Ü \vee \overline{A}\ \overline{B}Ü.$$

Diese Schaltungsgleichung entspricht der für den Volladdierer abgeleiteten Gleichung (S. 128).

Für den Übertrag $Ü_g$ gilt: $Ü_g = \overline{Ü' \wedge Ü''}$

$$Ü' = \overline{A \wedge B}; \quad Ü'' = \overline{S' \wedge Ü} = \overline{(\overline{A}B \vee A\overline{B})\,Ü}$$
$$Ü_g = \overline{\overline{A \wedge B} \wedge \overline{(\overline{A}B \vee A\overline{B})\,Ü}} = AB \vee (\overline{A}B \vee A\overline{B})Ü = AB \vee \overline{A}BÜ \vee A\overline{B}Ü =$$
$$= ABÜ \vee AB\overline{Ü} \vee \overline{A}BÜ \vee A\overline{B}Ü = AB \vee AÜ \vee BÜ.$$

Zur Addition von zwei mehrstelligen Dualzahlen ist für jede Stelle ein Volladdierer erforderlich. Lediglich für die erste Stelle genügt ein Halbaddierer. Die Schaltung kann nach dem Blockschaltbild (Bild 7.10) vorgenommen werden.

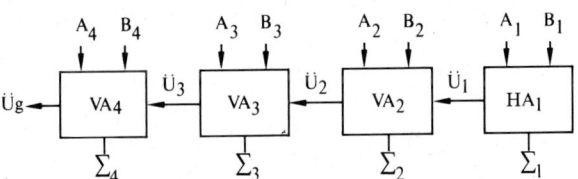

Bild 7.10 Blockschaltbild zur Addition der beiden vierstelligen Zahlen A und B (4 Bit-Addierer)

7.1.2 Subtraktion im Dualsystem

Folgende drei Grundregeln sind sehr leicht zu verstehen:

$$0 - 0 = 0 \quad \text{(Null minus Null gleich Null)}$$
$$1 - 0 = 1 \quad \text{(Eins minus Null gleich Eins)}$$
$$1 - 1 = 0 \quad \text{(Eins minus Eins gleich Null)}$$

Schwierigkeiten bereitet jedoch die Aufgabe 0–1, die an irgendeiner Stelle auftreten kann. Wir erinnern uns an die Subtraktion im Dezimalsystem.
Die Aufgabe $13 - 7 = 6$ wird folgendermaßen gelöst:

```
            Minuend       13      z.B.:   144        111
    minus Subtrahend      -7              -77        -99
          Entleihung       1               11         11
                       ───────          ───────    ───────
          Differenz        6               67         12
```

Ganz entsprechend gilt im Dualsystem: (in Klammern die entsprechenden Dezimalzahlen):

```
                    10 (2)  Minuend
                    -1 (1)  Subtrahend
                     1      Entleihung
                    ─────────
        Differenz:   1 (1)
```

Ist eine Entleihung erforderlich, so ist dies jeweils bei der nächsten Stelle zu berücksichtigen.
Weitere Beispiele:

```
                     11 (3)              1000 (8)
                    -10 (2)             -0001 (1)
                    ────────            ──────────
        Differenz:   01 (1)      Entl.   111
                                        ──────────
                                         0111 (7)
```

Die vierte Regel für die Subtraktion von Dualzahlen lautet demzufolge:

$0-1 = 1$ Differenz 1; Entleihung 1

7.1.2.1 Ausführung der Subtraktion mit digitalen Bausteinen

Mit diesen vier Rechenregeln ergibt sich folgende Funktionstabelle für den Halbsubtrahierer (7.3):

A − B	Differenz (A − B)	Entleihung	A	B	Differenz	Entleihung
0 − 0	0	0	L	L	L	L
1 − 0	1	0	H	L	H	L
0 − 1	1	1	L	H	H	H
1 − 1	0	0	H	H	L	L

Tabelle 7.3   Funktionstabelle für den Halbsubtrahierer (A minus B)

Aus der Funktionstabelle (7.3) ergibt sich als Schaltungsgleichung für die Differenz:

$D = A\bar{B} \vee \bar{A}B$ (Exklusiv-ODER)

Für die Entleihung: $E = \bar{A}B$.
Die entsprechende Schaltung zeigt Bild 7.11:

7.1 Arithmetik im Dualsystem

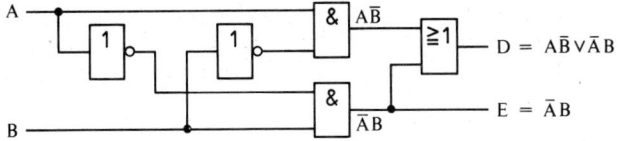

Bild 7.11 Schaltung für den Halbsubtrahierer (A minus B)

Mit dem De Morganschen Gesetz 3.4.2 ergibt sich die Schaltungsgleichung mit NAND-Gliedern:

$$D = A\overline{B} \vee \overline{A}B = \overline{\overline{A\overline{B}} \wedge \overline{\overline{A}B}}.$$

Die Schaltungsgleichung für die Entleihung muß zweimal negiert werden:

$$E = \overline{A}B = \overline{\overline{\overline{A}B}}$$

Damit ergibt sich folgende Schaltung für den Halbsubtrahierer mit NAND-Gliedern (Bild 7.12):

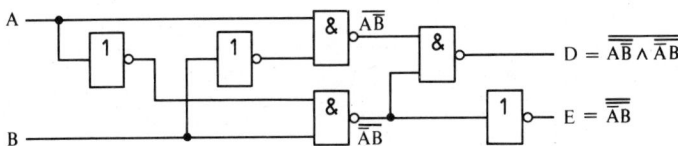

Bild 7.12 Schaltung für den Halbsubtrahierer mit NAND-Gliedern

Der Halbsubtrahierer kann eine Entleihung aus der vorhergehenden Stelle nicht berücksichtigen.
Dazu ist ein Vollsubtrahierer nötig. Ähnlich wie der Volladdierer kann der Vollsubtrahierer aus zwei Halbsubtrahierern aufgebaut werden. Bild 7.13 zeigt das entsprechende Blockschaltbild.

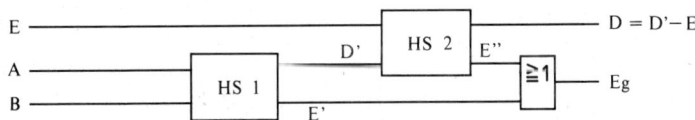

Bild 7.13 Blockschaltbild für den Vollsubtrahierer

Im ersten Halbsubtrahierer wird die Zwischendifferenz D' (A minus B) gebildet. Dabei entsteht die Zwischenentleihung E'. Der zweite Halbsubtrahierer subtrahiert von der Zwischendifferenz D' die Entleihung E der vorhergehenden Stelle. Damit entsteht die Differenz D und eine zweite Zwischenentleihung E''.
Mit den Rechenregeln für Dualzahlen können für beide Halbsubtrahierer folgende Ergebnisse ermittelt werden: (Tabelle 7.4)

Eingangsgrößen			Halbsubtrahierer 1		Halbsubtrahierer 2	
A	B	E	$D' = A - B$	E'	$D = D' - E$	E''
0	0	0	0	0	0	0
1	0	0	1	0	1	0
0	1	0	1	1	1	0
1	1	0	0	0	0	0
0	0	1	0	0	1	1
1	0	1	1	0	0	0
0	1	1	1	1	0	0
1	1	1	0	0	1	1

Tabelle 7.4 Rechenergebnisse der Zusammenschaltung der beiden Halbsubtrahierer entsprechend Blockschaltbild 7.13

Ordnet man der Zahl 1 das Potential H und der Zahl 0 das Potential L zu, so ergibt sich für das Blockschaltbild 7.13 folgende Funktionstabelle (Tabelle 7.5):

Eingänge			HS 1		HS 2		$E_g = E' \vee E''$
A	B	E	D'	E'	D	E''	
L	L	L	L	L	L	L	L
H	L	L	H	L	H	L	L
L	H	L	H	H	H	L	H
H	H	L	L	L	L	L	L
L	L	H	L	L	H	H	H
H	L	H	H	L	L	L	L
L	H	H	H	H	L	L	H
H	H	H	L	L	H	H	H

Tabelle 7.5 Funktionstabelle für den Vollsubtrahierer bestehend aus zwei Halbsubtrahierern

7.1 Arithmetik im Dualsystem

Hieraus sind folgende Schaltungsgleichungen abzulesen:

$$D = A\bar{B}\,\bar{E} \lor \bar{A}B\bar{E} \lor \bar{A}\,\bar{B}E \lor ABE$$
$$E_g = \bar{A}B\bar{E} \lor \bar{A}\,\bar{B}E \lor \bar{A}BE \lor ABE.$$

Die Schaltungsgleichung für die Differenz entspricht der Schaltungsgleichung für die Summenbildung im Volladdierer (7.1.1.1). Aus dem Karnaugh-Diagramm 7.4 ist ersichtlich, daß keine Vereinfachung möglich ist.
Für die Entleihung E_g ergibt sich folgendes Karnaugh-Diagramm: (Bild 7.14)

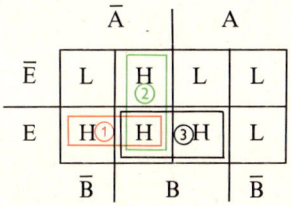

Bild 7.14 Karnaugh-Diagramm für die Entleihung E_g des Vollsubtrahierers

Aus dem Karnaugh-Diagramm für die Entleihung E_g ergibt sich folgende vereinfachte Schaltungsgleichung:

$$E_g = \bar{A}E \lor \bar{A}B \lor BE$$
$$①\ \ \ \ \ ②\ \ \ \ \ ③$$

Mit der Schaltung für den Halbsubtrahierer Bild 7.12 kann nachstehende Schaltung für den Vollsubtrahierer aufgebaut werden: (Bild 7.15)

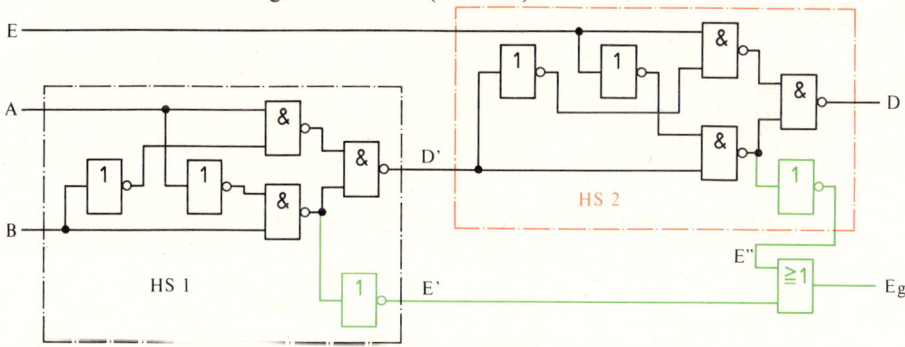

Bild 7.15 Schaltung für den Vollsubtrahierer, bestehend aus zwei Halbsubtrahierern

Aus dieser Schaltung können folgende Schaltungsgleichungen abgelesen werden:

$$D' = \overline{\overline{\overline{AB} \land \overline{A}\overline{B}}}; \qquad E' = \overline{\overline{\overline{A}B}}$$
$$D = \overline{\overline{\overline{ED'} \land \overline{\overline{E}D'}}}; \qquad E'' = \overline{\overline{\overline{E}D'}}.$$

Damit ergibt sich für die Differenz $D = E\bar{D}' \lor \bar{E}D' =$

$$= E\,(\overline{AB} \land \overline{\overline{A}\overline{B}}) \lor \bar{E}\,(\overline{AB} \land \overline{A}\overline{B}) = E\,([\bar{A} \lor B] \land [A \lor \bar{B}]) \lor \bar{E}\,(A\bar{B} \lor \bar{A}B) =$$
$$= E\,(\bar{A}\,\bar{B} \lor AB) \lor \bar{E}A\bar{B} \lor \bar{E}\,\bar{A}B = E\bar{A}\,\bar{B} \lor EAB \lor \bar{E}A\bar{B} \lor \bar{E}\,\bar{A}B =$$
$$= \bar{A}\,BE \lor ABE \lor A\bar{B}\,\bar{E} \lor \bar{A}B\bar{E}.$$

Für die Entleihung:

$$E_g = E' \vee E'' = \overline{\overline{E'} \wedge \overline{E''}}.$$

Statt der ODER-Verknüpfung für die Zwischenentleihungen E' und E'' kann eine NAND-Verknüpfung der negierten Entleihungen E' und E'' verwendet werden. (Die grün eingezeichnete Schaltung für die Entleihung E kann durch eine einzige NAND-Verknüpfung ersetzt werden.)
Umformung der Schaltungsgleichung für E_g:

$$E_g = E' \vee E'' = \overline{\overline{AB}} \vee \overline{\overline{ED'}} = \overline{AB} \vee E\overline{D'} =$$
$$= \overline{A}B \vee E \; \overline{[\overline{AB} \wedge \overline{A}\overline{B}]} =$$
$$= \overline{A}B \vee E \; [(\overline{A} \vee B) \wedge (A \vee \overline{B})] =$$
$$= \overline{A}B \vee E\overline{A}\overline{B} \vee EAB.$$

Entsprechend Karnaugh-Diagramm (Bild 7.14) läßt sich diese Schaltungsgleichung vereinfachen:

$$E_g = \overline{A}E \vee \overline{A}B \vee BE.$$

7.1.2.2 Umschaltung von Addition zu Subtraktion

Als Schaltungsgleichung für die Summenbildung im Volladdierer ergab sich (7.1.1.1)

$$S = \overline{A} \; \overline{B}Ü \vee \overline{A}B\overline{Ü} \vee A\overline{B} \; \overline{Ü} \vee ABÜ.$$

Für den Vollsubtrahierer (7.1.2.1) ergab sich für die Differenz:

$$D = \overline{A} \; \overline{B}E \vee \overline{A} \; B\overline{E} \vee A\overline{B} \; \overline{E} \vee ABE.$$

Setzt man Ü = E, so sind diese beiden Schaltungsgleichungen identisch. Die gleiche Untersuchung wird für den Übertrag, bzw. die Entleihung durchgeführt.
Für den Übertrag gilt:

$$Ü_g = AÜ \vee ÜB \vee AB \quad (7.1.1.1)$$

Für die Entleihung:

$$E_g = \overline{A}E \vee BE \vee \overline{A}B \quad (7.1.2.1)$$

Setzt man wieder E = Ü, so stellt man fest, daß sich diese beiden Gleichungen lediglich in der Variablen A unterscheiden. Während beim Übertrag die Variable A in der ursprünglichen Form einzusetzen ist, muß sie bei der Entleihung negiert verwendet werden.
Mit einer einfachen Zusatzschaltung für die Entleihung bzw. den Übertrag kann somit eine Umschaltung von Addieren zu Subtrahieren erreicht werden.
Es wird folgende Zuordnung gewählt: Umschalter L-Potential ergibt Addition; das heißt die Eingangsvariable A wird nicht verändert. Umschalter H-Potential ergibt Subtraktion, die Eingangsvariable A muß negiert werden. Diesen Zusammenhang zeigt folgende Funktionstabelle (Tabelle 7.6)

7.1 Arithmetik im Dualsystem

A	U	A'
L	L	L
L	H	H
H	L	H
H	H	L

Tabelle 7.6
Funktionstabelle für das Umschalten
von Addition zur Subtraktion

Die Funktionstabelle 7.6 zeigt, daß zur Umschaltung eine Exklusiv-ODER-Schaltung benötigt wird. Die entsprechende Schaltungsgleichung lautet:

$$A' = \overline{A} U \vee A \overline{U}$$

Die Schaltung für den Volladdierer (Bild 7.6) kann mit einer Exklusiv-ODER-Schaltung, sowohl zur Addition, als auch zur Subtraktion verwendet werden. (Bild 7.16)

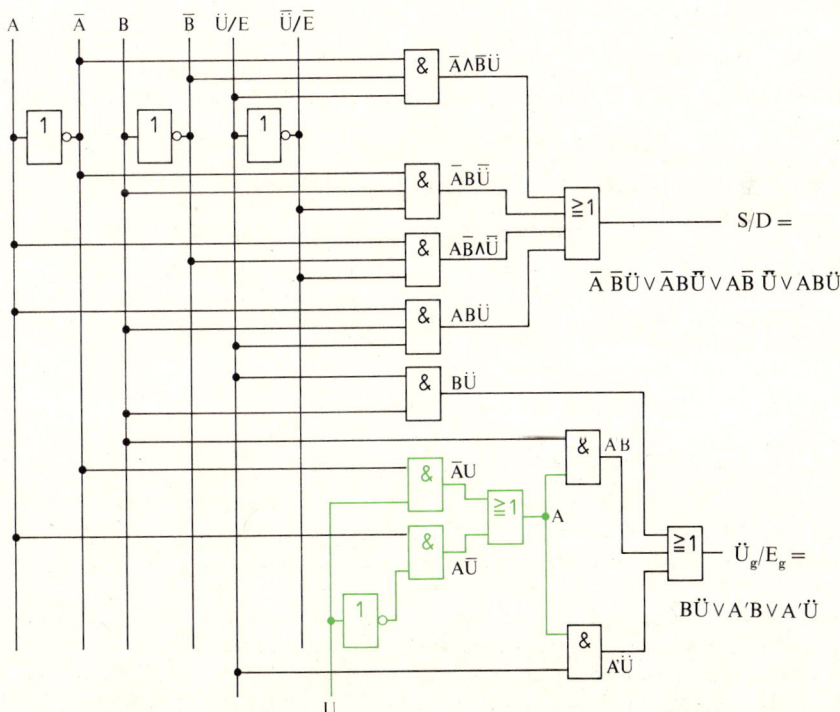

Bild 7.16   Schaltung zur Addition oder Subtraktion zweier Ziffern

7.1.2.3 Subtraktion durch Addition des Komplements des Subtrahenden

Das im folgenden beschriebene Verfahren wird vorzugsweise in Digitalrechnern angewandt. Es kann damit eine besondere Subtraktionseinrichtung eingespart werden.
Das Komplement einer Zahl ist die Ergänzung dieser Zahl zu einer bestimmten anderen. Man unterscheidet das B-Komplement und das (B-1)-Komplement.
Das B-Komplement ist die Ergänzung der gegebenen Zahl zu ganzen Potenzen der Basis des gewählten Zahlensystems.
Im Dezimalsystem (B = 10) spricht man vom Zehner-Komplement.

Z. B.:   gegebene Zahl (A): 6_{10} 11_{10} 812_{10}
         B-Komplement (K): 4_{10} 89_{10} 188_{10}

Das (B-1)-Komplement ist die Ergänzung der gegebenen Zahl zu den um Eins verminderten ganzen Potenzen der Basis des gewählten Zahlensystems. Im Dezimalsystem spricht man vom Neunerkomplement $B-1 = 10-1 = 9$.

Z. B.:   gegebene Zahl: 6_{10} 11_{10} 812_{10}
         (B-1)-Komplement: 3_{10} 88_{10} 187_{10}

Ebenso kann man im Dualsystem das B- und das (B-1)-Komplement bilden. Das B-Komplement ist die Ergänzung zur nächsthöheren ganzen Zweierpotenz der gegebenen Dualzahl (Zweier-Komplement).

Z. B.:   gegebene Dualzahl: 111_2 (7) 1011_2 (11)
         B-Komplement: 001_2 (1) 0101_2 (5)

Regel für die Bildung des Zweierkomplements (B-Komplement):
Man beginne rechtsbündig und invertiere (0 − 1; 1 − 0) alle Ziffern links von der ersten von Null verschiedenen Ziffer. Die rechts davon stehenden Ziffern sind beizubehalten.

Z. B.: $\overleftarrow{101}1_2$ (11) $\overleftarrow{1111}10_2$ (30) $\overleftarrow{1}1100_2$ (12)
Zweierk.: 0101_2 (5) 00010_2 (2) 0100_2 (4)

Besonders einfach ist die Bildung des (B-1)-Komplements im Dualsystem (Einerkomplement).
Das (B-1)-Komplement (Einer-Komplement) einer beliebigen Dualzahl wird gebildet, indem alle Ziffern invertiert werden.

Z. B.:   gegebene Zahl: 1011_2 (11) 11110_2 (30) 1100_2 (12)
         Einerkomplement: 0100_2 (4) 00001_2 (1) 0011_2 (3)

(In den Klammern stehen die entsprechenden Dezimalzahlen)
Addiert man zum Einerkomplement (B-1) eine Eins, so erhält man das Zweierkomplement (B-Komplement (B-1) + 1).
Mit dem B-Komplement des Subtrahenden (b) kann die Subtraktion auf eine Addition zurückgeführt werden. Folgendes Beispiel im Dezimalsystem soll dies zeigen:

```
    75 (A)                                              75 (A)
  − 33 (B)   B-Komplement des Subtrahenden:          + 67 (K-B)
  = 42       (Zehnerkomplement)                      ↙142   A + (K − B) − K   (42)
```

7.1 Arithmetik im Dualsystem

Der Übertrag an der höchstwertigen (vordersten) Stelle wird gestrichen. Die verbleibende Zahl ist die gesuchte Differenz.

Es gilt: $A - B = A + (K - B) - K = 75 - 33 = 75 + (100 - 33) - 100 = 75 + 67 - 100 = 42$

Weitere Beispiele:

```
     7 (A)      7 (A)           165     165              95      95
   - 4 (B)    + 6 (K - B)      - 12    + 988           - 95     + 5
   = 3₁₀    = 1̶3₁₀             153₁₀   1̶153₁₀          00₁₀    1̶00₁₀
```

In gleicher Weise führt man die Subtraktion von Dualzahlen auf eine Addition des Komplements des Subtrahenden zurück.

Z. B.:   111 (7) (A)   111 (A)   (7)
         − 011 (3) (B) B-Komplement des Subtrahenden: + 101 (K − B) (5)
         ─────   (Zweierkomplement)   ──────
           100 (4)   1̶100 (A + (K − B) − K) (4)

Weitere Beispiele: 1011 (11) (A)   1011 (11) (A)
                   − 0101   (5) (B)   + 1011 (11) (K − B)
                   ──────   ──────
                     0110   (6)   1̶0110 (A + (K − B) − K) (6)

Ebenso kann die Subtraktion mit dem (B-1)-Komplement auf eine Addition zurückgeführt werden. Nach der Addition ist das Ergebnis um Eins zu klein. Der entstehende Übertrag wird deshalb dazuaddiert. Folgende Beispiele im Dezimalsystem zeigen die einzelnen Schritte:

```
  85                            85                    9                              9
- 43   Neunerkomplement:      + 56 (99 − 43)        - 8   Neunerkomplement:        + 1
────                          ─────                 ───                            ───
 42₁₀                         ┌1̶41                    1₁₀                         ┌1̶0
                              └→ +1                                               └→ +1
                              ─────                                               ───
                               42₁₀                                                 1₁₀
```

Ganz entsprechend gilt im Dualsystem:

```
   111 (7)                          111 (7)                11001 (25)            11001 (25)
 − 101 (5)   Einerkomplement:     + 010 (2)              − 01101 (13)          + 10010 (18)
 ──────                           ──────                 ────────              ─────────
  010₂(2)                         ┌1̶001                   01100₂(12)           ┌1̶01011
                                  └→ +1                                         └→ +1
                                  ──────                                       ─────────
                                   010₂(2)                                      1100₂(12)
```

Alle behandelten Beispiele und Regeln gelten unter der Voraussetzung, daß der Betrag des Minuenden größer oder gleich dem des Subtrahenden ist.

7.1.2.4 Zweierkomplementdarstellung der Dualzahlen.

Addiert man zur gegebenen Zahl A deren Einerkomplement $\overline{A}$ so erhält man:

$$A = 1001 \quad (9)$$
$$+\overline{A} = 0110 \quad (6) \text{ Einerkomplement}$$
$$1111_2 \; (15_{10})$$

Das Ergebnis hat immer die Form: 1111 ....

Addiert man zu diesem Ergebnis eine Eins, bildet man also $A + (\overline{A} + 1)$ so erhält man eine Binärzahl von der Form:

$$1\,0000 \text{ bzw.}: 1\,000 \ldots\ldots$$

Abgesehen von der 1 an der werthöchsten Stelle, die den Übertrag in die nächsthöhere Zahl angibt, ist das Ergebnis Null.
Es gilt:

$$A + (\overline{A} + 1) = 0$$

Zahl A plus Zweierkomplement $(\overline{A} + 1)$ ist gleich Null. Oder

$$\overline{A} + 1 = -A.$$

Damit ist das Zweierkomplement der Zahl A, $(\overline{A} + 1)$ eine Darstellung für $-A$ (negative Zahl).
Für vierstellige Dual-Zahlen gilt (Tabelle 7.7)

A	$-A$
0001	1111
0010	1110
0011	1101
0100	1100
0101	1011
0110	1010
0111	1001
1000	1000

Tabelle 7.7 Darstellung der negativen Zahlen

In der Zweierkomplementdarstellung kennzeichnet eine Null an der ersten Stelle eine positive Zahl, eine Eins eine negative Zahl.

Im Zahlenkreis Bild 7.17 sind diese Zusammenhänge für Vierbitzahlen zu erkennen. Bei dieser Darstellungsart liegen die positiven Zahlen auf dem oberen Halbkreis, die negativen auf dem unteren Halbkreis.

Die dem Betrag nach größte Zahl ist $1000_2 \mathrel{\widehat=} -8_{10}$
Bei einer 8-Bit-Zahl wäre dies: $10000000_2 \mathrel{\widehat=} -128_{10}$.
Allgemein also immer eine Zahl von der Form 1000000..
Bildet man das Zweierkomplement dieser Zahl:

7.1 Arithmetik im Dualsystem

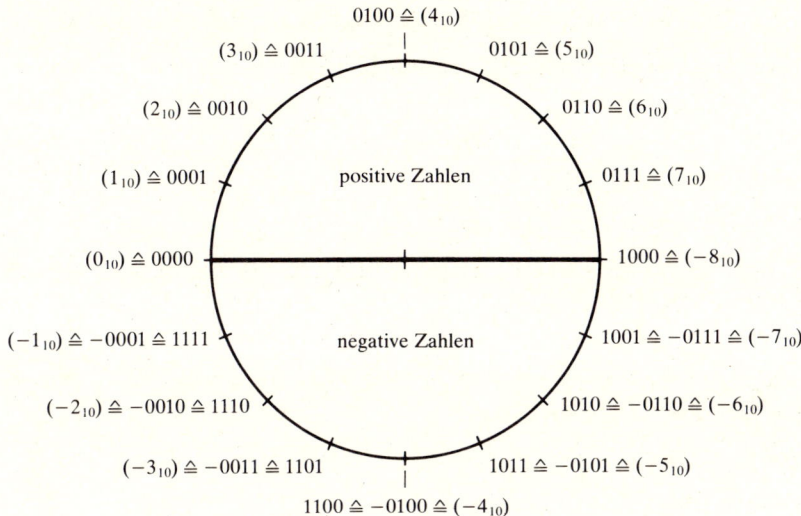

Bild 7.17 Zahlenkreis

$A = 1000_2$; $(\overline{A} + 1) = 1000_2$ so stellt man fest, daß die gegebene Zahl gleich ihrem Zweierkomplement, also der negativen Zahl ist. Diese Eigenschaft hat nur die Zahl Null.

Dies muß vom Programmierer beim Rechnen mit Zweierkomplementzahlen beachtet werden. Es kann zu falschen Ergebnissen führen.

Am Zahlenkreis Bild 7.17 lassen sich die arithmetischen Operationen zeigen.

Z.B.: $6_{10} - 5_{10}$:
```
   0110₂              0110₂
  -0101₂  → Zweierk. +1011₂
   ─────              ──────
   0001₂              00001₂
```

Ausgehend von der positiven Zahl 0110_2 (6_{10}) wird ein Kreisbogen mit 0101_2 (5_{10}) links herum abgetragen.
Die Lösung zeigt 0001_2. Wir sind damit im oberen, positiven Bereich geblieben. (Bild 7.18)

Es wurden bisher nur Aufgaben untersucht, bei denen das Ergebnis positiv war. Nun soll eine Aufgabe untersucht werden, bei der das Ergebnis negativ ist.

Z.B.: $6_{10} - 9_{10} = -3_{10}$ Im Dualsystem:
```
    0110₂
   +0111₂  (Zweierkompl. von 1001)
   ──────
    1101₂ (13)
```

Dieses Ergebnis erscheint zunächst nicht richtig. Wir erinnern uns, daß eine Eins an der ersten Stelle eine negative Zahl angibt. Durch Bildung des Zweierkomplements finden wir, daß dies tatsächlich der richtigen Lösung entspricht (1101 ≙ 0011_2 also minus 3_{10}).

148 7 Arithmetik in verschiedenen Zahlensystemen

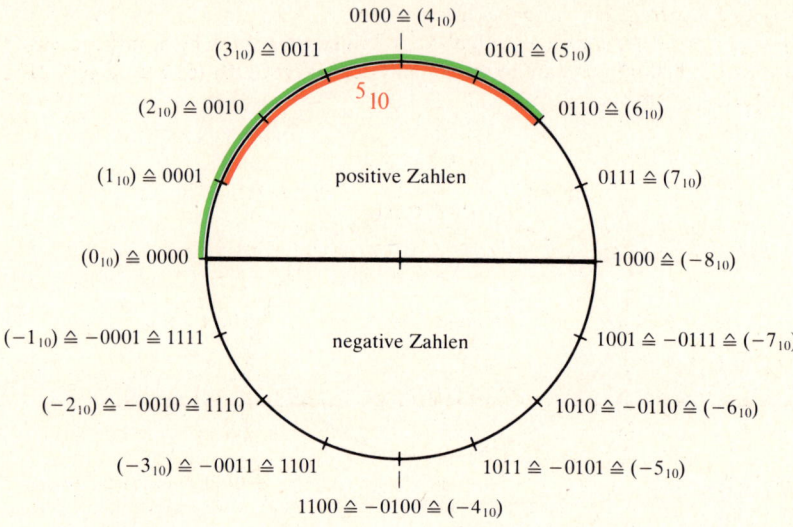

Bild 7.18

Die gleiche Lösung hätte wieder auf dem Zahlenkreis gefunden werden können. Durch Abtragen eines Kreisbogens mit $1001_2 \triangleq 9_{10}$ kommt man auf die richtige Lösung. (Links herum) (Bild 7.19)

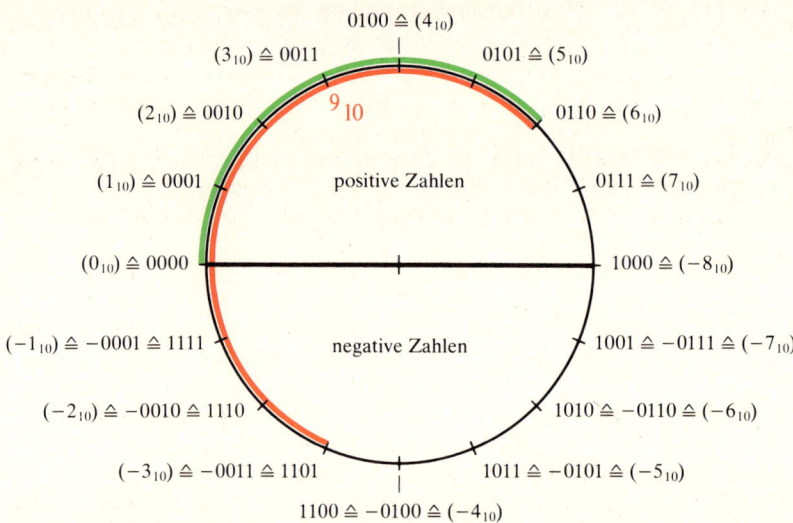

Bild 7.19

7.1 Arithmetik im Dualsystem

Nun wollen wir folgende Aufgabe untersuchen:
$3_{10} + 6_{10} = 9$. Wenn wir diese Aufgabe am Zahlenkreis betrachten, müssen wir an die positive Zahl 0011_2 einen Kreisbogen mit dem Wert 0110_2 (6) antragen. S. Bild 7.20. (Rechts herum)

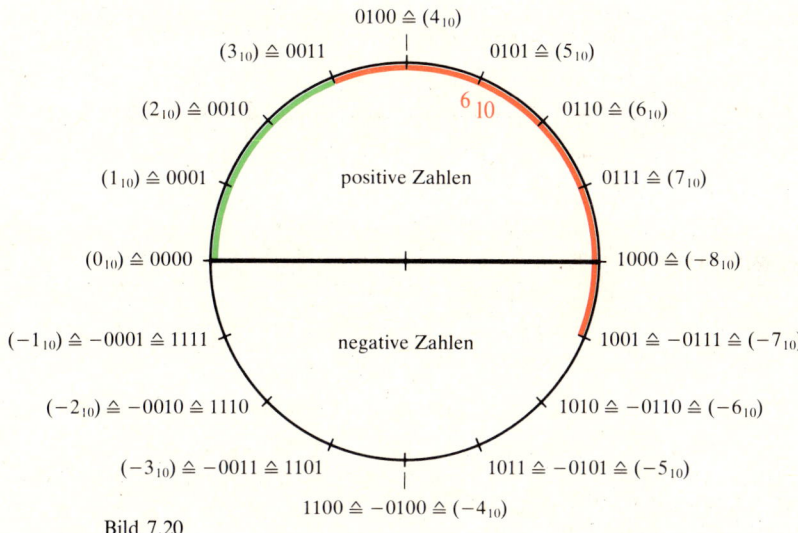

Bild 7.20

Als Ergebnis erhalten wir 1001_2 (-7_{10}). Die Summe ist eine negative Zahl, was offensichtlich ein falsches Ergebnis ist. Diese Operation führt bei der gezeichneten 4-Bit-Darstellung bereits zu einem arithmetischen Überlauf. Wäre eine Darstellung mit fünf Bit gewählt worden, hätten wir das richtige Ergebnis erhalten.
Bei der Zweierkomplementdarstellung wird der vorhandene Zahlenbereich halbiert. (Die werthöchste Ziffer wird zur Kennzeichnung von positiven und negativen Zahlen benötigt).
Ein 4-Bit-Rechner hat deshalb betragsmäßig nur eine 3-Bit-Kapazität. Es entsteht bereits beim Überschreiten der Zahl $0111_2 \triangleq 7$ ein Überlauf.
Der Zahlenbereich des 4-Bit-Rechners reicht also von -8_{10} (1000_2) bis $+7_{10}$ (0111_2).
Demzufolge hat ein 8-Bit-Rechner einen Zahlenbereich von -128_{10} ($1\,000\,0000_2$) bis $+127_{10}$ ($0111\,111_2$).
Wird die Zweierkomplementarithmetik verwandt, so ist außer der Prüfung bezüglich eines Übertrags (carry-flag) eine Prüfung bezüglich des Vorzeichens erforderlich.
Dazu wird das Vorzeichen-Flag (V-Flag oder Negativ-Flag N-Flag) verwendet.
Die Stellung der Flags wird durch ein Programm geprüft. Aufgrund dieses Programmes unternimmt der Rechner geeignete Schritte.
Mit Bild 7.10 wurde gezeigt, wie die Addition der zwei vierstelligen Zahlen A und B (4-Bit-Addierer) durchgeführt werden kann. Dabei wurde das erste Glied als Halbaddierer ausgeführt.

Verwendet man auch an der ersten Stelle einen Volladdierer, der wahlweise mit 1 oder 0 beschaltet wird, so läßt sich eine Schaltung aufbauen, die die Addition und Subtraktion in Zweierkomplementarithmethik durchführen kann. Wird dieser freie Eingang mit 1 beschaltet, so erhöht sich das Ergebnis um 1. Man bezeichnet diesen Eingang als Incrementeingang (INC = Increment = Zuwachs). Ein Addierer mit Incrementierung wird als Ripple-Carry-Addierer bezeichnet. Das so entstandene Addierwerk läßt sich durch entsprechende Logikschaltungen so erweitern, daß sich viele weitere Funktionen verwirklichen lassen. Es ist damit auch die Subtraktion von Binärzahlen möglich. Man erhält damit ein Addier-Subtrahierwerk. Der Einfachheit halber werden in folgendem Bild (7.21) nur 2-Bit-Zahlen verwendet. Also A_0, A_1 und B_0, B_1. Damit sind am Ausgang auch nur zwei Bit vorhanden. Damit entsteht ein 2-Bit-Addier-Subtrahierwerk (Bild 7.21).

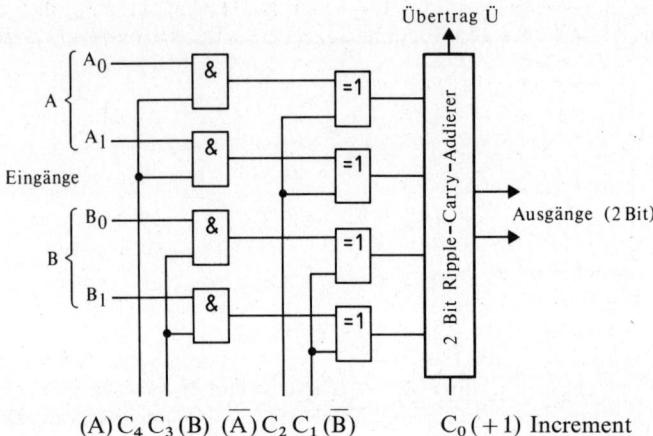

Bild 7.21 2-Bit-Addier-Subtrahierwerk in Zweierkomplementärarithmetik

In vorstehender Schaltung sind A_0, A_1 und B_0, B_1 die Zahlen, die bearbeitet werden sollen.

Mit den Eingängen C_4 und C_3 werden diese Eingangsinformationen über die EX-OR-Glieder dem Addierer zugeführt. Sobald an C_4 oder C_3 1 (H) anliegt, werden die betreffenden Eingänge freigegeben. Mit C_2 und C_1 kann über die EXOR-Glieder dem Addierer eine 1 (H) zugeführt werden. Das Ergebnis ist abhängig von der Eingangsinformation (A_0, A_1 und B_0, B_1).

C_0 ist der Incrementeingang. Mit diesem kann das Ergebnis um 1 erhöht werden. Alle Eingangsinformationen werden damit mit 1 addiert, sofern an diesem Eingang 1 (H) anliegt.

Im folgenden werden einige Eingangskombinationen untersucht.

1.) Alle fünf Schalter (C_4 bis C_0) besitzen 0 (L).

Damit kann keine der Informationen von A und B zum Addierer gelangen. Die entsprechenden UND-Verknüpfungen verhindern dies. Da an C_0 ebenfalls 0 (L) anliegt, erscheint an den Ausgängen 0 (L).

7.1 Arithmetik im Dualsystem

2.) Die Kombination C_4 bis $C_0 = 00001$ ergibt 1. Mit dem Incrementeingang wurde dem Addierer eine 1 zugeführt. Als Resultat erscheint am Ausgang 01_2 also 1_{10}.
3.) Bei der Kombination 00010 wird mit dem Schalter C_1 den unteren beiden EX-OR-Verknüpfungen 1 zugeschaltet. Die Eingänge A und B sind gesperrt. An den UND-Verknüpfungen ist 0 (L) vorhanden.

Es ergibt sich: $B = 00$ (Ebenso $A = 0$)
                  $+C_1 = 11$
Summe: $11_2 \triangleq -1$

Dies ist nach der Zweierkomplementarithmetik minus 1. (Siehe Zahlenkreis. Mit 4 Bit: 1111_2)
4.) Die Kombination 01010 (C_4 bis C_0) gibt die B-Eingänge frei (C_3) und liefert mit C_1 an die entsprechenden EX-OR-Glieder 1 (H). Am Ausgang dieser EX-OR-Glieder kann deshalb folgende Funktionstabelle ermittelt werden (z.B. für B_0):

B_0	C_1	Ausgänge
0	1	1
1	1	0
0	1	1
1	1	0

Tabelle 7.8
Einer-Komplement ($\overline{B_0}$) der Zahl B_0

Dies ist die Negation der Zahl B_0 also deren Einerkomplement ($\overline{B_0}$).
5.) Die Kombination 01011 addiert die vorstehende Kombination mit dem Increment + 1. Es ergibt sich also

$$\overline{B_0} + 1 = -B_0 \quad \text{(Minus B = Zweierkomplement von B)}$$

6.) Die Kombination 11000 gibt sowohl die A-Eingänge, als auch die B-Eingänge frei. Damit wird die Addition A + B gebildet.
7.) Die Kombination 11011 gibt die A-Eingänge und die B-Eingänge frei (C_4, C_3), außerdem wird das Komplement von B gebildet (C_1). Mit C_0 (Increment) wird 1 addiert.
Es wird folgende Operation durchgeführt:

z.B.: $A = 11_2 (3_{10})$ 11_2
        $B = 01_2 (1_{10})$
        $\overline{B} = 10_2$
$\overline{B} + 1 = -B = 11_2$ $+11_2$
Summe: $\cancel{1}10_2 (2_{10})$ $\cancel{1}10_2 (2_{10})$

Damit ist die Subtraktion A − B erfolgt.
Außer den behandelten Kombinationen ergeben sich noch eine Vielzahl von interessanten Ergebnissen.

7 Arithmetik in verschiedenen Zahlensystemen

7.1.2.5 Rechnen mit mehrfacher Genauigkeit!

Der **Zahlenvorrat** eines Rechners mit einer Wortlänge von n Bit ist begrenzt auf 0 bis $2^n - 1$, wenn nur positive Zahlen dargestellt werden.
Bei der Zweierkomplementdarstellung in einem 8-Bit-Mikrocomputer -128_{10} bis $+127_{10}$.
In der Praxis benötigt man einen größeren Zahlenbereich zum Rechnen.

Man rechnet dazu mit **mehrfacher Genauigkeit** (multi precision arithmetic). Zur Darstellung einer Zahl werden dabei **2 oder mehr Rechnerwörter (Bytes) verwendet**.
Diese Rechnerwörter (Bytes) werden **nacheinander also seriell abgearbeitet**.
Das Rechnen mit mehrfacher Genauigkeit ist deshalb **langsamer** als das Rechnen mit einfacher Genauigkeit.
An einem Rechner mit 8 Bit Wortlänge sollen 2 Binärzahlen mit je 24 Bit, also **dreifache Genauigkeit** addiert werden:

```
  0101 1101    0011 1001    1001 0011
+ 0010 0100    1100 0101    1010 0001
                      1                  Übertrag
  ─────────────────────────────────
  1000 0001    1111 1111    0011 0100
```

Diese Aufgabe wird in drei Schritten gelöst.
Zunächst werden die beiden rechts stehenden Wörter im 8 Bit breiten Rechenwerk des Rechners addiert. Es ergibt sich evtl. ein Übertrag. Dieser muß in dem nächsten Wort berücksichtigt werden. Entsteht wieder ein Übertrag, so muß dieser an der dritten Stelle berücksichtigt werden.
Dieses Verfahren läßt sich für *beliebige Genauigkeiten* durchführen, wenn man die Addition unter Berücksichtigung des Übertrags entsprechend oft durchführt.

7.1.3 Multiplikation im Dualsystem

Es gelten folgende einfachen Rechenregeln (Tabelle 7.9):

a	b	c = ab
0	0	0
0	1	0
1	0	0
1	1	1

Tabelle 7.9
Rechenregeln für die Multiplikation im Dualsystem

Wie im Dezimalsystem kann die Multiplikation auf eine Stellenverschiebung mit anschließender Addition zurückgeführt werden. Dies sollen folgende Beispiele zeigen:

7.1 Arithmetik im Dualsystem

$$7 \cdot 3 = 21 \quad \underline{111 \cdot 011} \qquad 15 \cdot 3 \quad \underline{1111 \cdot 011}$$

```
                 000                          0000
                 111                          1111
               + 111                        + 1111
               ───────                      ────────
               10101₂  (21)₁₀               101101₂  (45)₁₀
```

In einfachen Rechnern wird die Multiplikation auf eine wiederholte Addition zurückgeführt. Die Multiplikation 3 · 2 bedeutet, daß 3 plus 3 zu addieren ist. Folgende Addition liefert das gleiche Ergebnis:

```
    3  in Dualzahlen:      11            ebenso 4 · 3:    4        100
  + 3                    + 11                           + 4       + 100
  ────                   ──────                         + 4       + 100
   6₁₀                    110₂  (6)                     ─────     ──────
                                                        12₁₀      1100₂  (12)
```

Dieses Verfahren genügt in Rechnern, bei denen eine geringe Rechengeschwindigkeit gefordert wird.

7.1.4 Division im Dualsystem

Die Division von Dualzahlen kann wie im Dezimalsystem auf eine Subtraktion mit anschließender Stellenverschiebung zurückgeführt werden. Beispiele:

```
  28 : 4 = 7₁₀     11100 : 100 = 111₂
  (Dezimal)        100
                   ─────
                    110
                    100
                    ─────
                     100
                     100
                     ─────
                     000


  27 : 3 = 9       11011 : 11 = 1001
                   11
                   ────
                    00
                    00
                    ────
                     01
                     00
                     ────
                      11
                      11
                      ────
                      00
```

7.2 Arithmetik im Oktalsystem

7.2.1 Addition im Oktalsystem

Die Addition im Oktalsystem unterscheidet sich nicht von der Addition im Dezimal- und im Dualsystem. Es muß lediglich beachtet werden, daß bei Überschreiten der größten Ziffer dieses Systems (7) ein Übertrag auftritt, der den Wert 8 hat.

Z.B.:
$$\begin{array}{ccc} 3 & 3 & 7 \\ +2 & +5 & +5 \\ \hline 5_8 & 10_8 & 14_8 \end{array}$$

Es entstehen im Oktalsystem Überträge, wenn die entsprechenden Dezimalzahlen die Werte 8, 16, 24 usw. erreichen.

7.2.2 Subtraktion im Oktalsystem

Ebenso wie im Dezimalsystem und auch im Dualsystem ist eine Entleihung erforderlich, sobald der Minuend kleiner ist, als die an gleicher Stelle stehende Ziffer des Subtrahenden. Die geliehene Ziffer 1 hat den Wert der Basis, im Oktalsystem also den Wert 8. Folgende Subtraktionen im Oktalsystem sollen dies zeigen: (In Klammer die entsprechenden Dezimalzahlen.)

Z.B.:
$$\begin{array}{ll} 10_8 \ (8_{10}) & 20_8 \ (16_{10}) \\ -6_8 \ (6_{10}) & -16_8 \ (14_{10}) \\ \hline 2_8 \ (2_{10}) & 2_8 \ (2_{10}) \end{array} \quad \begin{array}{l} 1053_8 \ (555_{10}) \\ -64_8 \ (52_{10}) \\ \hline 767_8 \ (503_{10}) \end{array}$$

Entleihung: 1   1   111

7.3 Arithmetik im Hexadezimalsystem

7.3.1 Addition im Hexadezimalsystem

Die Addition im Hexadezimalsystem ist genau so leicht durchzuführen wie im Dezimalsystem, wenn die Besonderheiten dieses Systems beachtet werden. Die Zahlen von 10 bis 15 werden durch die Buchstaben A bis F dargestellt. Es entsteht ein Übertrag, wenn die größte Ziffer des Hexadezimalsystems (F = Fünfzehn) überschritten wird. Der entsprechende Übertrag hat den Wert der Basis des Hexadezimalsystems nämlich 16.

Z.B.:
$$\begin{array}{ccccccccccc} 7 & 2 & 3 & 5 & 4 & 6 & 8 & 7 & 9 & A & F & E & A \\ +2 & +6 & +7 & +6 & +8 & +7 & +6 & +8 & +7 & +3 & +4 & +F & +4 \\ \hline 9 & 8 & A & B & C & D & E & F & 10 & D & 13 & 1D & E \end{array}$$

Mit Vorteil kann zur Addition von Hexadezimalzahlen folgende Additionstafel verwendet werden (Tafel 7.10):

7.3 Arithmetik im Hexadezimalsystem

	0	1	2	3	4	5	6	7	8	9	A	B	C	D	E	F
1		2	3	4	5	6	7	8	9	A	B	C	D	E	F	10
2		3	4	5	6	7	8	9	A	B	C	D	E	F	10	11
3		4	5	6	7	8	9	A	B	C	D	E	F	10	11	12
4		5	6	7	8	9	A	B	C	D	E	F	10	11	12	13
5		6	7	8	9	A	B	C	D	E	F	10	11	12	13	14
6		7	8	9	A	B	C	D	E	F	10	11	12	13	14	15
7		8	9	A	B	C	D	E	F	10	11	12	13	14	15	16
8		9	A	B	C	D	E	F	10	11	12	13	14	15	16	17
9		A	B	C	D	E	F	10	11	12	13	14	15	16	17	18
A		B	C	D	E	F	10	11	12	13	14	15	16	17	18	19
B		C	D	E	F	10	11	12	13	14	15	16	17	18	19	1A
C		D	E	F	10	11	12	13	14	15	16	17	18	19	1A	1B
D		E	F	10	11	12	13	14	15	16	17	18	19	1A	1B	1C
E		F	10	11	12	13	14	15	16	17	18	19	1A	1B	1C	1D
F		10	11	12	13	14	15	16	17	18	19	1A	1B	1C	1D	1E

Tabelle 7.10 Additionstafel für Hexadezimalzahlen

Mit Hilfe dieser Additionstafel (7.10) können auch mehrstellige Hexadezimalzahlen addiert werden. Es ist nur der jeweilige Übertrag zu beachten. In folgenden Beispielen sind jeweils zur Kontrolle die entsprechenden Dezimalzahlen angegeben. Mit der Konvertierungstabelle (6.3) läßt sich einfach die zugehörige Dezimalzahl bestimmen. Beispiele zur Addition von Hexadezimalzahlen:

5AF	$(1\,455_{10})$	DDF	$(3\,551_{10})$	1 FFC	$(8\,188_{10})$
+ 1A3	(419_{10})	+ ABC	$(2\,748_{10})$	+ FFD	$(4\,093_{10})$
752	$(1\,874_{10})$	189B	$(6\,299_{10})$	2 FF9	$(12\,281_{10})$

Umgekehrt kann mit der Konvertierungstabelle 7.11 aus einer gegebenen Dezimalzahl die entsprechende Hexadezimalzahl ermittelt werden. In dieser Tabelle ist für jede Stelle der Dezimalzahl die entsprechende Hexadezimalzahl angegeben. Durch Addition der Hexadezimalzahlen erhält man die der jeweiligen Dezimalzahl entsprechende Hexadezimalzahl.

dezimal	hexadezimal					
10	000 00A	100	000 064	1 000	000 3E8
20	000 014	200	000 0C8	2 000	000 7D0
30	000 01E	300	000 12C	3 000	000 BB8
40	000 028	400	000 190	4 000	000 FA0
50	000 032	500	000 1F4	5 000	001 388
60	000 03C	600	000 258	6 000	001 770
70	000 046	700	000 2BC	7 000	001 B58
80	000 050	800	000 320	8 000	001 F40
90	000 05A	900	000 384	9 000	002 328
10 000	002 710	100 000	018 6A0	1 000 000	0F4 240
20 000	004 E20	200 000	030 D40	2 000 000	1E8 480
30 000	007 530	300 000	049 3E0	3 000 000	2DC 6C0
40 000	009 C40	400 000	061 A80	4 000 000	3D0 900
50 000	00C 350	500 000	07A 120		
60 000	00E A60	600 000	092 7C0		
70 000	011 170	700 000	0AA E60		
80 000	013 880	800 000	0C3 500		
90 000	015 F90	900 000	0DB BA0		

Tabelle 7.11   Konvertierung von Dezimalzahlen in Hexadezimalzahlen

Beispiele zur Anwendung der Konvertierungstafel 7.11

Dezimalzahl: 127: $100 = 000\ 064_{16}$ 345: $300 = 000\ 12C_{16}$
                        $20 = 000\ 014_{16}$ $40 = 000\ 028_{16}$
                        $\underline{\ \ 7 = 000\ 007_{16}}$ $\underline{\ \ 5 = 000\ 005_{16}}$

               Summe: $127 = 000\ 07F_{16}$ $345 = 000\ 159_{16}$

7.3.2   Subtraktion im Hexadezimalsystem

Auch die Subtraktion im Hexadezimalsystem wird gleich durchgeführt wie im Dezimalsystem. Die Entleihung 1 hat den Wert der Basis, im Hexadezimalsystem also 16.

Beispiele: F   1A (26_{10})   2D (45_{10})
            $\underline{-A}$ $\underline{-\ F}$ (15_{10}) $\underline{-E}$ (14_{10})
            5_{16} B_{16} (11_{10}) $1F_{16}$ (31_{10})

            3C (60_{10})   1ABC (6844_{10})   F2C (3884_{10})
            $\underline{-\ A}$ (10_{10}) $\underline{-\ \ FD}$ (253_{10}) $\underline{-ABC}$ (2748_{10})
            32_{16} (50_{10}) $19\,BF_{16}$ (6591_{10}) 470_{16} (1136_{10})

7.4 Die logische Verknüpfung von Dualzahlen

Es werden jeweils die an der gleichen Stelle stehenden Bits entsprechend der verlangten Verknüpfung verglichen.

7.4.1 UND-Verknüpfung zweier Dualzahlen

Es entsteht dann und nur dann 1 wenn alle an der gleichen Stelle stehenden Bits 1 besitzen. Z. B.:

$A =\ \ \ \ \ \ 1001\,1101_2\ \ 9D_{16}$
$B =\ \ \ \ \ \ \underline{1110\,0011_2\ \ E5_{16}}$
$A \wedge B =\ 1000\,0001_2\ \ 81_{16}$

7.4.2 ODER-Verknüpfung zweier Dualzahlen

Es ergibt sich immer dann 1, wenn an einer der zu vergleichenden Stellen 1 auftritt. Z. B.:

$A =\ \ \ \ \ \ 0100\,1110_2\ \ 4E_{16}$
$B =\ \ \ \ \ \ \underline{1101\,0010_2\ \ D2_{16}}$
$A \vee B =\ 1101\,1110_2\ \ DE_{16}$

7.4.3 Exklusiv-ODER (EX-OR)

Wenn an einer der zu vergleichenden Stellen 1 vorhanden ist, ergibt sich 1. Nicht jedoch, wenn an zwei Stellen gleichzeitig 1 auftritt. Z. B.:

$A = 1010\,0111_2\ \ A7_{16}$
$B = \underline{1101\,1101_2\ \ DD_{16}}$
$\ \ \ \ \ \ \ 0111\,1010_2\ \ 7A_{16} \triangleq (A\overline{B} \vee \overline{A}B)$

7.4.4 NAND

Nur wenn an den zu vergleichenden Stellen 0 vorhanden ist, entsteht 1. Z. B.:

$A\ \ -\ 1001\,1001_2\ \ 99_{16}$
$B\ \ =\ \underline{0100\,1000_2\ \ 48_{16}}$
$\overline{AB} =\ 0010\,0110_2\ \ 26_{16}$

7.4.5 NOR

Nur wenn an allen zu vergleichenden Stellen 0 auftritt erscheint an der betreffenden Stelle 1. Z. B.:

$A =\ 1001\,0110_2\ \ 96_{16}$
$B =\ \underline{0001\,0100_2\ \ 14_{16}}$
$\overline{A \vee B} =\ 0110\,1001_2\,69_{16}$

8 Codierung

In DIN 44300 ist folgende Definition für Codes enthalten: Unter einem Code versteht man eine Vorschrift für die eindeutige Zuordnung zwischen zwei Mengen (Alphabeten). Diese Zuordnung muß nicht notwendigerweise umkehrbar sein, ist es jedoch in den allermeisten Fällen. Die Zuordnung der römischen Zahlen zu den arabischen Zahlen ist ein Code. Wir erinnern uns folgender Zuordnung:

römische Zahl	arabische Zahl
I	1
IV	4
V	5
VI	6
X	10
C	100
M	1000

Es entspricht also der arabischen Zahl 1 3 3 6 die römische Zahl: M CCC XXX VI.
In den Funktionstabellen haben wir den einzelnen Spalten eine Wertigkeit zugeordnet und erhielten durch Bilden der Quersumme die entsprechende Dezimalzahl

z.B.:

Dezimalzahl	C	B	A
Wertigkeit	2^2	2^1	2^0
0	L	L	L
1	L	L	H
2	L	H	L
3	L	H	H
4	H	L	L
5	H	L	H
6	H	H	L
7	H	H	H

Tabelle 8.1
3 Bit-Dualcode

8.1 Die tetradischen Codes

Die Bezeichnung „Bit" ist die Abkürzung für „**bi**nary dig**it**" und bedeutet zweiwertige Ziffer. Ebenso wie das Wort „Drei" vier Buchstaben lang ist, ist das Binärwort LLL oder LLH drei Bit lang.

Vorstehender Code wird Dualcode genannt, weil er mit den beiden Dualzahlen 0 und 1 dargestellt werden kann. Setzt man für L = 0 und für H = 1 und bildet die Quersumme, so erhält man die entsprechende Dezimalzahl. Da nur zwei verschiedene Symbole benötigt werden, nennt man diese Codes auch Binärcodes. Die binäre Codierung ist außerordentlich vorteilhaft, da nur zwei Zustände (Schalter geschlossen – Schalter offen. Spannung niedrig–L und Spannung hoch–H) unterschieden werden müssen. Die binäre Codierung wird deshalb bevorzugt angewandt.

Zur Codierung von Dezimalzahlen könnte demzufolge das Dualsystem benutzt werden. Jeder Dezimalzahl würde bei dieser Codierung eine Dualzahl zugeordnet. Für die Dezimalzahl 18 ergibt sich die Dualzahl: 10010. Diese reine duale Codierung wird seltener angewandt. Statt dessen codiert man jede Stelle der Dezimalzahl getrennt. Zum Codieren der Dezimalzahlen von 0 bis 9 sind vierstellige Dualzahlen erforderlich (4 Bit). Es ergeben sich tetradische Codes.

8.1 Die tetradischen Codes

Stellenwert	D C B A 8 4 2 1	D C B A 8 4 2 1	D C B A 2 4 2 1	D C B A keine	D C B A keine
0	L L L L	L L L L	L L L L	Pseudotetraden	L L L L
1	L L L H	L L L H	L L L H		L L L H
2	L L H L	L L H L	L L H L		L L H L (3)
3	L L H H	L L H H	L L H H	L L H H (0)	L L H H (2)
4	L H L L	L H L L	L H L L	L H L L (1)	L H L L (7)
5	L H L H	L H L H	Pseudotetraden	L H L H (2)	L H L H (6)
6	L H H L	L H H L		L H H L (3)	L H H L (4)
7	L H H H	L H H H		L H H H (4)	L H H H (5)
8	H L L L	H L L L		H L L L (5)	Pseudotetraden
9	H L L H	H L L H		H L L H (6)	
10	H L H L	Pseudotetraden		H L H L (7)	
11	H L H H		H L H H (5)	H L H H (8)	
12	H H L L		H H L L (6)	H H L L (9)	H H L L (8)
13	H H L H		H H L H (7)		H H L H (9)
14	H H H L		H H H L (8)	Pseudotetraden	Pseudotetraden
15	H H H H		H H H H (9)		
	Dualsystem	**BCD**	**Aiken**	**3-Exzess**	**Gray**

Tabelle 8.2 Einige tetradisch-dekadische Codes

Terme, die gleich weit von der Symmetrielinie entfernt sind, ergeben sich durch Vertauschen von L und H.

Z. B.: Dualsystem 7_{10} L H H H
8_{10} H L L L

Mit vier Stellen einer Dualzahl lassen sich 16 Binärausdrücke bilden. Zur Darstellung der Ziffern von 0 bis 9 werden jedoch nur 10 Ausdrücke benötigt. Es bleiben also sechs Tetraden übrig. Dies sind die sog. Pseudotetraden. Je nach Anordnung der Pseudotetraden ergeben sich unterschiedliche Codes.
Beispiele zur Codierung von Dezimalzahlen:
Für die Zahl 15 ergibt sich im Dualsystem: HHHH, im BCD-Code: LLLH LHLH, im Aiken-Code: LLLH HLHH, im 3-Exzess: LHLL HLLL und im Gray-Code: LLLH LHHH.
Für die Dezimalzahl 33 ergibt sich:
Dualsystem: HLLLLH, im BCD-Code: LLHH LLHH, im Aiken-Code: LLHH LLHH, im 3-Exzess-Code: LHHL LHHL, im Gray-Code: LLHL LLHL.
Man nennt diese Art der Codierung auch binäre Zifferncodierung.

8.1.1 Der BCD-Code (Früher Dualcode genannt)

Der BCD-Code (*b*inary *c*oded *d*ezimal) verwendet die ersten zehn der 16 möglichen Kombinationen. Die Stellenwertigkeit dieses Codes entspricht der Wertigkeit im Dualsystem (8, 4, 2, 1). Nachteilig bei diesem Code ist, daß bei Ausfallen der Versorgungsspannung das Codewort LLLL also die Null angezeigt wird. Dieser Code kann bei Zählern angewandt werden. Zum Rechnen ist dieser Code jedoch schlecht geeignet, wie folgende Beispiele zeigen:

```
    2        0010        3        0011        5        0101
   +5       +0101       +6       +0110       +7       +0111
   ──       ─────       ──       ─────      ──       ─────
    7        0111        9        1001       12        1100    Führt zu einer
                                                               Pseudotetraden.
```

Wenn die Resultate im Zahlenraum von 0 bis 9 liegen, ergeben sich richtige Lösungen. Im Zahlenraum von 10 bis 15 ergibt sich kein Übertrag. Erst bei 16 wird ein Übertrag gebildet. Ist das Ergebnis gleich oder größer 10, so ist eine Korrektur erforderlich. Es muß eine 6_{10}: 0110 zum Ergebnis addiert werden.

```
In obigem Beispiel:   5       0101            6       0110
                     +7      +0111           +9      +1001
                     ──      ─────           ──      ─────
                     12       1100           15       1111        Pseudotetrade
Korrektur:                   +0110  (6)              +0110
                             ─────                   ─────
                             0001/0010               0001/0101
                              1    2                  1    5
```

Dieser Code ist nicht symmetrisch, dadurch wird die Bildung des Neunerkomplements erschwert.

8.1.2 Der 3-Excess-Code

Dieser Code entsteht durch Addition der dualen 3 = 0011 zu den Dualzahlen. Pseudotetraden sind 0, 1 und 2 sowie 13, 14 und 15 (dual). Dieser Code ist symmetrisch bezüglich der Symmetrielinie zwischen 4 und 5. Durch Vertauschen von H mit L in der Tetrade mit gleichem Abstand von dieser Symmetrielinie entsteht die neue Tetrade.

8.1 Die tetradischen Codes

In diesem Code erhält man durch Komplementieren eines Binärausdrucks gleichzeitig das Codewort für das Neuner-Komplement der zugehörigen Dezimalzahl.
Z. B.: für die Dezimalzahl 1 gilt 0100 (LHLL).
Das Komplement (L mit H vertauscht) 1011 (HLHH) ergibt 8.
Dies ist das Neuner-Komplement zu 1.
Bei der Addition im 3-Exzeßcode ist folgende Korrekturvorschrift zu beachten: Entsteht kein Übertrag, so muß die Dualzahl 0011 bzw. LLHH (dezimal 3) subtrahiert werden; entsteht ein Übertrag, so muß die Dualzahl 0011 bzw. LLHH addiert werden.

```
Beispiele:     2    0101              5    1000
              +3    0110             +7    1010

Summe:         5    1011             12   10010

Korrektur:         -0011                  +0011

               5  = 1000             12 = 10101
```

Diese Korrekturvorschrift läßt sich verhältnismäßig leicht verwirklichen. Der Übertrag kann die Korrektur steuern. Dieser Code vermeidet das Codewort LLLL, das bei Ausfall der Spannung entsteht. Ebenso wird das Codewort HHHH nicht benötigt. Dieser Code besitzt keine Bewertung der einzelnen Stellen.

8.1.3 Der Aiken-Code

Beim Aiken-Code liegen die Pseudotetraden in der Mitte. Sie entsprechen den Dezimalzahlen 5 bis 10. Es werden nur die ersten und letzten 5 Tetraden verwendet. Auch dieser Code ist symmetrisch bezüglich der eingezeichneten Symmetrielinie. Ebenso erhält man durch Komplementieren eines Binärausdrucks das Codewort für das Neunerkomplement der zugehörigen Dezimalzahl.
Z. B.: für die Dezimalzahl 2 gilt 0010 (LLHL), im Aiken-Code ergibt sich als Neuner-Komplement (L mit H vertauscht): 1101 (HHLH) = 7.
Die Korrekturvorschrift im Aiken-Code ist etwas komplizierter als im 3-Excess-Code. Es sind drei Bedingungen zu beachten:

1) Eine Korrektur ist nur erforderlich, wenn eine Pseudotetrade entsteht.
2) Ergibt sich eine Pseudotetrade ohne Übertrag, so muß die Dualzahl 0110 (6) addiert werden.
3) Ergibt sich eine Pseudotetrade mit Übertrag, so muß die Dualzahl 0110 (6) subtrahiert werden.

```
Beispiele:   4    0100  (LHLL)        1    0001   LLLH
            +5    1011  (HLHH)       +4    0100   LHLL

             9    1111  (HHHH)             0101   Pseudotetrade ohne Übertrag
             keine Korrektur nötig        +0110   (6)  Korrektur

                                       5 = 1011
```

```
       6  1100   (HHLL)
      +7  1101   (HHLH)
         11001   (HHLLH)  Pseudotetrade mit Übertrag
        −0110    (6)      Korrektur
   13 = 1/0011
          3
```

Bei diesem Code sind die einzelnen Stellen bewertet: (2421). Die codierte Dezimalziffer ergibt sich als Summe der Wertigkeiten der Stellen, die den Zustand (H = 1) haben. Z.B.: 4 im Aiken-Code: $0 \cdot 2 + 1 \cdot 4 + 0 \cdot 2 + 0 \cdot 1 = 4$.

8.1.4 Der Gray-Code

Ordnet man die Binärausdrücke entsprechend der zugeordneten Dezimalzahl, so erhält dieser Code folgende Form:

	DCBA
0	LLLL
1	LLLH
2	LLHH
3	LLHL
4	LHHL
5	LHHH
6	LHLH
7	LHLL
8	HHLL
9	HHLH

Tabelle 8.3 Gray-Code und Code-Lineal

Aus der Tabelle 8.3 mit dem zugehörigen Code-Lineal ist eine wichtige Eigenschaft dieses Codes zu erkennen. Zwischen 0 und 9 ändert sich beim Übergang von einem Codewort auf das nächstfolgende immer nur eine Binärstelle (1 bit). Man nennt Codes, die diese Eigenschaft besitzen, einschrittige (progressive) Codes.

8.1 Die tetradischen Codes

Bei anderen mehrschrittigen Codes (BCD, Aiken, 3-Exzess) besteht die Gefahr, daß beim Übergang von einem Codewort auf das nächste unzulässige, falsche Informationen entstehen.
Im BCD-Code kann folgender Wechsel entstehen:

    3 LLHH
    4 LHLL

Während des Übergangs kann kurzzeitig die Kombination LHHH also sieben vorhanden sein.
Einschrittige Codes werden vor allem dann angewandt, wenn die Codierung über eine Abtastvorrichtung vorgenommen wird, bei der nicht gewährleistet ist, daß beim Übergang von einem Binärwort zum nächsten der Signalwechsel für alle vier Bit gleichzeitig erfolgt.
Solche Codes können sehr einfach mit Hilfe der Karnaugh-Diagramme entwickelt werden. In diesen Diagrammen ändert sich beim Übergang von einem Feld auf das nächste jeweils eine Variable.

Für den Gray-Code ergibt sich folgendes KV-Diagramm:

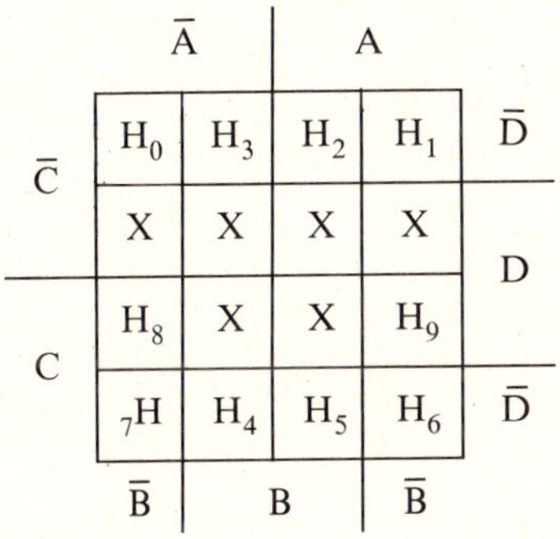

Bild 8.1 Karnaugh-Diagramm für den Gray-Code

Im Karnaugh-Diagramm (Bild 8.1) sind die mit X bezeichneten Felder die Pseudotetraden.
Ordnet man das Karnaugh-Diagramm etwas anders an, so ist die Entstehung des Codes besser zu erkennen:

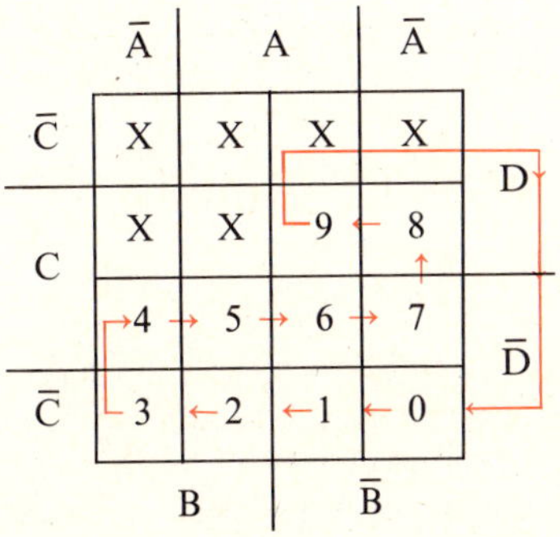

Bild 8.2 Karnaugh-Diagramm für den Gray-Code mit anderer Anordnung der Felder

Aus Bild 8.2 ist ersichtlich, daß sich in diesem Code jeweils eine Variable ändert, sofern man im Bereich 0 bis 9 bleibt. Beim Übergang von 9 (DC$\overline{\text{B}}$A = HHLH) zu 0 ($\overline{\text{D}}$ $\overline{\text{C}}$ $\overline{\text{B}}$ $\overline{\text{A}}$ = = LLLL) ändern sich drei Variable, deshalb ist dieser Code zwar einschrittig jedoch nicht zyklisch.

Nützt man alle 16 Möglichkeiten aus, die sich mit 4 bit (4 Variablen) ergeben, so kann man einen reinen einschrittigen Code aufbauen.

Durch Ergänzen des KV-Diagramms (Bild 8.2) kann der erweiterte Gray-Code entwickelt werden. (Bild 8.3)

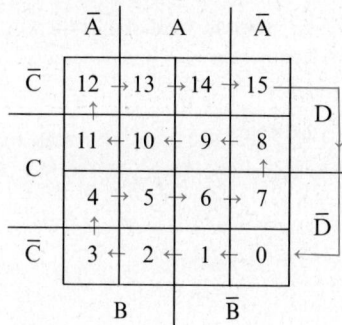

Bild 8.3 KV-Diagramm des erweiterten Gray-Codes

Tabelle 8.4 zeigt die Funktionstabelle des erweiterten Gray-Codes.

	DCBA
0	LLLL
1	LLLH
2	LLHH
3	LLHL
4	LHHL
5	LHHH
6	LHLH
7	LHLL
8	HHLL
9	HHLH
10	HHHH
11	HHHL
12	HLHL
13	HLHH
14	HLLH
15	HLLL

Tabelle 8.4 Erweiterter Gray-Code

8.1 Die tetradischen Codes   165

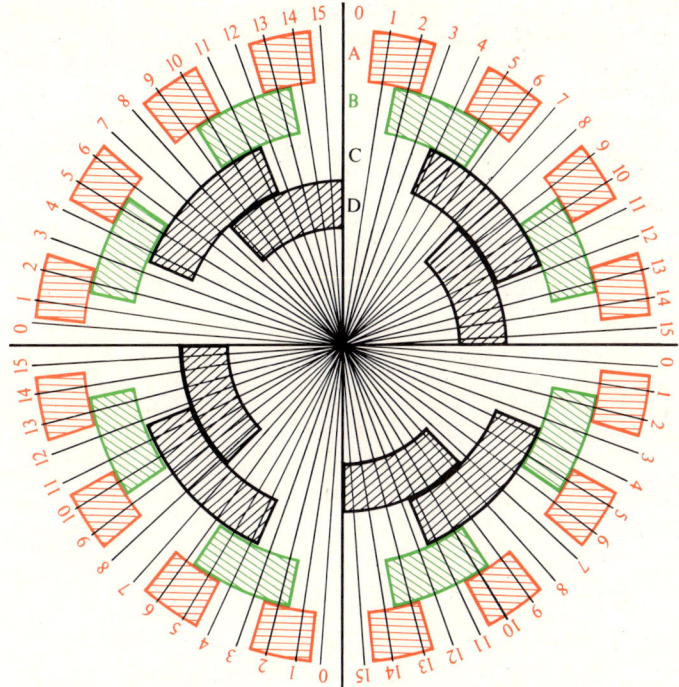

Bild 8.4 Codescheibe eines Winkelcodierers entsprechend Codetabelle 8.4 (erweiterter Gray-Code)

Dieser Code wird bei Winkelcodierern verwendet. Winkelcodierer sind Analog-Digital-Wandler. Jeder Winkelgröße einer Welle ist eine bestimmte Binärkombination zugeordnet. Am Ausgang erscheint die Winkelgröße in digitaler Form. Der Code wird auf eine Codescheibe übertragen. (Bild 8.4).
Um eine möglichst genaue Anzeige zu erhalten, ist der Code vier Mal aufgetragen.

8.1.5   Glixon- und O'Brien-Code (einschrittige-progressive Codes)

Der erweiterte Gray-Code ist kein dekadischer Code mehr. Von Glixon und O'Brien wurden einschrittige, dekadische und zyklische Codes entwickelt. Die folgenden KV-Diagramme zeigen diese Codes. (Bild 8.5 und 8.6 und Tabellen 8.5 bzw. 8.6)

	DCBA
0	LLLL
1	LLLH
2	LLHH
3	LLHL
4	LHHL
5	LHHH
6	LHLH
7	LHLL
8	HHLL
9	HLLL

Tabelle 8.5 Glixon-Code

	DCBA
0	LLLH
1	LLHH
2	LLHL
3	LHHL
4	LHLL
5	HHLL
6	HHHL
7	HLHL
8	HLHH
9	HLLH

Tabelle 8.6 O'Brien-Code

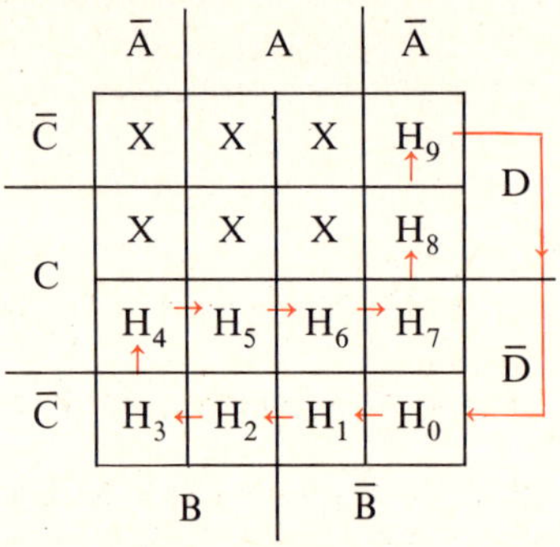

Bild 8.5 KV-Diagramm des Glixon-Codes

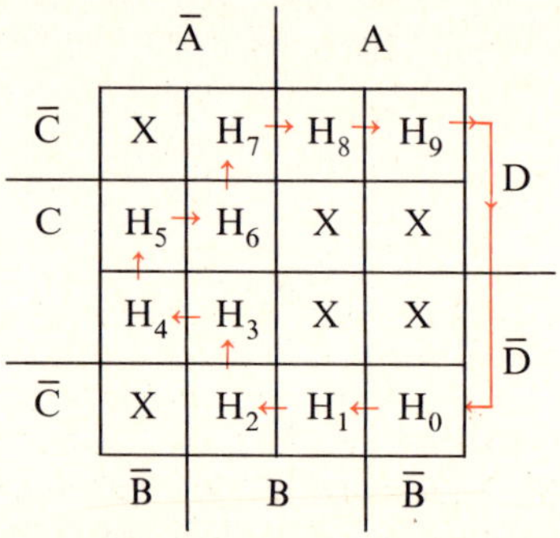

Bild 8.6 KV-Diagramm des O'Brien-Codes

8.2 Codes mit anderen Stellenzahlen auch „m aus n"-Codes genannt

Die bisherigen tetradischen Codes zeichneten sich durch eine Wortlänge von 4 bit aus. Die nun betrachteten Codes haben die Wortlänge von n bit. Von diesen haben m den Wert H. Ein Beispiel ist der 1 aus 10 Code. Dieser Code wird zum Codieren und Decodieren von Dezimalzahlen verwendet. Weitere Codes dieser Gruppe sind der 2 aus 5-, der Biquinär- und der Fernschreibcode (Tabelle 8.7)

	1 aus 10-Code	2 aus 5-Code	Biquinär	Fernschreibcode
0	HLLLLLLLLL	HHLLL	HLLLLL	HLHHL
1	LHLLLLLLLL	HLHLL	LHLLLL	HLHHH
2	LLHLLLLLLL	LHHLL	LLHLLL	HLLHH
3	LLLHLLLLLL	HLLHL	LLLHLL	LLLLH
4	LLLLHLLLLL	LHLHL	LLLLHL	LHLHL
5	LLLLLHLLLL	LLHHL	HLLLLH	HLLLL
6	LLLLLLHLLL	HLLLH	LHLLLH	HLHLH
7	LLLLLLLHLL	LHLLH	LLHLLH	LLHHH
8	LLLLLLLLHL	LLHLH	LLLHLH	LLHHL
9	LLLLLLLLLH	LLLHH	LLLLHH	HHLLL

Tabelle 8.7   Nichttetradische Codes

Beim 1 aus 10 Code werden 10 bit benötigt. In jeder Binärkombination tritt H nur einmal auf.
Ebenso wie der 1 aus 10-Code besitzt der 2 aus 5-Code in jedem Codewort eine konstante Zahl von H und L (2mal H und 3mal L).
Bei automatischen Briefverteilungsanlagen werden die Postleitzahlen im 2 aus 5-Code auf die Briefumschläge gedruckt.
Für Anzeigen mit sieben Segmenten ergibt sich folgender Code, wenn die einzelnen Segmente mit L angesteuert werden (Bild 8.7):

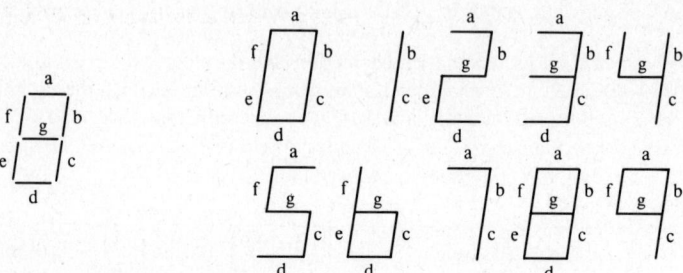

Bild 8.7 Zuordnung der sieben Segmente zu den entsprechenden Dezimalzahlen

Dezimalzahl	Segmente						
	a	b	c	d	e	f	g
0	L	L	L	L	L	L	H
1	H	L	L	H	H	H	H
2	L	L	H	L	L	H	L
3	L	L	L	L	H	H	L
4	H	L	L	H	H	L	L
5	L	H	L	L	H	L	L
6	H	H	L	L	L	L	L
7	L	L	L	H	H	H	H
8	L	L	L	L	L	L	L
9	L	L	L	H	H	L	L

Tabelle 8.8 Code für die 7-Segmentanzeige

8.3 Codes für Zahlen und Buchstaben (Alphanumerische Codes)

Bei den Tetradencodes wurden vier bit zur Darstellung der Zahlen von 0 bis 9 benötigt. Die restlichen 6 Binärkombinationen waren die Pseudotetraden. Je nach Anordnung dieser Pseudotetraden ergaben sich unterschiedliche Codes.

8.3 Codes für Zahlen und Buchstaben (Alphanumerische Codes)

8.3.1 Der Hexadezimalcode

Im Hexadezimalsystem (6.3) werden 16 Zeichen benötigt. Die Zeichen von 10 bis 15 werden durch die Buchstaben A bis F dargestellt. Dies ergibt den alphanumerischen Hexadezimalcode. (Tabelle 8.9)

	DCBA	
0	LLLL	
1	LLLH	
2	LLHL	
3	LLHH	Zahlen
4	LHLL	
5	LHLH	
6	LHHL	
7	LHHH	
8	HLLL	
9	HLLH	
A	HLHL	
B	HLHH	
C	HHLL	Buchstaben
D	HHLH	
E	HHHL	
F	HHHH	

Tabelle 8.9 Hexadezimalcode

Mit diesem Code können 16 verschiedene Zeichen verschlüsselt werden. Bis zur Ziffer 9 entspricht dieser Code dem BCD-Code (8421).

Sollen die zehn Ziffern und die 26 Buchstaben des Alphabets, sowie etwa 15 Satz- und sonstige Zeichen verschlüsselt werden, so werden $2^6 = 64$ Binärkombinationen benötigt. Man nennt einen solchen Code einen Hexadencode. Die Zahl der tatsächlich benötigten Kombinationen beträgt 51. Es bleiben also 13 Pseudohexaden übrig.

170   8 Codierung

8.3.2   Der Lochkartencode

Jede Spalte der Lochkarte kann ein Zeichen aufnehmen. Es gibt Lochkarten mit 80 und 90 Spalten. Es können also je nach Ausführung 80 bzw. 90 Zeichen untergebracht werden. Die Verschlüsselung der Zahlen und Buchstaben zeigt Bild 8.8.

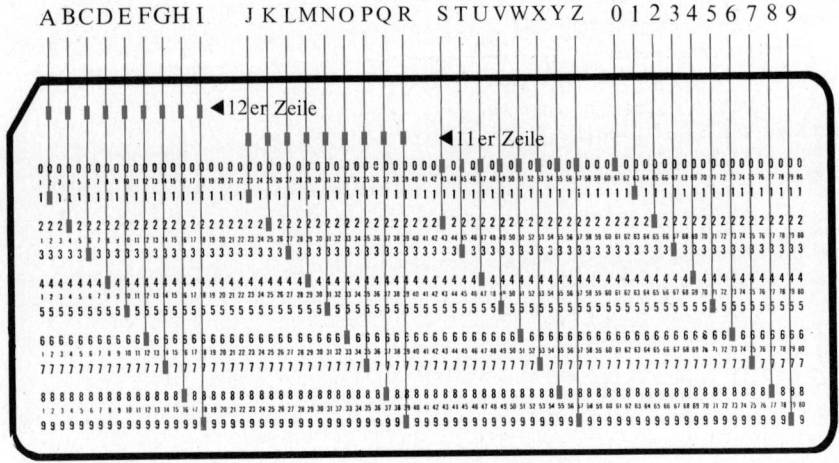

Bild 8.8   Lochkartencode (Zahlen und Buchstaben)

Ist gleichzeitig eine Lochung in der Zeile 0 und den Zeilen 1 bis 9 vorhanden, so spricht man von einer Überlochung.
Die Lochkarte (Bild 8.8) besitzt 12 Zeilen und 80 Spalten (kleingedruckt die Spaltennumerierung). Sie wird spaltenweise gelesen.
Löcher in der obersten, der 12. Zeile, ergeben mit einem zusätzlichen Loch die Buchstaben A bis I.
Löcher in der 11. Zeile ergeben die Buchstaben J bis R.
Löcher in der Zeile 0 ergeben die Buchstaben S bis Z.
Für die Buchstaben sind jeweils zwei Lochungen nötig.
Der Buchstabe A ergibt sich durch folgende Lochung:
Loch in Zeile 12 und Zeile 1.
Für Z: Loch in Zeile 0 und in Zeile 9.
Für die Zahlen von 0 bis 9 ist nur ein Loch erforderlich.
Mit zusätzlichen Lochungen in Zeile 8 können weitere Zeichen codiert werden. Die vollständige Code-Tabelle zeigt Tabelle 8.10.
Die abgeschnittene Ecke der Lochkarte dient zum Auffinden falsch einsortierter Karten im Stapel.

8.3 Codes für Zahlen und Buchstaben (Alphanumerische Codes)

Lochung	12	11	0	–
–	&	–	0	SP
1	A	J	/	1
2	B	K	S	2
3	C	L	T	3
4	D	M	U	4
5	E	N	V	5
6	F	O	W	6
7	G	P	X	7
8	H	Q	Y	8
9	I	R	Z	9
2–8	¢	!	Leerstelle	:
3–8	.	$	,	#
4–8	<	*	%	@
5–8	(	)	_	'
6–8	+	;	>	=
7–8	|	¬	?	"

Tabelle 8.10   Code-Tabelle für den Lochkartencode

Beispiele zur Codierung mit dieser Tabelle (8.10).
Das Ausrufezeichen ! erfordert folgende drei Lochungen:
Zeilen: 11, 2 und 8.
Das Gleichheitszeichen = Lochung in Zeilen 6 und 8.

8.3.3   Die Lochstreifencodes

Das Lochstreifenband wird in Kanäle (Spuren) unterteilt. Nach der Zahl der Kanäle, die eine Information enthalten, unterscheidet man 8-Kanallochstreifen und 5-Kanallochstreifen. Bei allen Lochstreifen ist zusätzlich eine Taktspur vorhanden.

8.3.3.1 8-Spurcode

Als Beispiel für einen 8-Spurcode zeigt Tabelle 8.11 den Programmcode 8 B.

Lfde. Nr.	Programm-Bedeutung	Progr. Symbol	Spur-Nr. 8	7	6	5	4	3	2	1
1	Dezimal-Ziffer 0	0			●		●			
2	— " — 1	1					●			●
3	— " — 2	2					●		●	
4	— " — 3	3				●	●		●	●
5	— " — 4	4					●	●		
6	— " — 5	5				●		●		●
7	— " — 6	6				●		●	●	
8	— " — 7	7						●	●	●
9	— " — 8	8					●	●		
10	— " — 9	9				●	●	●		●
11	Vorzeichen —	—		●			●			
12	+	+		●	●		●			
13	Spindeldrehzahl	a		●	●			●		●
14	Hilfsfunktion	d		●	●			●	●	
15	Vorschubgeschwindigkeit	h		●	●		●	●		
16	Koordin. X$_2$	i		●	●	●	●			●
17	— " — Y$_2$	k		●		●		●		●
18	— " — Z$_2$	l		●				●		● ●
19	Werkzeugauswahl	n		●				●	●	●
20	Satznummer	o		●				●	●	
21	Winkel Δ_1	r		●			●	●		●
22	Wegbedingung	s			●	●		●		●
23	Winkel Δ_2	v			●			●	●	●
24	Koordin. X$_1$	x			●	●		●	●	●
25	— " — Y$_1$	y			●	●	●	●		
26	— " — Z$_1$	z			●		●	●		
27	Irrung	IRR	●	●	●	●	●	●		●
28	Bandlauf	ZWR				●		●		
29		$<\equiv$	●					●		
30		TAB		●	●	●	●	●	●	
31	Programm Anfang	t		●			●		●	●
32	Programm Ende	END					●	●	●	●

Tabelle 8.11 Programm-Code 8B (Teil des IBM-8-Kanalcode)

8.3 Codes für Zahlen und Buchstaben (Alphanumerische Codes)

In den Spuren 1 bis 4 läßt sich für die Zahlen von 0 bis 9 der BCD-Code (Tabelle 8.2) erkennen.
Zur Fehlererkennung wurde den Dezimalziffern in den Spuren 5 und 6 jeweils ein Zusatzloch zugeordnet, für die Fälle in denen die Lochzahl gerade ist. Die Lochzahl aller Zeichen ist ungerade (Paritätskontrolle). Dieser Code wird sehr häufig bei numerischen Werkzeugmaschinensteuerungen verwandt.

8.3.3.2 5-Spurlochstreifencodes

Der 5-Spurlochstreifencode CCIT wurde bereits im Jahre 1932 genormt. Er wird zur Nachrichtenübermittlung im Fernschreibnetz benutzt.
Da nur fünf Spuren vorhanden sind, können eigentlich nur $2^5 = 32$ Binärkombinationen gebildet werden. Dies ist jedoch für die Codierung von Zahlen und Buchstaben nicht ausreichend. Man ordnet deshalb jeder Binärkombination zwei Zeichen zu und spricht von einer Doppelbelegung.
Durch einen Umschaltbefehl wird festgelegt, ob es sich bei den folgenden Kombinationen um Buchstaben (Bu = HHHHH) oder Ziffern (Zi = HHLHH) handelt.
Die wichtigsten Buchstaben und Zahlen zeigen die Lochstreifen in Bild 8.9.

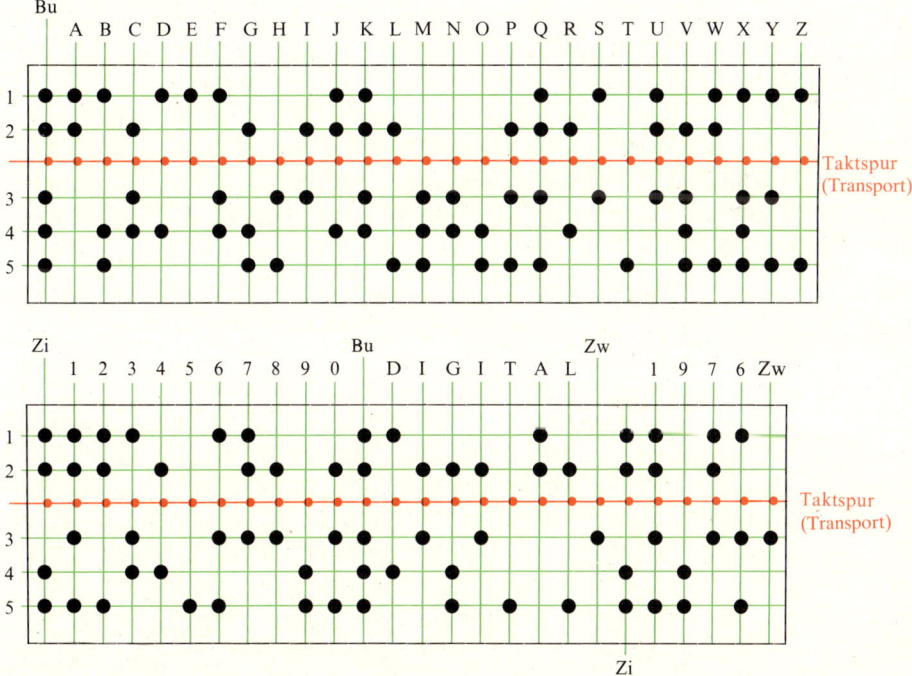

Zi = Ziffern, Bu = Buchstaben, Zw = Zwischenraum

Bild 8.9   Lochstreifen im CCIT-Code

Von den 32 möglichen Kombinationen wird die Kombination: kein Loch (LLLLL) nicht ausgenützt.

Mit der Kombination HHHHH (Bu) können Fehllochungen gelöscht werden.
Tabelle 8.12 zeigt die vollständige Codetabelle für den Telegrafencode CCIT 2.

Nr.	1	2	T	3	4	5	Buchst.	Ziffern	
1	●	●	●				A	—	
2	●		●		●	●	B	?	
3		●	●	●	●		C	:	
4	●		●		●		D	+	Wer da?
5	●		●				E	3	
6	●		●		●	●	F		⎫
7		●	●		●	●	G		⎬ frei für Sonderzeichen
8			●	●		●	H		⎭
9		●	●	●			I	8	
10	●	●	●		●		J	⌂	
11	●	●	●		●	●	K	(	
12		●	●			●	L	)	
13			●	●	●	●	M	.	
14			●	●	●		N	,	
15			●		●	●	O	9	
16		●	●	●		●	P	0	
17	●	●	●	●		●	Q	1	
18		●	●		●		R	4	
19	●		●	●			S	'	
20			●			●	T	5	
21	●	●	●	●			U	7	
22		●	●	●	●	●	V	=	
23	●	●	●			●	W	2	
24	●		●	●	●	●	X	/	
25	●		●	●		●	Y	6	
26	●		●			●	Z	+	
27			●		●		<	<	Wagenrücklauf
28		●	●				≡	≡	Zeilenvorschub
29	●	●	●		●	●	Bu.	Bu.	
30	●	●	●		●	●	Zi.	Zi.	
31			●	●			Zwr.	Zwr.	
32			●						Zwischenraum unbenützt

Tabelle 8.12 Internationaler Telegrafencode CCIT 2

8.3 Codes für Zahlen und Buchstaben (Alphanumerische Codes)

8.3.4 Der ASCII-Code

In der Datentechnik hat der ASCII-Code (American Standard Code for Information Interchange) sehr große Bedeutung erlangt. Dieser Code wird in der amerikanischen Fernschreibtechnik verwandt. In der Mikrocomputertechnik wird er zur Datenübertragung von der Zentraleinheit (CPU = Central-Prozessor Unit = Mikroprozessor) zu peripheren Geräten eingesetzt.

In der folgenden Tabelle 8.13 werden die wichtigsten Zeichen dieses Codes gezeigt. Aus dieser Tabelle sind auch die zugehörigen Dualzahlen mit ihrer Wertigkeit ersichtlich. Ebenso ist der 8-Spur-Lochstreifencode angegeben. Von diesem Lochstreifencode werden nur sieben Spalten zur eigentlichen Codierung verwandt. Die achte Spalte wird zur Paritätskontrolle verwandt. Hier erscheint ein Loch, wenn die Zahl der Löcher in der gleichen Zeile ungerade ist.

ASCII Große Buchstaben	Dualcode MSB 421	Dualcode LSB 8421	Hexadezimalcode	Lochstreifencode LSB 1	2	4	8	MSB 1	2	4	P Paritätsbit
A	100	0001_2	41_{16}	•						•	
B	100	0010_2	42_{16}		•					•	
C	100	0011_2	43_{16}	•	•					•	•
D	100	0100_2	44_{16}			•				•	
E	100	0101_2	45_{16}	•		•				•	•
F	100	0110_2	46_{16}		•	•				•	•
G	100	0111_2	47_{16}	•	•	•				•	
H	100	1000_2	48_{16}				•			•	
I	100	1001_2	49_{16}	•			•			•	•
J	100	1010_2	$4A_{16}$		•		•			•	•
K	100	1011_2	$4B_{16}$	•	•		•			•	
L	100	1100_2	$4C_{16}$			•	•			•	•
M	100	1101_2	$4D_{16}$	•		•	•			•	
N	100	1110_2	$4E_{16}$		•	•	•			•	
O	100	1111_2	$4F_{16}$	•	•	•	•			•	•
P	101	0000_2	50_{16}					•		•	
Q	101	0001_2	51_{16}	•				•		•	•
R	101	0010_2	52_{16}		•			•		•	•
S	101	0011_2	53_{16}	•	•			•		•	
T	101	0100_2	54_{16}			•		•		•	•
U	101	0101_2	55_{16}	•		•		•		•	
V	101	0110_2	56_{16}		•	•		•		•	
W	101	0111_2	57_{16}	•	•	•		•		•	•
X	101	1000_2	58_{16}				•	•		•	•
Y	101	1001_2	59_{16}	•			•	•		•	
Z	101	1010_2	$5A_{16}$		•		•	•		•	

ASCII Zahlen	Dualcode MSB 421	Dualcode LSB 8421	Hexa- dezi- mal- code	Lochstreifencode LSB 1	2	4	8	MSB 1	2	4	P Paritätsbit
0	011	0000₂	30₁₆				·	•	•		
1	011	0001₂	31₁₆	•			·	•	•		•
2	011	0010₂	32₁₆		•		·	•	•		
3	011	0011₂	33₁₆	•	•		·	•	•		
4	011	0100₂	34₁₆			•	·	•	•		•
5	011	0101₂	35₁₆	•		•	·	•	•		
6	011	0110₂	36₁₆		•	•	·	•	•		
7	011	0111₂	37₁₆	•	•	•	·	•	•		•
8	011	1000₂	38₁₆				•	•	•		•
9	011	1001₂	39₁₆	•			•	•	•		

ASCII Kleine Buchstaben	Dualcode MSB 421	Dualcode LSB 8421	Hexa- dezi- mal- code	Lochstreifencode LSB 1	2	4	8	MSB 1	2	4	P Paritätsbit
a	110	0001₂	61₁₆	•			·		•	•	•
b	110	0010₂	62₁₆		•		·		•	•	•
c	110	0011₂	63₁₆	•	•		·		•	•	
d	110	0100₂	64₁₆			•	·		•	•	•
e	110	0101₂	65₁₆	•		•	·		•	•	
f	110	0110₂	66₁₆		•	•	·		•	•	
g	110	0111₂	67₁₆	•	•	•	·		•	•	•
h	110	1000₂	68₁₆				•		•	•	•
i	110	1001₂	69₁₆	•			•		•	•	
j	110	1010₂	6A₁₆		•		•		•	•	
k	110	1011₂	6B₁₆	•	•		•		•	•	•
l	110	1100₂	6C₁₆			•	•		•	•	
m	110	1101₂	6D₁₆	•		•	•		•	•	•
n	110	1110₂	6E₁₆		•	•	•		•	•	•
o	110	1111₂	6F₁₆	•	•	•	•		•	•	
p	111	0000₂	70₁₆				·	•	•	•	•
q	111	0001₂	71₁₆	•			·	•	•	•	
r	111	0010₂	72₁₆		•		·	•	•	•	
s	111	0011₂	73₁₆	•	•		·	•	•	•	•
t	111	0100₂	74₁₆			•	·	•	•	•	
u	111	0101₂	75₁₆	•		•	·	•	•	•	•
v	111	0110₂	76₁₆		•	•	·	•	•	•	•
w	111	0111₂	77₁₆	•	•	•	·	•	•	•	
x	111	1000₂	78₁₆				•	•	•	•	
y	111	1001₂	79₁₆	•			•	•	•	•	•
z	111	1010₂	7A₁₆		•		•	•	•	•	•

8.3 Codes für Zahlen und Buchstaben (Alphanumerische Codes)

ASCII Zeichen	Dualcode MSB 421	Dualcode LSB 8421	Hexadezimalcode	Lochstreifencode LSB 1	2	4	8	MSB 1	2	4	P Paritätsbit
NUL Null, Nichts	000	0000	00_{16}				•				
SOH Start of Heading Kopfzeilenbeginn	000	0001	01_{16}	●			•				●
STX Start of Text Textanfangszeichen	000	0010	02_{16}		●		•				●
ETX End of Text Textendzeichen	000	0011	03_{16}	●	●		•				
EOT End of Transmission Ende der Übertragung	000	0100	04_{16}			●	•				●
ENQ Enquiry Aufforderung zur Datenübertragung	000	0101_2	05_{16}	●		●	•				
ACK Acknowledge positive Rückmeldung	000	0110_2	06_{16}		●	●	•				
BEL Bell Klingelzeichen	000	0111_2	07_{16}	●	●	●	•				●
BS Backspace Rückwärtsschritt	000	1000_2	08_{16}				•	●			●
HT Horizontal Tabulation Horizontal Tabulator	000	1001_2	09_{16}	●			•	●			

ASCII Zeichen	Dualcode MSB 421	Dualcode LSB 8421	Hexadezimalcode	Lochstreifencode LSB				MSB			P Paritätsbit
				1	2	4	8	1	2	4	
LF Line Feed Zeilenvorschub	000	1010_2	$0A_{16}$		●		●				
VT Vertical Tabulation Vertikal Tabulator	000	1011_2	$0B_{16}$	●	●		●				●
FF Form Feed Zeilen-Vorschub	000	1100_2	$0C_{16}$			●	●				
CR Carriage return Wagenrücklauf	000	1101_2	$0D_{16}$	●		●	●				●
SO Shift out Dauerumschaltungszeichen	000	1110_2	$0E_{16}$		●	●	●				●
SI Shift in Rückschaltungszeichen	000	1111_2	$0F_{16}$	●	●	●	●				
DLE Data link escape Datenübertragungsschaltung	001	0000_2	10_{16}					●			●
DC1 Device-Control 1 (X-On) Gerätesteuerzeichen 1	001	0001_2	11_{16}	●				●			

8.3 Codes für Zahlen und Buchstaben (Alphanumerische Codes)

ASCII Zeichen	Dualcode MSB 421	Dualcode LSB 8421	Hexa-dezi-mal-code	Lochstreifencode LSB 1	2	4	8	MSB 1	2	4	P Paritätsbit
SP Space Zwischenraum	010	0000_2	20_{16}			·		●			●
! Exclamation mark Ausrufezeichen	010	0001_2	21_{16}	●		·		●			
" Quotation mark Anführungszeichen	010	0010_2	22_{16}		●	·		●			
# Number sign Nummerzeichen	010	0011_2	23_{16}	●	●	·		●			●
$ Dollar sign Dollarzeichen	010	0100_2	24_{16}			·	●	●			
% Percent sign Prozentzeichen	010	0101_2	25_{16}	●		·	●	●			●
& Ampersand Kommerzielles UND (Auch in der Digitaltechnik verwendet)	010	0110_2	26_{16}		●	·	●	●			●
' Apostroph Hochkomma	010	0111_2	27_{16}	●	●	●	·	●			
(Opening parenthesis Runde Klammer offen	010	1000_2	28_{16}			·	●	●			

ASCII Zeichen	Dualcode		Hexa-dezi-malcode	Lochstreifencode								
	MSB	LSB		LSB				MSB				P
	421	8421		1	2	4	8	1	2	4	Paritätsbit
) Closing parenthesis Runde Klammer geschlossen	010	1001_2	29_{16}	●			·	●		●		●
* Asterisk Stern	010	1010_2	$2A_{16}$		●		·	●		●		●
+ Plus Pluszeichen	010	1011_2	$2B_{16}$	●	●		·	●		●		
, Comma Komma	010	1100_2	$2C_{16}$			●	·	●		●		●
— Hyphen (minus) Bindestrich (Minus-zeichen)	010	1101_2	$2D_{16}$	●		●	·	●		●		
. Period (Decimal) Punkt	010	1110_2	$2E_{16}$		●	●	·	●		●		
/ Slant Schrägstrich rechts	010	1111_2	$2F_{16}$	●	●	●	·	●		●		●
: Colon Doppelpunkt	011	1010_2	$3A_{16}$		●		·	●		●	●	
; Semicolon Strichpunkt	011	1011_2	$3B_{16}$	●	●		·	●		●	●	●
< Less than kleiner als	011	1100_2	$3C_{16}$			●	·	●		●	●	
= Equals Gleichheits-zeichen	011	1101_2	$3D_{16}$	●		●	·	●		●	●	●

8.3 Codes für Zahlen und Buchstaben (Alphanumerische Codes)

ASCII Zeichen	Dualcode MSB 421	Dualcode LSB 8421	Hexa-dezi-mal-code	Lochstreifencode LSB 1		2	4	Lochstreifencode MSB 8	1	2	4	P Paritätsbit
> Greater than Größer als	011	1110_2	$2E_{16}$	●	●	·	●	●	●			●
? Question mark Fragezeichen	011	1111_2	$3F_{16}$	●	●	●	·	●	●	●		
@ Commercial At Kommerzielles a-Zeichen	000	0000_2	40_{16}			·				●		●

Tabelle 8.13   ASCII-Code

Der Lochstreifencode läßt sich sehr einfach aus dem Dualcode bzw. den Hexadezimalzahlen ableiten. Es muß dabei beachtet werden, daß zuerst die LSB (low signicanten Bits = niederwertigen Bits) erscheinen. Dabei ist die Reihenfolge gegenüber dem Dualcode vertauscht. Das erste Bit ist das Bit mit der Wertigkeit 1. Das letzte Bit (8) wird nach der Taktspur, dem Transport, eingetragen. In den letzten drei Spalten werden die MSB (most significant = höherwertig) gelocht. Die Reihenfolge ist ebenfalls vertauscht. Zunächst wird das Bit mit der Wertigkeit 1 und als letztes das Bit mit der Wertigkeit 4 gelocht.
Um die Codierung im ASCII-Code zu kennzeichnen, wird das entsprechende Zeichen zwischen zwei Hochkomma ('...') gesetzt.
Beispiel: ASCII: 'W' entspricht folgender Dualzahl:
1010111_2, dies ist die Hexadezimalzahl 57_{16}, die entsprechende Oktalzahl ist 127_8, die Dezimalzahl lautet 87_{10}.
Zweites Beispiel: Die Hexadezimalzahl 45_{16}
soll 1. als Dualzahl, 2. als Oktalzahl, 3. als Dezimalzahl, 4. als binärcodierter Dezimalzahl, 5. mit dem ASCII-Zeichen angegeben werden.
1.) Dualzahl: 01000101_2
2.) Oktalzahl: 105_8
3.) Dezimalzahl: 69_{10}
4.) binär codierter Dezimalzahl: (BCD): 01101001_2
5.) ASCII-Zeichen: 'E'

8.4 Fehlererkennung und Fehlerkorrektur bei der Übertragung digitaler Informationen

Bei der Übertragung von Buchstaben sind auftretende Fehler von untergeordneter Bedeutung. Verstümmelte Wörter können meistens noch erkannt werden. Selbst fehlende Wörter können ergänzt werden.

Werden numerische Informationen übertragen, so führen Fehler unter Umständen zu schwerwiegenden Veränderungen der Nachricht. Als Beispiel sei die Anzeige des Stromes in einer Anlage betrachtet.

Mit einem analogen Meßgerät könnte der Strom von 5 A mit einer Genauigkeit von $\pm 1,5\%$ gemessen werden (Anzeige zwischen 4,925 und 5,075 A).

Ein digitales Gerät zeigt eine Stelle unter Umständen nicht richtig an. Bei einem vierstelligen Gerät würde zur Anzeige im BCD-Code für den Strom 5 A folgende Binärkombination erforderlich: LHLH. Wird die letzte Stelle falsch angezeigt (L), so ergibt sich folgende Kombination: LHLL also 4 A. Tritt ein Fehler in der dritten Stelle auf, so ergibt sich folgende Kombination: LHHL, also 6 A.

In diesen Beispielen traten die Fehler nur an einer Stelle auf. Man spricht von Einfachfehlern. Es können auch Mehrfachfehler auftreten. Um eine möglichst exakte Übertragung zu erreichen, müssen Fehler erkannt und korrigiert werden.

Dazu ist ein Mehraufwand erforderlich. Ein Maß für diesen Mehraufwand ist die Redundanz (Weitschweifigkeit).

Bei einer Übertragung mit 4 bit ergeben sich $2^4 = 16$ Kombinationen. Der Exponent zur Basis 2 ergibt die Zahl der erforderlichen Bit an. Es sind also mit x bits $2^x = y$ Kombinationen möglich.

Ist die Zahl der erforderlichen Bits (der Exponent) für eine bestimmte Zahl von Kombinationen gesucht, so gilt:

$$x = \mathrm{ld}\, y \quad \text{dabei ist ld der Logarithmus zur Basis 2 (log. \textbf{d}ualis)}.$$

Die Logarithmen zur Basis 2 sind in den Logarithmentafeln nicht enthalten. Tabelle 8.14 zeigt einige Werte.

y	x = ld(y)
1	0,0000
2	1,0000
3	1,58496
4	2,0000
5	2,32193
6	2,58496
7	2,80735
8	3,00000
9	3,16993
10	3,32

Tabelle 8.14
Binärlogarithmen der Zahlen von 1 bis 10

Zur Darstellung der Dezimalstellen von 0 bis 9 (10 Kombinationen) sind $x = \mathrm{ld}\, y = \mathrm{ld}\, 10 = 3,32$ bit erforderlich. Tatsächlich verwendet werden in den Tetradencodes jedoch 4 bit.

8.4 Fehlererkennung und Fehlerkorrektur

Die Redundanz ist demnach: $4 - 3{,}32 = 0{,}68$ bit.

Bezeichnet man die Zahl der erforderlichen Bit mit x_n (meistens eine gebrochene Zahl), die damit möglichen Kombinationen mit y_n und die Zahl der tatsächlich verwendeten Bit mit x_m (immer eine ganze Zahl) und die damit möglichen Kombinationen mit y_m so gilt für die Redundanz R:

$$R = x_m - x_n = \mathrm{ld}\, y_m - \mathrm{ld}\, y_n = \mathrm{ld}\, \frac{y_m}{y_n}$$

oder: $R = x_m - \mathrm{ld}\, y_n$

z.B.: Für den 2 aus 5-Code (Walking Code) Tabelle 8.7 ist $x_m = 5$, $y_n = 10$, damit die Redundanz:

$$R = 5 - \mathrm{ld}\, 10 = 5 - 3{,}32 = 1{,}68 \text{ bit.}$$

Entsprechend gilt für den 1 aus 10-Code:

$$R = 10 - 3{,}32 = 6{,}68 \text{ bit.}$$

Vielfach wird die Redundanz auch als relative Redundanz r in % angegeben.

Es gilt: $\quad r = \dfrac{x_m - x_n}{x_m} \cdot 100\ (\%)$.

Für den 2 aus 5-Code gilt: $\dfrac{5 - 3{,}32}{5} \cdot 100 = 33{,}7\%$.

Um einen Einfachfehler erkennen zu können, muß die Redundanz mindestens 1 sein. Dies ist beim 2 aus 5-Code mit der Redundanz von 1,68 der Fall. Die tetradischen Codes mit $R = 0{,}68$ besitzen keine ausreichende Redundanz zur Erkennung von Einfachfehlern.

Mit dem 1 aus 10-Code mit $R = 6{,}68$ können Mehrfachfehler erkannt werden.

8.4.1 Fehlererkennung

8.4.1.1 Fehlererkennung durch Pseudoworte

Dies ist die einfachste Fehlerkontrolle. Bei den tetradischen Codes traten jeweils 6 Pseudotetraden auf. Diese können zur Fehlererkennung verwandt werden. Für den BCD-Code (Tabelle 8.2) ergaben sich folgende Pseudotetraden:

```
    DCBA
10  HLHL
11  HLHH
12  HHLL
13  HHLH
14  HHHL
15  HHHH
```

Damit läßt sich folgendes KV-Diagramm (Bild 8.10) darstellen:

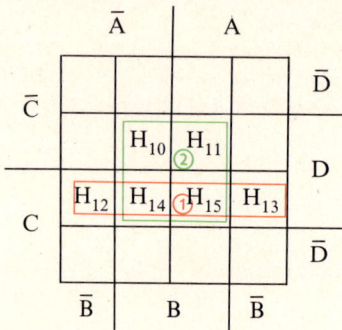

Bild 8.10 Die Pseudotetraden des BCD-Code dargestellt im KV-Diagramm

Die Schaltungsgleichung zur Erkennung der Pseudotetraden lautet:

Ps = $\overline{CD}$ ∨ $\overline{BD}$.

Mit der entsprechenden Schaltung werden Fehler erkannt, wenn das Ergebnis zwischen 10 und 15 liegt, also eine Pseudotetrade ergibt. Tritt durch eine Störung ein falsches Codewort innerhalb des Bereichs von 0 bis 9 auf, so wird dieser Fehler nicht erkannt.

8.4.1.2 Fehlererkennbare Codes

Fehlererkennbare Codes sind der 1 aus 10- und der 2 aus 5-Code. Treten in diesen Codes mehr als einmal H (1 aus 10) bzw. 2mal H auf (2 aus 5), so ist dies sicher ein Fehler.
Bei diesen Codes werden nicht alle Codierungsmöglichkeiten ausgenutzt. Der Vorteil der Fehlererkennbarkeit muß durch Verzicht auf die volle Ausschöpfung der durch die Stellenzahl gegebenen Kapazität erkauft werden.

8.4.1.3 Fehlererkennung durch Paritätsprüfung (parity-check)

Codes ohne Fehlererkennbarkeit können durch Hinzufügen einer zusätzlichen Stelle, dem parity-Bit, so erweitert werden, daß Einzelfehler erkannt werden. Durch Hinzufügen dieser Stelle entsteht bei tetradischen Codes eine Redundanz von 1,68.
Die Erweiterung kann so erfolgen, daß die Zahl der auftretenden H gerade oder ungerade ist.
Der BCD-Code mit Paritäts-Bit zur Erkennung einer ungeraden Zahl von H erhält folgende Form (Tabelle 8.15):

8.4 Fehlererkennung und Fehlerkorrektur

	DCBA	
0	LLLL	H
1	LLLH	L
2	LLHL	L
3	LLHH	H
4	LHLL	L
5	LHLH	H
6	LHHL	H
7	LHHH	L
8	HLLL	L
9	HLLH	H

Tabelle 8.15
BCD-Code mit **Prüfbit** für eine ungerade Zahl von H

8.4.1.4 Fehlererkennung durch Prüfzeichen

Die Fehlererkennung kann auch durch Prüfzeichen erreicht werden. Dieses Prüfzeichen kann so gewählt werden, daß die Zahl der Bits, die H sind, in jeder *Spalte* gerade oder ungerade ist. Tabelle 8.16 zeigt die Verwendung von Prüfzeichen nach 5 Zeichen, so daß die Zahl der Bits je Spalte gerade wird (Tabelle 8.16).

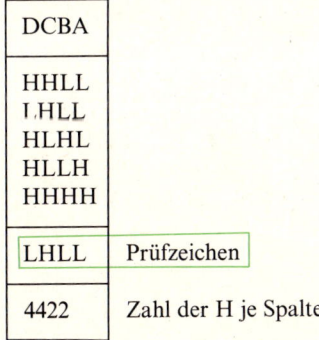

DCBA
HHLL
LHLL
HLHL
HLLH
HHHH

LHLL	Prüfzeichen
4422	Zahl der H je Spalte

Tabelle 8.16 Fehlererkennung durch **Prüfzeichen**

8.4.2 Fehlerkorrektur

Um eine fehlerlose Übertragung zu sichern, ist außer der Erkennung des Fehlers, eine Korrektur erforderlich. Dazu muß der Fehler lokalisiert werden. Eine Möglichkeit dazu bietet die gleichzeitige Verwendung von Prüfbit und Prüfzeichen. Tritt ein Fehler auf, so wird gleichzeitig durch das Prüfbit die Zeile und durch das Prüfzeichen die Spalte gekennzeichnet in der der Fehler liegt.

Dies soll an der Zahl 1975 gezeigt werden. Bei einer Blockübertragung erhält diese Zahl bei Codierung im BCD-Code folgende Darstellung (Tabelle 8.17a):

1	LLLH	H	2
9	HLLH	L	2
7	LHHH	H	4
5	LHLH	L	2
	HLHL	2	
	2 2 2 4		

Tabelle 8.17a Blockdarstellung der Dezimalzahl 1975 mit Prüfbit und Prüfzeichen für eine gerade Zahl von H

Bei einer falschen Übertragung kann folgender Block entstehen:

Prüfung (Bit)

1	L L L H	H	2
9	H L H H	L	3
7	L H H H	H	4
5	L H L H	L	2
	H L H L		
	2 2 3 4	Prüfung (Zeichen)	

Tabelle 8.17b Blockdarstellung der Dezimalzahl 1975 mit Fehler

Der Fehler tritt in der zweiten Zeile und der dritten Spalte auf. Dieser Fehler kann jetzt korrigiert werden. Außerdem enthält diese Zeile eine Pseudotetrade (11).
Bei zwei Fehlern können vier Schnittpunkte entstehen. Eine eindeutige Lokalisierung ist dann nicht mehr möglich. Werden Prüfbits oder Prüfzeichen verfälscht, so ist die vorgenommene Korrektur falsch.

8.5 Codewandler

8.5.1 Codierer

Soll ein 1 aus n-Code in einen Zahlencode umgewandelt werden, so spricht man von einer Codierung. Sollen z. B. mit den Schaltern b_0, b_1, b_2 und b_3 die den Dezimalzahlen 0 bis 3 entsprechenden Dualzahlen einer Maschine eingegeben werden, so handelt es sich bei dieser Einrichtung um einen Codierer. Für diese Aufgabe ergibt sich folgende Codiertabelle: (Tabelle 8.18)

	b_0	b_1	b_2	b_3	B	A
0	H	L	L	L	L	L
1	L	H	L	L	L	H
2	L	L	H	L	H	L
3	L	L	L	H	H	H

Tabelle 8.18 Codierer für zwei Bit-Dualcode

Man nennt eine entsprechende Einrichtung Codierer für den zwei Bit-Dual-Code. Am Eingang der Schaltung wird ein 1 aus 4-Code zugeführt. Man kann deshalb die entsprechende Schaltung auch als Codewandler für den 1 aus 4-Code in den 2 Bit-Dualcode bezeichnen.

Für den Codierer sind also die Schaltungsgleichungen

$$A = f(b_0, b_1, b_2, b_3) \quad \text{und}$$
$$B = f(b_0, b_1, b_2, b_3)$$

zu bestimmen. Aus der Code-Tabelle (8.18) lassen sich die Schaltungsgleichungen ablesen:

$$A = \overline{b_0} b_1 \overline{b_2} \overline{b_3} \vee \overline{b_0} \overline{b_1} \overline{b_2} b_3$$
$$B = \overline{b_0} \overline{b_1} b_2 \overline{b_3} \vee \overline{b_0} \overline{b_1} \overline{b_2} b_3$$

Mit den Regeln der Schaltungsalgebra lassen sich vorstehende Schaltungsgleichungen nicht vereinfachen. Der Term $\overline{b_0} \overline{b_1} \overline{b_2} b_3$ tritt in beiden Schaltungsgleichungen auf. Es kann deshalb eine zweistufige Schaltung mit drei UND- und zwei ODER-Gattern aufgebaut werden (Bild 8.11).

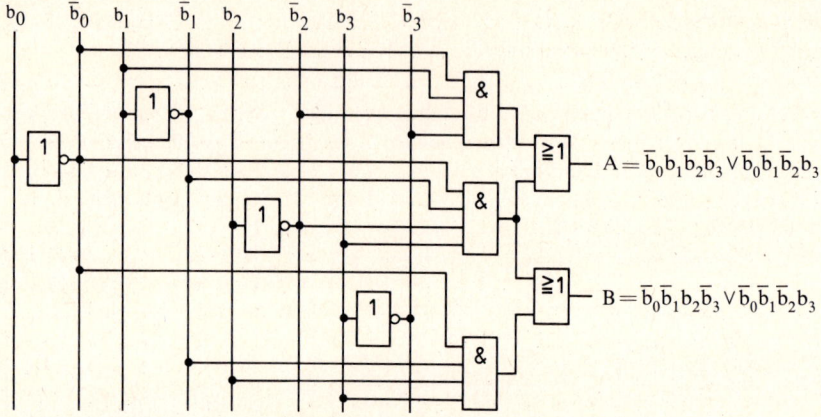

Bild 8.11 Codierschaltung für den 2 Bit-Dualcode

Mit den 4 Eingangsvariablen b_0, b_1, b_2 und b_3 lassen sich 16 verschiedene Kombinationen bilden. Davon werden nur vier ausgenützt. Es ergeben sich deshalb KV-Diagramme, in denen nur vier Felder belegt sind. Die übrigen Felder werden nicht benötigt, sie können also sowohl H als auch L sein (X).

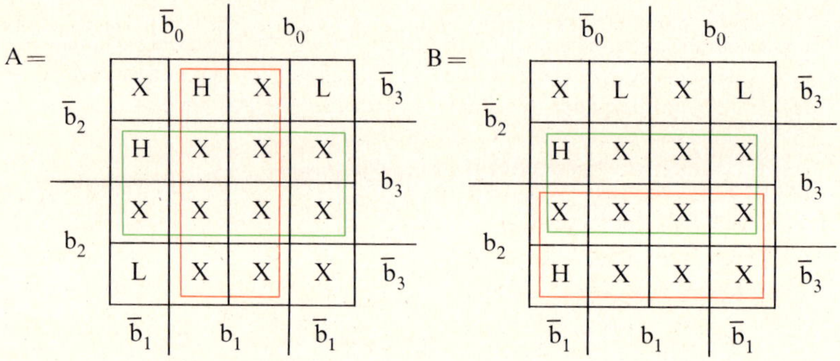

Bild 8.12 KV-Diagramme für 2 Bit-Dualcode-Codierer

Aus den KV-Diagrammen (Bild 8.12) lassen sich folgende vereinfachte Schaltungsgleichungen ablesen:

$$A = b_3 \vee b_1 \,;\; B = b_3 \vee b_2.$$

Es genügen also 2 ODER-Gatter zur Codierung.
Mit NAND-Gattern ergeben sich folgende Schaltungs-Gleichungen:

$$A = \overline{\overline{b_3} \wedge \overline{b_1}} \,;\; B = \overline{\overline{b_3} \wedge \overline{b_2}}.$$

Aus der Codierungstabelle ist zu ersehen, daß zur Ansteuerung der Stelle A b_1 oder $b_3 = H$ sein muß. Ebenso muß zur Ansteuerung von B b_2 oder $b_3 = H$ sein. Dies entspricht den mit den KV-Diagrammen gefundenen Lösungen.

8.5 Codewandler

Zur Codierung des 4 Bit BCD-Codes sind 10 Schalter von b_0 bis b_9 erforderlich. Es ergibt sich folgende Codierungstabelle: (1 aus 10 zu BCD) (Tabelle 8.19)

	b_0	b_1	b_2	b_3	b_4	b_5	b_6	b_7	b_8	b_9	DCBA
0	H	L	L	L	L	L	L	L	L	L	LLLL
1	L	H	L	L	L	L	L	L	L	L	LLLH
2	L	L	H	L	L	L	L	L	L	L	LLHL
3	L	L	L	H	L	L	L	L	L	L	LLHH
4	L	L	L	L	H	L	L	L	L	L	LHLL
5	L	L	L	L	L	H	L	L	L	L	LHLH
6	L	L	L	L	L	L	H	L	L	L	LHHL
7	L	L	L	L	L	L	L	H	L	L	LHHH
8	L	L	L	L	L	L	L	L	H	L	HLLL
9	L	L	L	L	L	L	L	L	L	H	HLLH
	\multicolumn{10}{c}{1 aus 10-Code}	BCD-Code

Tabelle 8.19 Codierungstabelle 1 aus 10 zu BCD

Entsprechend den vorherigen Überlegungen können folgende Schaltungsgleichungen abgelesen werden:

$A = b_1 \vee b_3 \vee b_5 \vee b_7 \vee b_9$ $\qquad B = b_2 \vee b_3 \vee b_6 \vee b_7$

$C = b_4 \vee b_5 \vee b_6 \vee b_7$ $\qquad D = b_8 \vee b_9$.

Stehen nur NAND-Gatter zur Verfügung, so müssen diese Gleichungen mit den Gesetzen von De Morgan umgeformt werden.
Es ergeben sich folgende Schaltungsgleichungen:

$A = \overline{\overline{b_1} \wedge \overline{b_3} \wedge \overline{b_5} \wedge \overline{b_7} \wedge \overline{b_9}}$ $\qquad B = \overline{\overline{b_2} \wedge \overline{b_3} \wedge \overline{b_6} \wedge \overline{b_7}}$

$C = \overline{\overline{b_4} \wedge \overline{b_5} \wedge \overline{b_6} \wedge \overline{b_7}}$ $\qquad D = \overline{\overline{b_8} \wedge \overline{b_9}}$.

8.5.2 Decodierer (Decoder)

Bei der Decodierung müssen codierte Daten in einen 1 aus n-Code umgewandelt werden.

8.5.2.1 Decoder für den 2 Bit-Dualcode

Soll der zwei Bit-Dualcode decodiert werden, so sind jetzt die Schaltungsgleichungen b_0 bis b_3 als $f(A, B)$ gesucht.
Tabelle 8.20 zeigt die entsprechende Decodier-Tabelle.

	B	A	b_0	b_1	b_2	b_3
0	L	L	H	L	L	L
1	L	H	L	H	L	L
2	H	L	L	L	H	L
3	H	H	L	L	L	H

Tabelle 8.20 Decodiertabelle für den zwei Bit-Dualcode

Es können folgende Schaltungsgleichungen abgelesen werden:

$b_0 = \overline{A}\,\overline{B}$; $b_1 = A\overline{B}$; $b_2 = \overline{A}B$; $b_3 = AB$.

8.5.2.2 Decoder für den BCD-Code in den 1 aus 10-Code.

Der 1 aus 10-Code wird so aufgebaut, daß die Anzeigevorrichtung mit L-Signal angesteuert wird. Wird eine Lampe angesteuert, so brennt diese bei der zugehörigen Dezimalzahl nicht (Tabelle 8.21).

	DCBA	b_0	b_1	b_2	b_3	b_4	b_5	b_6	b_7	b_8	b_9
0	LLLL	L	H	H	H	H	H	H	H	H	H
1	LLLH	H	L	H	H	H	H	H	H	H	H
2	LLHL	H	H	L	H	H	H	H	H	H	H
3	LLHH	H	H	H	L	H	H	H	H	H	H
4	LHLL	H	H	H	H	L	H	H	H	H	H
5	LHLH	H	H	H	H	H	L	H	H	H	H
6	LHHL	H	H	H	H	H	H	L	H	H	H
7	LHHH	H	H	H	H	H	H	H	L	H	H
8	HLLL	H	H	H	H	H	H	H	H	L	H
9	HLLH	H	H	H	H	H	H	H	H	H	L
BCD-Code		1 aus 10-Code									

Tabelle 8.21 Decodiertabelle für den BCD-Code

Aus der Decodiertabelle können die Schaltungsgleichungen für $\overline{b}_0$, $\overline{b}_1$ bis $\overline{b}_9$ abgelesen werden. Für $\overline{b}_0$ ergibt sich $\overline{b}_0 = \overline{A}\,\overline{B}\,\overline{C}\,\overline{D}$. Um die Vereinfachungsmöglichkeiten mit den Pseudotetraden ausnützen zu können, müßte für jede Stelle ein KV-Diagramm gezeichnet werden. Für b_1 und b_2 zeigt Bild 8.13 die entsprechenden KV-Diagramme:

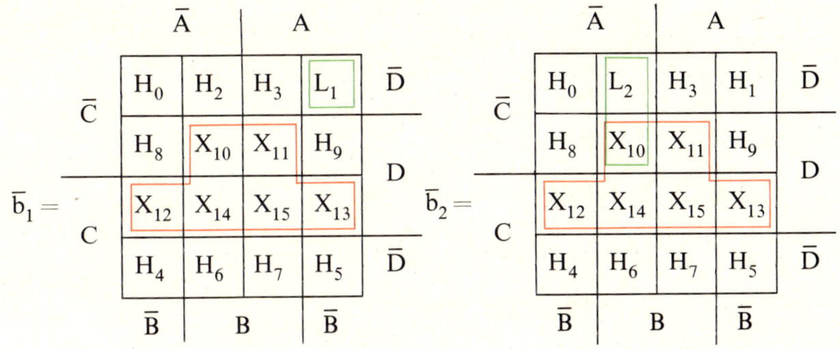

8.5 Codewandler

Bild 8.13 KV-Diagramme für die Decodierung des BCD-Codes für die Stellen b_1 und b_2

Aus den KV-Diagrammen (Bild 8.13) lassen sich folgende Lösungen ablesen:

$\overline{b}_1 = A\overline{B}\,\overline{C}\,\overline{D}\to$ es ist keine Vereinfachung möglich.
$\overline{b}_2 = \overline{A}B\overline{C}\to$ Variable D läßt sich eliminieren.

In gleicher Weise müßten für die zehn Dezimalstellen ($\overline{b}_0 - \overline{b}_9$) 10 KV-Diagramme gezeichnet werden. In allen zehn Diagrammen liegen die Pseudotetraden (10–15) an der gleichen Stelle. Für jeden Ausgang ($\overline{b}_0$ bis $\overline{b}_9$) tritt in jedem Diagramm ein L auf. Die übrigen neun Felder sind mit H belegt. Man kann deshalb die zehn KV-Diagramme zu einem zusammenfassen. Anstelle der L für jeden Ausgang wird die Kennzeichnung des jeweiligen Ausgangs ($\overline{b}_0$ bis $\overline{b}_9$) eingetragen.
Dies ergibt folgendes KV-Diagramm (Bild 8.14)

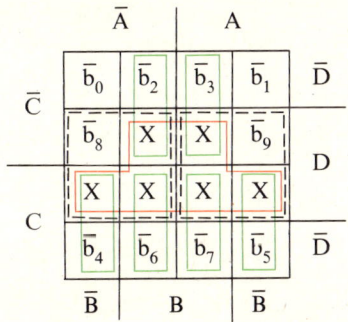

Bild 8.14 KV-Diagramm für die Decodierung des BCD-Codes

Aus diesem KV-Diagramm folgt:
Keine Vereinfachung ist möglich für $\overline{b}_0$ und $\overline{b}_1$

$$\overline{b}_0 = \overline{A}\,\overline{B}\,\overline{C}\,\overline{D};\quad \overline{b}_1 = A\,\overline{B}\,\overline{C}\,\overline{D}.$$

Zweiereinkreisungen ergeben sich für $\overline{b}_2, \overline{b}_3, \overline{b}_4, \overline{b}_5, \overline{b}_6, \overline{b}_7$

$$\overline{b}_2 = \overline{A}\,B\,\overline{C},\; \overline{b}_3 = AB\overline{C};\; \overline{b}_4 = \overline{A}\,\overline{B}\,C;\; \overline{b}_5 = A\,\overline{B}\,C;\; \overline{b}_6 = \overline{A}BC;\; \overline{b}_7 = ABC.$$

Außerdem können zwei V̲i̲e̲r̲e̲r̲e̲i̲n̲k̲r̲e̲i̲s̲u̲n̲g̲e̲n̲ gebildet werden.

$\overline{b}_8 = \overline{A}D; \overline{b}_9 = AD.$

Negiert man beide Seiten der vorstehenden Gleichungen, so erhält man die Decodierschaltung mit NAND-Gattern.

8.5.3 Codekonverter-Schaltungen.

Dies sind Schaltungen, die einen Code in einen anderen übersetzen; die 1 aus n-Codes sind dabei ausgenommen.
Als Beispiel wird die sehr häufig auftretende Code-Konvertierung vom BCD-Code in den Code für die 7-Segmentanzeige (Kap. 8.2, Tabelle 8.8) behandelt. In der Tabelle 8.22 sind diese beiden Codes zusammengestellt. Es ist zu beachten, daß die Segmente mit L angesteuert werden.

	DCBA	a	b	c	d	e	f	g
0	LLLL	L	L	L	L	L	L	H
1	LLLH	H	L	L	H	H	H	H
2	LLHL	L	L	H	L	L	H	L
3	LLHH	L	L	L	L	H	H	L
4	LHLL	H	L	L	H	H	L	L
5	LHLH	L	H	L	L	H	L	L
6	LHHL	H	H	L	L	L	L	L
7	LHHH	L	L	L	H	H	H	H
8	HLLL	L	L	L	L	L	L	L
9	HLLH	L	L	L	H	H	L	L
	BCD			7-Segment				

Tabelle 8.22   Code-Konvertertabelle: BCD zu 7 Segment-Code

Hier sind die Schaltungsgleichungen: a = f(A, B, C, D); b = f(A, B, C, D) bis g = f(A, B, C, D) gesucht.
Um möglichst einfache Lösungen zu erhalten, werden für die einzelnen Segmente die KV-Diagramme gezeichnet (Bild 8.15a–g). In allen KV-Diagrammen liegen die Pseudotetraden an der gleichen Stelle. Deshalb werden alle P̲s̲e̲u̲d̲o̲t̲e̲t̲r̲a̲d̲e̲n̲ zuerst eingezeichnet (X).

Beachte: Bei anderen Codes liegen die Pseudotetraden an anderen Stellen!

8.5 Codewandler

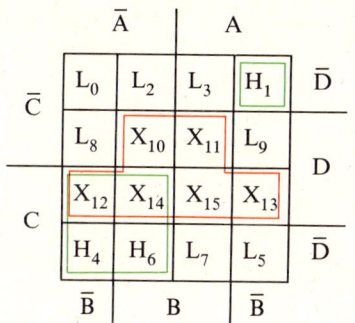

Bild 8.15a KV-Diagramm für a
$a = A \bar{B} \bar{C} \bar{D} \vee \bar{A} C$

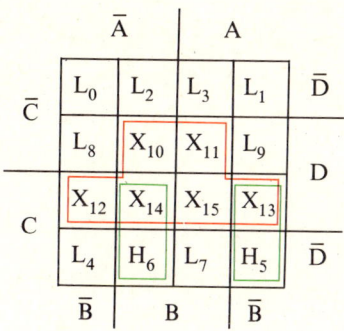

Bild 8.15b KV-Diagramm für b
$b = A \bar{B} C \vee \bar{A} B C$

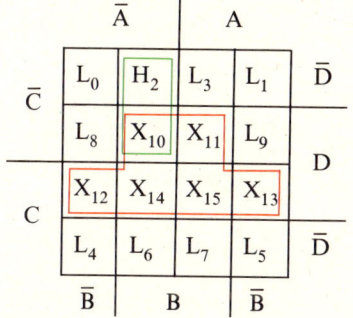

Bild 8.15c KV-Diagramm für c
$c = \bar{A} B \bar{C}$

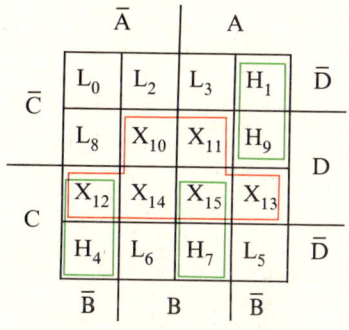

Bild 8.15d KV-Diagramm für d
$d = A \bar{B} \bar{C} \vee \bar{A} \bar{B} C \vee A B C$

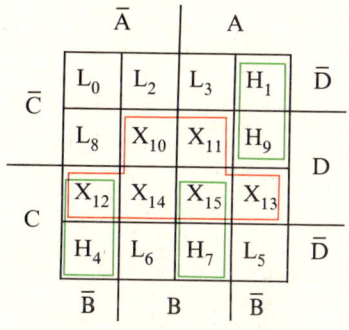

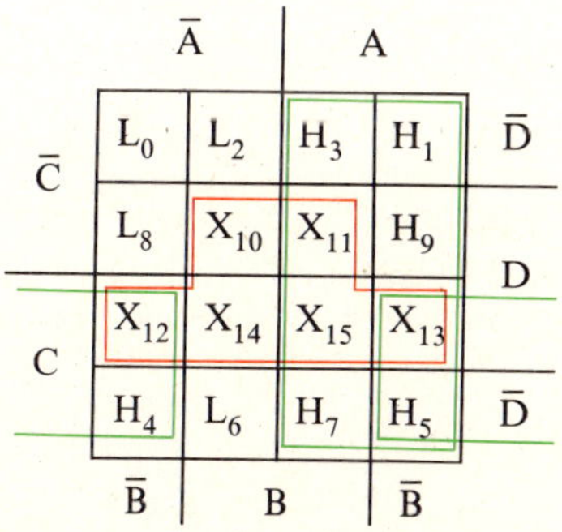

Bild 8.15e KV-Diagramm für e
$e = A \vee \bar{B} C$

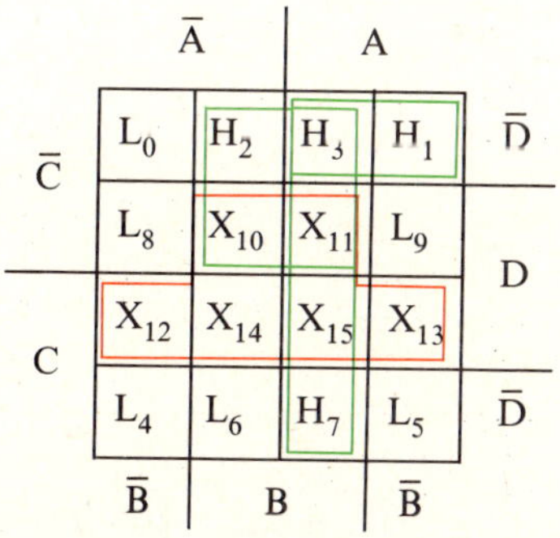

Bild 8.15f KV-Diagramm für f
$f = A B \vee B \bar{C} \vee A \bar{C} \bar{D}$

194   8 Codierung

	$\bar{A}$	A	
$\bar{C}$	H_0 L_2	L_3 H_1	$\bar{D}$
	L_8 X_{10}	X_{11} L_9	
			D
	X_{12} X_{14}	X_{15} X_{13}	
C	L_4 L_6	H_7 L_5	$\bar{D}$
	$\bar{B}$	B	$\bar{B}$

Bild 8.15g   KV-Diagramm für g

$g = \bar{B}\,\bar{C}\,\bar{D} \lor A\,B\,C$

Aus den KV-Diagrammen (Bild 8.15a–Bild 8.15g) lassen sich folgende vereinfachte Schaltungsgleichungen ablesen:

$a = \bar{A}C \lor A\bar{B}\,\bar{C}\,\bar{D}$; $b = \bar{A}BC \lor A\bar{B}C$; $c = \bar{A}\,B\,\bar{C}$; $d = \bar{A}\,\bar{B}\,C \lor ABC \lor A\bar{B}\,\bar{C}$

$e = A \lor \bar{B}C$; $f = B\bar{C} \lor A\bar{C}\,\bar{D} \lor AB$; $g = \bar{B}\,\bar{C}\,\bar{D} \lor ABC$.

Für NAND-Gatter ergeben sich folgende Schaltungsgleichungen:
(umgeformt nach De Morgan Gesetz 3.4.2)

$a = \overline{\overline{\bar{A}C} \land \overline{A\bar{B}\,\bar{C}\,\bar{D}}}$; $b = \overline{\overline{\bar{A}BC} \land \overline{A\bar{B}C}}$; $c = \overline{\overline{\bar{A}B\bar{C}}}$; $d = \overline{\overline{\bar{A}\,\bar{B}C} \land \overline{A\,\bar{B}\,\bar{C}} \land \overline{ABC}}$;

$e = \overline{\bar{A} \land \overline{\bar{B}C}}$; $f = \overline{\overline{B\bar{C}} \land \overline{A\bar{C}\,\bar{D}} \land \overline{AB}}$; $g = \overline{\overline{\bar{B}\,\bar{C}\,\bar{D}} \land \overline{ABC}}$.

Zur Code-Umsetzung vom BCD-Code in den 7-Segment-Code sind folgende Schaltungen erforderlich: (Bild 8.16)

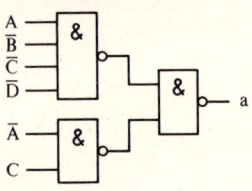

Bild 8.16a   Schaltung
für Segment a

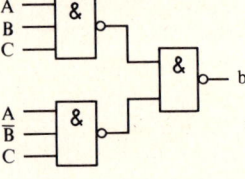

Bild 8.16b   Schaltung
für Segment b

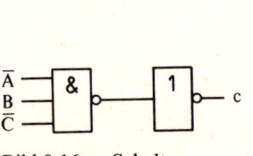

Bild 8.16c   Schaltung
für Segment c

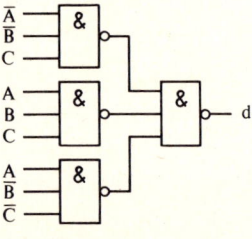

Bild 8.16d   Schaltung
für Segment d

8.5 Codewandler

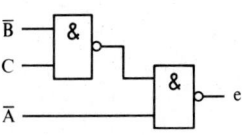

Bild 8.16e Schaltung
für Segment e

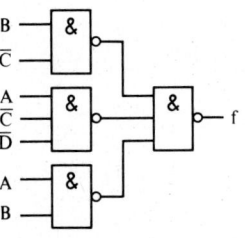

Bild 8.16f Schaltung
für Segment f

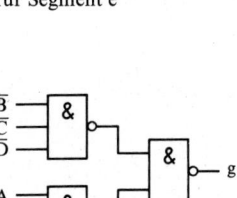

Bild 8.16g Schaltung
für Segment g

9 Schaltwerke
(Sequentielle Schaltungen – Folgeschaltungen – Flipflops)

Bei allen bisher behandelten Schaltungen erschien am Ausgang gleichzeitig eine logische Folge der Kombinationen am Eingang. Diese Schaltungen nennt man auch Schaltnetze.

In vielen Fällen ist nicht nur der momentane Zustand des Ausgangs als Funktion der Eingänge interessant, sondern auch Signalzustände, die vor dem betrachteten Zustand vorhanden waren. Schaltungen, die diese Aufgabe erfüllen können, nennt man Schaltwerke oder auch sequentielle Schaltungen. Bei Schaltwerken hängt also der Zustand der Ausgänge sowohl vom momentanen Zustand der Eingänge, als auch vom inneren Zustand der Schaltung ab.

9.1 Schaltwerke mit Kontakten

9.1.1 Schaltung für dominierendes Löschen

Bei den bisher betrachteten Schaltungen mit Kontakten wurden zur Ansteuerung Schalter verwendet. Der Eingangszustand war also jeweils so lange vorhanden, bis ein entgegengesetzter Befehl gegeben wurde. Zum Schalten von Schützen wird stattdessen vielfach eine Schaltung mit Tastern verwendet. Die Befehle werden nur kurzzeitig gegeben (getastet). Eine besondere Schaltung sorgt für die Speicherung des Befehls. Eine einfache Folgeschaltung ist die Selbsthalteschaltung für ein Schütz. (Bild 9.1)

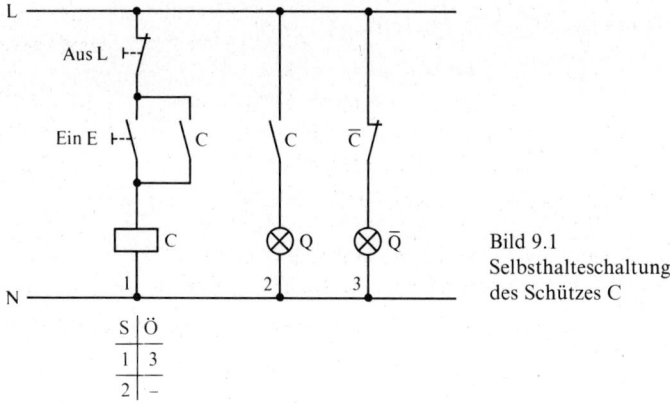

Bild 9.1
Selbsthalteschaltung des Schützes C

Mit dem Taster E wird das Schütz C eingeschaltet. Mit dem Schließer C in Stromkreis 1 hält sich das Schütz selbst. Mit dem Schließer C in Stromkreis 2 wird die Lampe Q eingeschaltet. Der Öffner $\bar{C}$ in Stromkreis 3 bringt die Lampe $\bar{Q}$ zum Erlöschen. Der Schaltzustand der Lampen Q und $\bar{Q}$ ist immer entgegengesetzt. Wenn Lampe Q brennt, erlischt Lampe $\bar{Q}$. Die folgenden Betrachtungen werden auf die Lampe Q beschränkt. Bezeichnet man den Schaltzustand der Lampe vor Betätigung eines Tasters mit Q_v, nach Betätigung mit Q_n, so ergibt sich folgende Schaltfolgetabelle:

9.1 Schaltwerke mit Kontakten

Q_v	E	L	Q_n	Beschreibung der Funktionsweise
L	L	L	L	Wenn die Lampe nicht gebrannt hat, und kein Taster betätigt wird, bleibt die Lampe dunkel
L	L	H	L	Wird jetzt der Aus-Taster L gedrückt, kann das Schütz nicht anziehen, die Lampe bleibt dunkel
L	H	L	H	Wird der Ein-Taster E gedrückt, so zieht das Schütz an und hält sich selbst mit dem Schließer in Stromkreis 1. Mit dem Schließer in Stromkreis 2 wird die Lampe Q eingeschaltet.
H	H	L	H	War das Schütz eingeschaltet und wird der Ein-Taster E gedrückt, bleibt die Lampe hell.
H	L	L	H	Brennt die Lampe, so bleibt dieser Schaltzustand erhalten, wenn kein Taster gedrückt wird.
H	L	H	L	War das Schütz angezogen, und wird der Aus-Taster L gedrückt, fällt das Schütz ab, die Lampe Q erlischt.
L	H	H	L	War die Lampe dunkel und werden beide Taster gleichzeitig gedrückt, so bleibt die Lampe dunkel (Das Schütz zieht nicht an). **Löschen dominiert**.
H	H	H	L	Brannte die Lampe und werden beide Taster gleichzeitig gedrückt, so erlöscht die Lampe. **Löschen dominiert**.

Tabelle 9.1   Schaltfolgetabelle für die Selbsthalteschaltung des Schützes

Bei dieser Schaltung dominiert der Löschbefehl L.
Man nennt Speicher mit diesen Eigenschaften EL-Speicher.
Aus der Schaltfolgetabelle kann folgende Schaltungsgleichung abgelesen werden:

$$Q_n = \overline{Q_v}E\overline{L} \vee Q_vE\overline{L} \vee Q_v\overline{E}\,\overline{L}$$

Bild 9.2 zeigt dazu das KV-Diagramm.

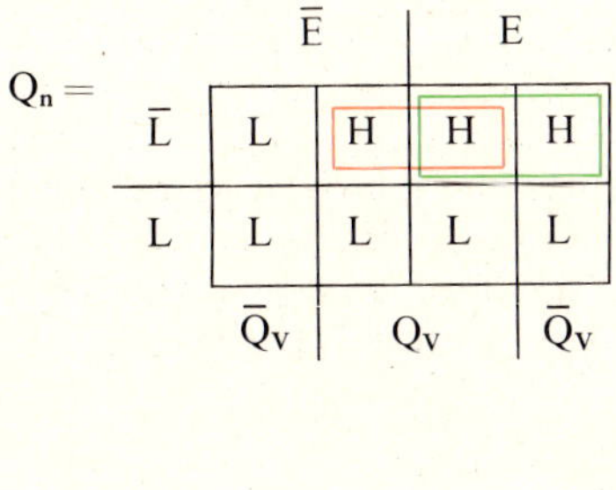

$Q_n =$

	$\overline{E}$		E	
$\overline{L}$	L	H	H	H
L	L	L	L	L
	$\overline{Q_v}$	Q_v		$\overline{Q_v}$

Bild 9.2
KV-Diagramm des EL-Speichers

Die vereinfachte Gleichung lautet:

$$Q_n = Q_V \overline{L} \vee E\overline{L}.$$

Die Schaltfolgetabelle (Tabelle 9.1) kann vereinfacht angeschrieben werden. (Tabelle 9.2)

Q_V	EL	Q_n	Beschreibung der Funktion	unabhängig von Q_V gilt		
				E	L	Q_n
L H	LL LL	L H	Ist an beiden Eingängen L vorhanden, ändert sich der Ausgangszustand nicht.	L	L	Q_V
L H	LH LH	L L	Ist der Löscheingang H, so entsteht am Ausgang immer L.	L	H	L
L H	HL HL	H H	Ist am Setzeingang H vorhanden, ist der Ausgang immer H.	H	L	H
L H	HH HH	L L	Sind beide Eingänge H, so ist der Ausgang L. **Löschen dominiert.**	H	H	L

Tabelle 9.2   Zusammenfassung der Schaltfolgetabelle von Bild 9.2

Als Symbol für den EL-Speicher wurde gewählt (Bild 9.3):

Bild 9.3
Symbol für das EL-Flip-Flop

Die gestrichelte Linie gibt an, daß es sich um eine Kippschaltung handelt. Der schwarz angelegte Teil gibt die Vorzugslage an. Liegen keine Eingangssignale an und wird die Speisespannung zugeschaltet, so stellt sich die Vorzugslage ein. Am Ausgang Q erscheint L-Signal.

9.1.2   Schaltung für dominierendes Setzen

Wird der Taster für das Ausschalten in den Selbsthaltekreis gelegt, so ergibt sich ein anderes Verhalten der Schaltung. (Bild 9.6)

9.1 Schaltwerke mit Kontakten

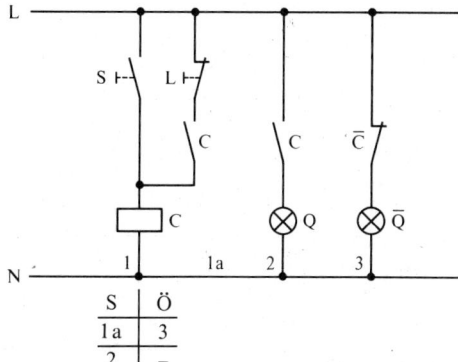

Bild 9.4
Selbsthalteschaltung
für das Schütz C
mit dominierendem Setzen

S	Ö
1a	3
2	–

Für die Lampe Q ergibt sich folgende Schaltfolgetabelle (Tabelle 9.3):

Q_v	S	L	Q_n	Funktionsweise
L	L	L	L	Wird Taster S und Taster L nicht betätigt, so bleibt die Lampe dunkel.
L	L	H	L	Wird der Löschtaster L gedrückt, bleibt die Lampe dunkel.
L	H	L	H	Wird der Einschalttaster S gedrückt, so zieht das Schütz C an, die Lampe Q wird mit dem Hilfskontakt C eingeschaltet.
H	H	H	H	Werden die beiden Taster S und L gleichzeitig betätigt, so brennt die Lampe weiter. **Setzen dominiert.**
H	L	L	H	Wird kein Taster betätigt, so bleibt der Schaltzustand erhalten. Lampe brennt.
H	L	H	L	Wird der Löschtaster L betätigt, so wird das Schütz abgeschaltet, die Lampe erlischt.
L	H	H	H	Werden beide Taster gleichzeitig betätigt, so kann das Schütz wieder anziehen, die Lampe Q leuchtet wieder. **Setzen dominiert!**
H	H	L	H	Wird jetzt der Einschalttaster S gedrückt, so ändert sich am Schaltzustand nichts, die Lampe brennt weiter.

Tabelle 9.3 Schaltfolgetabelle für Selbsthalteschaltung mit dominierendem Setzen

Aus dieser Schaltfolgetabelle ergibt sich folgende Schaltungsgleichung:

$$Q_n = \overline{Q}_V S\overline{L} \vee Q_V SL \vee Q_V \overline{S}\ \overline{L} \vee \overline{Q}_V SL \vee Q_V S\overline{L}.$$

Für diese Schaltungsgleichung kann folgendes KV-Diagramm gezeichnet werden (Bild 9.5):

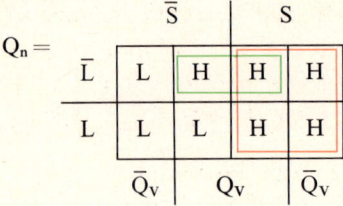

Bild 9.5
KV-Diagramm
für die Selbsthalteschaltung
mit dominierendem Setzen

Aus diesem KV-Diagramm folgt die vereinfachte Schaltungsgleichung:

$$Q_n = S \vee \overline{L} Q_V.$$

Auch die Schaltfolgetabelle (Tabelle 9.3) kann vereinfacht angegeben werden: (Tabelle 9.4)

Q_V	SL	Q_n	Beschreibung der Funktion	S	L	Q_n
L	LL	L	Ist an beiden Eingängen L vorhan-	L	L	Q_V
H	LL	H	den, ändert sich der Ausgangszustand nicht.			
L	LH	L	Ist der Löscheingang H, so entsteht	L	H	L
H	LH	L	am Ausgang immer L.			
L	HL	H	Ist der Setzeingang H, so entsteht	H	L	H
H	HL	H	am Ausgang immer H.			
L	HH	H	Sind beide Eingänge H, so entsteht am Ausgang H. **Setzen dominiert!**	H	H	H
H	HH	H				

Tabelle 9.4 Vereinfachte Schaltfolgetabelle für die Selbsthalteschaltung mit dominierendem Setzen

Für das S L-Flip-Flop wurde folgendes Symbol gewählt (Bild 9.6):

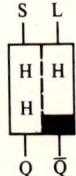

Bild 9.6 Symbol für das SL-Flip-Flop

9.2 Kontaktlose Schaltwerke

9.2.1 Basis-Flip-Flops.

9.2.1.1 Basis-Flip-Flop aus NOR-Gattern (RS-Flip-Flop).

Bei der Hintereinanderschaltung von zwei NOR-Gattern entsprechend Bild 9.7 entsteht die eingezeichnete Potentialverteilung:

Bild 9.7 Potentialverteilung bei der Hintereinanderschaltung zweier NOR-Gatter

Am Ausgang des zweiten NOR-Gatters ist jeweils das gleiche Potential vorhanden wie am Eingang des 1. NOR-Gatters. Das Eingangssignal wurde zweimal negiert, deshalb entstand wieder das ursprüngliche Signal.
Man kann das Ausgangssignal dem Eingang der Schaltung wieder zuführen. Dies ist eine Rückkopplung. (Bild 9.8a)

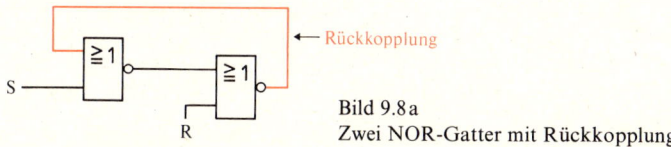

Bild 9.8a
Zwei NOR-Gatter mit Rückkopplung

Diese Schaltung wird meistens in einer anderen Form gezeichnet. (Bild 9.8b)

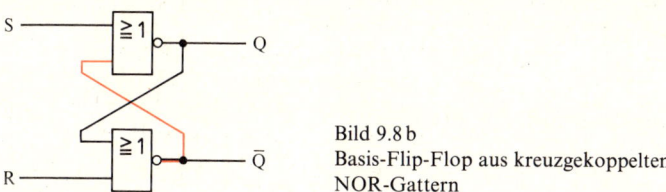

Bild 9.8b
Basis-Flip-Flop aus kreuzgekoppelten NOR-Gattern

Man bezeichnet die Anordnung der kreuzgekoppelten NOR-Glieder als Basis-Flip-Flop oder NOR-Latch.
Wird an den Eingang S H-Potential und an den Eingang R L-Potential gelegt, so ergibt sich folgender Schaltzustand (Bild 9.9)

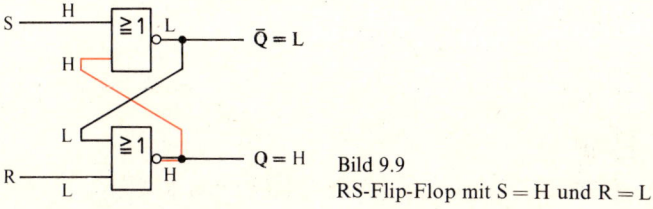

Bild 9.9
RS-Flip-Flop mit S = H und R = L

Wird nun am Eingang S L-Potential angelegt, so bleibt der gezeichnete Schaltzustand erhalten. Man sagt, das Flip-Flop (FF) ist gesetzt.

Legt man an S = L-Potential und R = H-Potential, so stellt sich folgender Schaltzustand ein: (Bild 9.10)

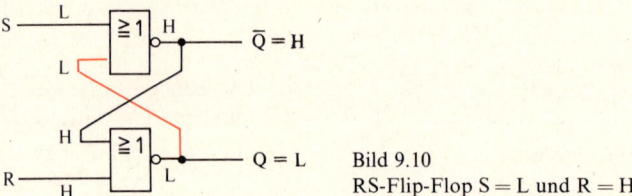

Bild 9.10
RS-Flip-Flop S = L und R = H

Jetzt kippt das Flip-Flop in den entgegengesetzten Zustand. Man sagt das Flip-Flop ist zurückgesetzt.

Nach der Bezeichnung der Eingänge (S und R) und deren Wirkung auf den Ausgang wird dieses Flip-Flop R(= Rücksetz-) S(= Setz)-Flip-Flop genannt.

Liegen die beiden Eingänge auf H, so entsteht ein unbestimmter Zustand des Flip-Flops. Entsprechend der NOR-Verknüpfung erscheint an beiden Ausgängen L. Dieser Zustand ist zu vermeiden. Die vollständige Schaltfolgetabelle zeigt Tabelle 9.5a:

	Q_v	S	R	Q_n
0	L	L	L	L
1	L	L	H	L
2	L	H	L	H
3	L	H	H	?
4	H	L	L	H
5	H	L	H	L
6	H	H	L	H
7	H	H	H	?

Die Kombinationen 3 u. 7 sind zu vermeiden!

Tabelle 9.5a Schaltfolgetabelle des RS-Flip-Flops

Die Tabelle 9.5b zeigt die Vereinfachung der Schaltfolgetabelle von Bild 9.5b. X bedeutet, daß die Eingangsbelegung sowohl L, als auch H sein kann.

9.2 Kontaktlose Schaltwerke

Q_v	S	R	Q_n
L	L	X	L
L	H	L	H
H	L	H	L
H	X	L	H

Tabelle 9.5b
Vereinfachte Schaltfolgetabelle
für das RS-Flip-Flop

Mit der Schaltfolgetabelle (Tabelle 9.5a) kann folgendes KV-Diagramm gezeichnet werden:

	$\overline{S}$	S	
$\overline{R}$	L	H H	H
R	L	L	?	?
	$\overline{Q_v}$	Q_v	$\overline{Q_v}$

Bild 9.11   KV-Diagramm für das RS-Flip-Flop

Es ergibt sich nachstehende vereinfachte Schaltungsgleichung:

$$Q_n = \overline{R}S \vee \overline{R}Q_v.$$

Um zu verhindern, daß R und S gleichzeitig H werden, ist eine Zusatzbedingung erforderlich. Diese lautet:

$$S \wedge R = L.$$

Diese beiden Gleichungen sind die charakteristischen Gleichungen des RS-Flip-Flops. Die Schaltfolgetabelle (Tabelle 9.5a) kann auch in Kurzform geschrieben werden (Tabelle 9.6).

Q_v	S	R	Q_n	Funktionsweise	S	R	Q_n
L	L	L	L	Sind beide Eingänge L,			
H	L	L	H	so bleibt der vorhergehende Zustand erhalten.	L	L	Q_v
L	H	L	H	Ist der Setzeingang H,			
H	H	L	H	so wird das FF gesetzt, der Ausgang wird H.	H	L	H
L	L	H	L	Ist der Rücksetzeingang H,			
H	L	H	L	so wird das FF zurückgesetzt.	L	H	L
L	H	H	?	Dieser Zustand darf nicht auf-			
H	H	H	?	treten. Der Ausgangszustand des FF ist nicht definiert.	H	H	?

Tabelle 9.6   Vereinfachung der Schaltfolgetabelle für das RS-Flip-Flop

Bild 9.12 zeigt das Symbol des RS-FF.

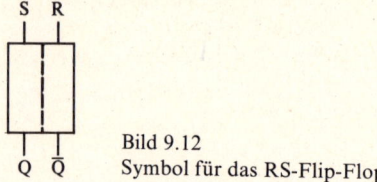

Bild 9.12
Symbol für das RS-Flip-Flop

Im Gegensatz zu den beschriebenen EL- und SL-FFs besitzt das RS-Flip-Flop keine Vorzugslage. Außerdem besitzt das RS-Flip-Flop keine Dominanz, wenn R und S gleichzeitig H sind. Dieser Zustand ist verboten. (Es entsteht an beiden Ausgängen L.) Anschaulich zeigt das Impulsdiagramm (Bild 9.13) die Funktionsweise des RS-Flip-Flops.

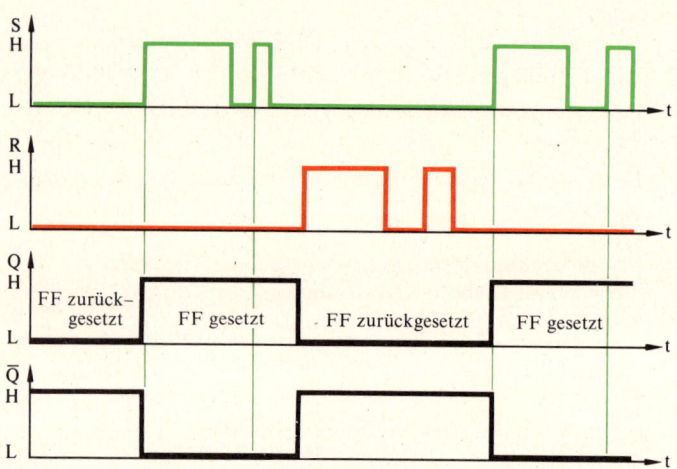

Bild 9.13   Impulsdiagramm des RS-Flip-Flops

Das Flip-Flop schaltet sofort beim Ansteigen des Eingangspotentials. Nur der erste Impuls des jeweiligen Eingangs führt zum Umschalten. Die Impulsbreite ist ohne Bedeutung. Die Mindestdauer kann den Datenblättern entnommen werden. Man nennt wegen dieser Eigenschaften diese FFs auch asynchrone Flip-Flops. Sie können zu beliebigen Zeiten gesetzt und gelöscht werden.

Die Funktionsweise kann auch mit einer Formelsprache, einem Programm, beschrieben werden. Dazu ist ein Zustands-Folgediagramm, ein Graph geeignet (Bild 9.14).

In diesen werden in Kreise die Zustände eingeschrieben, die auftreten können. Die Änderungen werden durch Pfeile gekennzeichnet. An diese werden die zur Änderung erforderlichen Bedingungen eingetragen.

9.2 Kontaktlose Schaltwerke

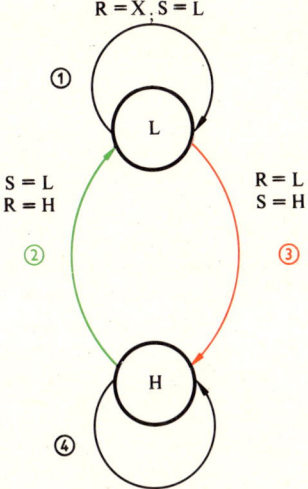

① Wenn R = X und S = L, ergibt sich L.
② Wenn R = H und davor Q = H, ergibt sich L.
③ Wenn S = H und davor Q = L, ergibt sich H.
④ Wenn R = L und S = X ergibt sich H.

Bild 9.14
Graph für das RS-Flip-Flop

9.2.1.2 Basis-Flip-Flop mit NAND-Gattern

Auch mit kreuzgekoppelten NAND-Gattern läßt sich Flip-Flop-Verhalten erreichen. Damit gleiches Schaltverhalten erreicht wird, wird vor die Eingänge je eine Negation geschaltet.(Bild 9.15)

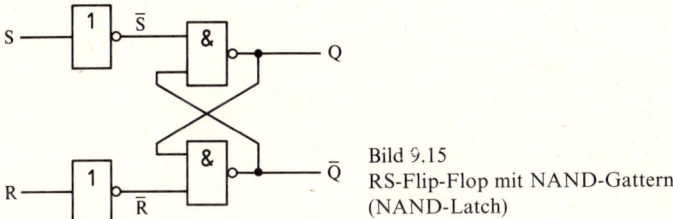

Bild 9.15
RS-Flip-Flop mit NAND-Gattern
(NAND-Latch)

Die Funktionsweise wird für die verschiedenen Eingangszustände betrachtet.
a) Ist R = H und damit $\bar{R}$ = L sowie S = L und $\bar{S}$ = H, dann wird Q = L und $\bar{Q}$ = H. Bei diesen Eingangsbedingungen ist die NAND-Funktion richtig erfüllt.
b) Wird R = L ($\bar{R}$ = H) und S = H ($\bar{S}$ = L), so stellt sich Q = H und $\bar{Q}$ = L ein.
c) Für R = L, bzw. $\bar{R}$ = H und S = L, bzw. $\bar{S}$ = H ergeben sich folgende Möglichkeiten (Bild 9.16)

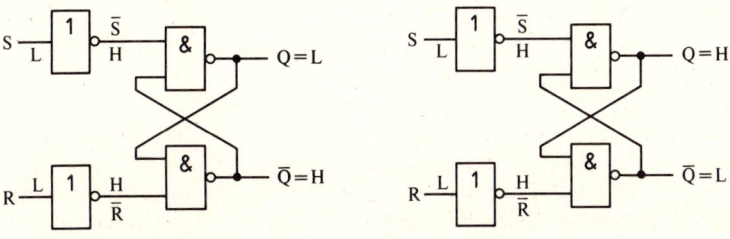

Bild 9.16 RS-Flip-Flop mit NAND-Gattern bei R und S = L

Diese Eingangskombination paßt für beide Lagen des Flip-Flops gleich gut. Das Flip-Flop reagiert überhaupt nicht. Die vorhergehende Lage bleibt erhalten. ($Q_n = Q_V$)

d) Ist $R = H$ ($\bar{R} = L$) und $S = H$ ($\bar{S} = L$), so liegt jeweils an einem Eingang der NAND-Gatter L. An deren Ausgang erscheint demzufolge H. Damit hat sowohl Q, als auch $\bar{Q} = H$. Dies ist jedoch keine definierte Lage des Flip-Flops. Sie ist daher zu vermeiden. Die Schaltfolgetabelle des RS-Flip-Flops lautet demnach: (Tabelle 9.7)

S	R	$\bar{S}$	$\bar{R}$	Q_n	$\bar{Q}_n$	Beschreibung
L	L	H	H	Q_V	$\bar{Q}_V$	(c)
L	H	H	L	L	H	(a)
H	L	L	H	H	L	(b)
H	H	L	L	H	H	(d) zu vermeiden

Tabelle 9.7 Schaltfolgetabelle des RS-Flip-Flops mit NAND-Gliedern (NAND-Latch)

9.3 Das getaktete RS-Flip-Flop

Soll die Übernahme der Information erst zu einem bestimmten Zeitpunkt, dem Takt erfolgen, so ist eine zusätzliche Schaltung erforderlich. Statt der Negationsglieder an den Eingängen, werden NAND-Glieder verwandt, denen der Takt (T = cp) zugeführt wird.(Bild 9.17)

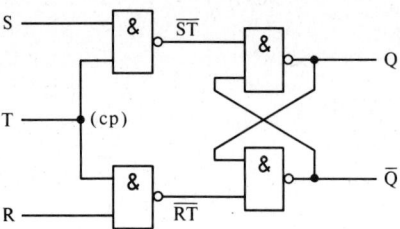

Bild 9.17 Getaktetes RS-Flip-Flop

Jetzt sind R und S zu Vorbereitungseingängen geworden. Der Takteingang T (cp) bestimmt den Zeitpunkt, zu dem die an den Vorbereitungseingängen angelegte Information in das Flip-Flop übernommen wird. Für die Schaltung (Bild 9.17) ergibt sich mit der vereinfachten Tabelle 9.7 folgende Schaltfolgetabelle: (Tabelle 9.8)

9.3 Das getaktete RS-Flip-Flop

S	R	T	$\overline{ST}$	$\overline{RT}$	Q_n	$\overline{Q}_n$
L	L	L	H	H	Q_v	$\overline{Q}_v$
L	H	L	H	H	Q_v	$\overline{Q}_v$
H	L	L	H	H	Q_v	$\overline{Q}_v$
H	H	L	H	H	Q_v	$\overline{Q}_v$
L	L	H	H	H	Q_v	$\overline{Q}_v$
L	H	H	H	L	L	H
H	L	H	L	H	H	L
H	H	H	L	L	H	H	zu vermeiden

Tabelle 9.8 Schaltfolgetabelle für das getaktete RS-Flip-Flop

So lange der Takteingang L ist, verändert sich der Ausgang nicht. Wenn der Takteingang T (cp) H wird, ergibt sich die gleiche Schaltfolgetabelle wie beim RS-Flip-Flop. (Tabelle 9.7)
Ein kurzzeitiges H-Signal, ein Impuls auf den Takteingang genügt, um die anliegende Eingangsinformation in das Flip-Flop zu übernehmen. Durch diese Taktschaltung wird die Störanfälligkeit wesentlich herabgesetzt. Störungen an R und S können sich jetzt nur noch während des Taktimpulses auswirken.
In einer Schaltung mit getakteten Flip-Flops können an den Vorbereitungseingängen R und S schon vor dem Eintreffen des Taktimpulses andere Informationen anliegen. Erst bei Eintreffen des Taktes werden diese Informationen gespeichert. Als Symbol für das getaktete Flip-Flop wird verwendet (Bild 9.18).

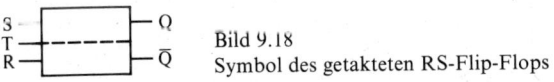

Bild 9.18
Symbol des getakteten RS-Flip-Flops

Dieses Flip-Flop wird mit der ansteigenden Flanke des Taktsignals umgeschaltet.

9.4 Das D-Flip-Flop

Aus dem getakteten RS-Flip-Flop kann durch eine Erweiterung mit einer Negation ein D-Flip-Flop gewonnen werden. Der D-Eingang wird mit dem S-Eingang verbunden. Über einen Inverter wird er außerdem dem R-Eingang zugeführt.(Bild 9.19)

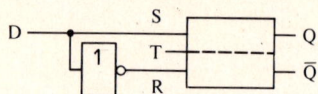

Bild 9.19 Schaltung für D-Flip-Flop

Es ergibt sich folgende Schaltfolgetabelle (Tabelle 9.9)

Q_v	D	T	Q_n
L	L	L	L
L	L	H	L
L	H	L	L
L	H	H	H
H	L	L	H
H	L	H	L
H	H	L	H
H	H	H	H

Tabelle 9.9
Schaltfolgetabelle für das D-Flip-Flop

Diese Wirkungsweise zeigt auch das Impuls-Diagramm (Bild 9.20)

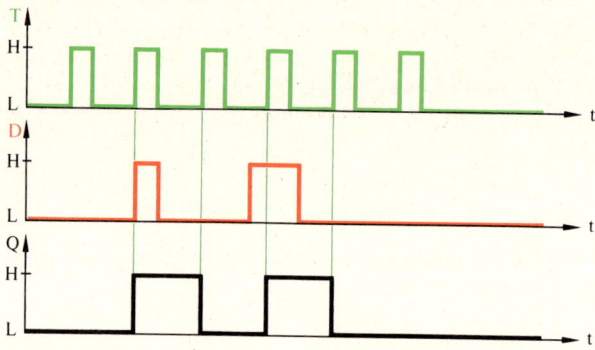

Bild 9.20 Impulsdiagramm des D-Flip-Flop

Aus dem Impulsdiagramm kann man ablesen, daß die von D gegebene Information immer dann übernommen wird, wenn der Takt T = H ist. Die Schaltfolgetabelle kann deshalb auch vereinfacht geschrieben werden: (Tabelle 9.10)

9.5 Flip-Flop mit Zwischenspeicherung

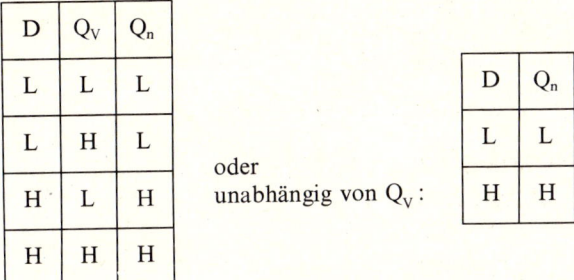

Tabelle 9.10 Vereinfachte Schaltfolgetabelle für das D-Flip-Flop

Beim D-Flip-Flop gibt es keine unbestimmten Zustände. Die Bezeichnung D-Flip-Flop ist entstanden aus Data-FF bzw. Data-latch (D auch delay = verzögern).

9.5 Flip-Flops mit Zwischenspeicherung (Zähl-Flip-Flops)

Bei allen betrachteten Speichergliedern bewirken die Eingangssignale praktisch unverzögert eine Veränderung der Ausgangsstellung des Speichergliedes.
In vielen Anwendungsfällen (z. B. in Zählschaltungen) werden FFs benötigt, die gleichzeitig an den Eingängen eine Information aufnehmen, jedoch an den Ausgängen eine andere abgeben können. Es sind deshalb Flip-Flops mit Zwischenspeicher nötig.
Zur Zwischenspeicherung werden zwei Methoden verwandt: kapazitive Speicherung, oder Speicherung durch ein zusätzliches Hilfs-Flip-Flop.
Bei integrierten Schaltungen lassen sich Kondensatoren nur sehr schlecht realisieren, deshalb wird das zweite Verfahren, nämlich Zwischenspeicherung mit einem Hilfs-Flip-Flop bevorzugt. Das Hilfs-Flip-Flop muß seinen Takt zu einer anderen Zeit erhalten, wie das Haupt-Flip-Flop. Dazu wird die Taktpause ausgenutzt. Durch eine einfache Negation des Taktsignals kann dies erreicht werden.
Die Information wird dem Hilfs-Flip-Flop zugeführt, man nennt diesen Teil auch Master-Flip-Flop. Das Haupt-Flip-Flop führt nur noch die Befehle des Master-Flip-Flops aus (Slave).

9.5.1 Das RS-Master-Slave-Flip-Flop

Damit ergibt sich folgende Schaltung für das RS-Master-Slave-Flip-Flop: (Bild 9.21)

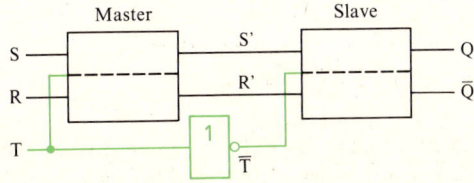

Bild 9.21 RS-Master-Slave-Flip-Flop

Auch bei diesem RS- Master-Slave-Flip-Flop ergeben sich bei der Eingangsinformation R = H und S = H undefinierte Flip-Flop-Stellungen. Sie sind daher zu vermeiden.

9.5.2   Das JK-Master-Slave-Flip-Flop.

Der genannte Nachteil wird vermieden, wenn die Ausgänge Q und $\bar{Q}$ an die Eingänge R bzw. S zurückgeführt werden. Diese Rückführung wird mit zwei UND-Verknüpfungen verwirklicht. Man nennt jetzt die Eingänge J und K. Diese Bezeichnungen haben keine besondere Bedeutung. Bild 9.22 zeigt die entsprechende Schaltung.

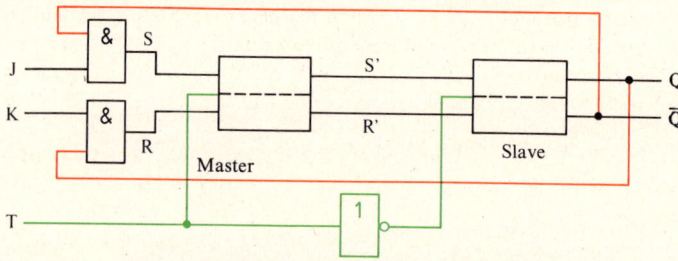

Bild 9.22   Prinzipschaltung des JK-Master-Slave-Flip-Flops

Die ausführliche Schaltung (Bild 9.23) zeigt, wie dieses Flip-Flop mit einfachen RS-Basis-Flip-Flops aufgebaut werden kann.

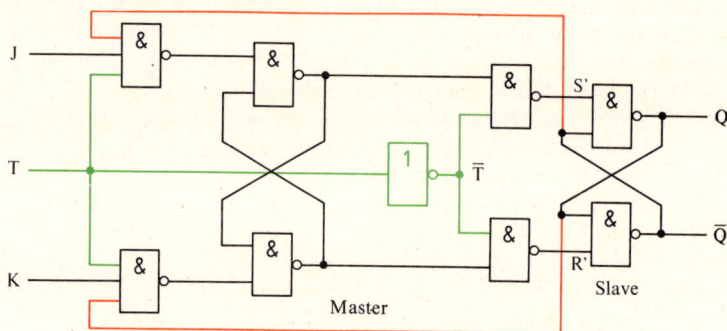

Bild 9.23   Ausführliche Schaltung für das JK-Master-Slave-Flip-Flop

Zur Steuerung des Flip-Flops werden die ansteigende und die abfallende Flanke des Taktimpulses verwendet.
Während des Taktimpulses ergeben sich folgende Zustände im JK-Master-Slave-Flip-Flop: Bild 9.24a

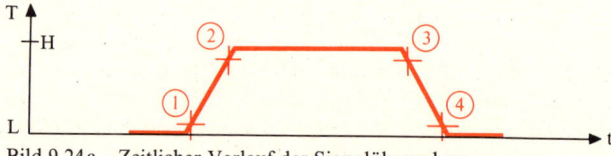

Bild 9.24a   Zeitlicher Verlauf der Signalübernahme

9.5 Flip-Flop mit Zwischenspeicherung

1) Während der Anstiegsflanke (Übergang von L auf H) trennt der Inverter $\overline{T}$ das Slave-Flip-Flop vom Master-Flip-Flop ①. Danach wird die an den Eingängen J und K liegende Information im Zwischenspeicher (Master) gespeichert ②.
2) So lange der Takt H ist, bleibt diese Information gespeichert.
3) Bei der absteigenden Flanke werden die beiden UND-Verknüpfungen am Eingang des Masters gesperrt ③. Danach werden mit dem Inverter des Taktsignals die Eingänge des Slave geöffnet. Jetzt wird die an den Ausgängen des Masters anliegende Information in den Slave übernommen ④.

Damit die eingegebene Information sicher übernommen wird, müssen die Potentiale an den Eingängen J und K bis zum Ablauf der negativen Flanke vorhanden sein.
Nach Ablauf des Taktimpulses erscheint die Information an den Ausgängen Q bzw. $\overline{Q}$.
Das JK-Master-Slave-Flip-Flop kann auch Informationen übernehmen, die sich erst nach der positiven Flanke des Taktes (also während der Takt H ist) an den FF-Eingängen einstellt.
Man nennt solche FFs zustandsgesteuert. Im Gegensatz dazu stehen die taktflankengesteuerten FFs, bei welchen die Information nur zum Zeitpunkt der Flanke übernommen werden kann.
Für das JK-Master-Slave-Flip-Flop wurde folgendes Symbol gewählt (Bild 9.24b):

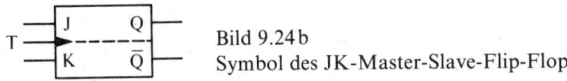

Bild 9.24b
Symbol des JK-Master-Slave-Flip-Flop

Bild 9.24c zeigt die Anschlußanordnung von JK-MSFFs (Ansicht von oben) in einem integrierten Baustein.

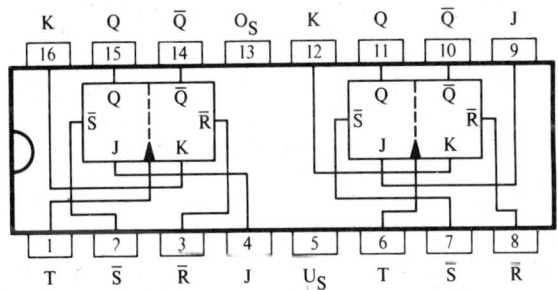

Bild 9.24c Anschlußanordnung für das JK-MS-FF (7476)

Mit den Eingängen S und R kann das FF unabhängig vom Takt gesetzt werden. Diese Eingänge haben Dominanz.
Das schwarze Dreieck am Takteingang weist darauf hin, daß der Ausgang mit abfallender Flanke (H nach L) entsprechend den Eingangsbedingungen (J und K) umgeschaltet wird.
Aus dem Schaltbild 9.23 lassen sich die Zusammenhänge zwischen den Eingangskombinationen J und K und den Ausgangskombinationen Q und $\overline{Q}$ ablesen.

1) Wenn an beiden Eingängen J und K   L vorhanden ist, bleiben bei Eintreffen des Taktes die Eingangs-NAND-Glieder in ihrem ursprünglichen Zustand. Der vorhergehende Zustand des FF bleibt erhalten (NAND-Bedingung nicht erfüllt).
2) Bei J = L und K = H, bleibt die J zugeordnete NAND-Verknüpfung gesperrt. Für die K zugeordnete NAND-Verknüpfung ist jedoch beim nächsten Takt die NAND-Bedingung erfüllt. War vorher am Ausgang Q H vorhanden, so kippt das FF, es entsteht L. War vorher L vorhanden, so ändert sich nichts, der vorherige Zustand wird beibehalten.
3) Bei J = H und K = L, bleibt die K zugeordnete NAND-Verknüpfung gesperrt. Für die J zugeordnete NAND-Verknüpfung ist beim nächsten Takt die NAND-Bedingung erfüllt. War vorher am Ausgang Q L vorhanden, so entsteht jetzt H. War vorher H vorhanden, so ändert sich nichts.
4) Bei J = H und K = H kippt das FF bei jedem Takt. Durch die gekreuzte Rückführung der Ausgänge auf die Eingänge, wird stets ein Eingang vorbereitet, der andere gesperrt. Liegt H an Q, so wird der Eingang K vorbereitet, liegt H an $\bar{Q}$, der Eingang J.

Zusammenfassend kann man sagen:
1) **Haben beide Eingänge L-Potential, so bleibt der vorhergehende Zustand erhalten. ($Q_n = Q_V$)**
2) **Durch H an den K-Eingang wird der Ausgang Q = L. (Flip-Flop wird zurückgesetzt.)**
3) **Liegt H am Eingang J, so wird das FF gesetzt, es erscheint H am Ausgang Q.**
4) **Haben die Eingänge J und K H-Potential, so wird die bestehende Ausgangskombination negiert. Das FF kippt bei jedem Takt.**

Bezeichnet man mit Q_V den Schaltzustand des FF vor dem Takt, und mit Q_n nach dem Takt, so ergibt sich folgende Schaltfolgetabelle:

Q_V	J	K	Q_n		Q_V	J	K	Q_n
L	L	L	L	a	L	L	X	L
L	L	H	L					
H	H	L	H	b	H	X	L	H
H	L	L	H					
L	H	L	H	c	L	H	X	H
L	H	H	H					
H	L	H	L	d	H	X	H	L
H	H	H	L					

Tabelle 9.11
Schaltfolgetabelle des JK-FF (ausführliche und vereinfachte Form)

Geht man von den gewünschten Zuständen aus, so folgt aus der Schaltfolgetabelle (Tabelle 9.11):

9.5 Flip-Flop mit Zwischenspeicherung

a) Soll nach dem nächsten Takt das vorhandene L-Potential erhalten bleiben, so muß J = L-Potential besitzen. K kann sowohl L, als auch H-Potential besitzen, also X.
b) Soll H-Potential erhalten bleiben, so muß K = L sein. J kann sowohl H, als auch L sein (X).
c) Soll der Ausgang Q von L nach H wechseln, so muß an J = H-Potential anliegen. Das Potential an K kann sowohl H, als auch L sein, also X.
d) Wird ein Wechsel von H nach L gewünscht, so muß an K = H-Potential vorhanden sein. Das Potential an J kann sowohl L, als auch H, also X sein.

Tabelle 9.11 zeigt rechts die Kurzform der Schaltfolgetabelle.
Für jeden Eingang gibt es nur in zwei Fällen zwingende Vorschriften.
J muß L-Potential besitzen, wenn am Ausgang L-Potential erhalten bleiben soll. Es muß H vorhanden sein, wenn ein Übergang von L auf H erfolgen soll.
K muß L-Potential besitzen, wenn am Ausgang H-Potential erhalten bleiben soll Es muß H vorhanden sein, wenn ein Übergang von H nach L erfolgen soll.
Aus der vollständigen Schaltfolgetabelle (Tabelle 9.11) ergibt sich nachstehendes KV-Diagramm (Bild 9.25):

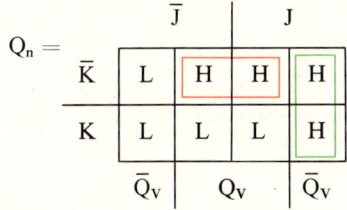

Bild 9.25
KV-Diagramm für das JK-Flip-Flop

Aus dem KV-Diagramm (Bild 9.25) läßt sich folgende charakteristische Gleichung ablesen:

$$Q_n = \overline{K} Q_V \vee J \overline{Q}_V.$$

Die Wirkungsweise des JK-FF ist auch gut aus dem Impulsdiagramm ersichtlich (Bild 9.26)

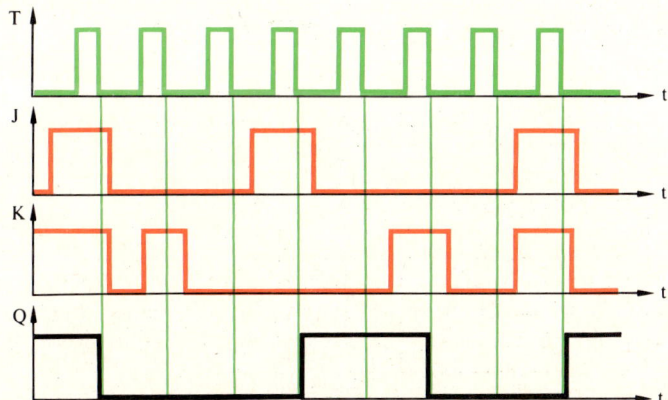

Bild 9.26 Impulsdiagramm des JK-Flip-Flops

Auch mit dem Zustandsfolgediagramm, dem Graph, läßt sich die Wirkungsweise gut beschreiben. (Bild 9.27)

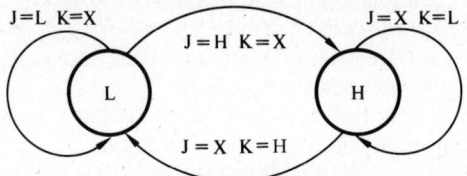

Bild 9.27   Graph für das JK-Flip-Flop

Die Schaltfolgetabelle (Tabelle 9.11) kann auch anders dargestellt werden (Tabelle 9.12)

J	K	Q_n	
L	L	Q_V	Schaltzustand des FF bleibt erhalten
L	H	L	Am Ausgang erscheint L
H	L	H	Am Ausgang erscheint H
H	H	$\overline{Q}_V$	Das FF kippt in die entgegengesetzte Lage

Tabelle 9.12   Schaltfolgetabelle des JK-Flip-Flops

Wird also nur der Takteingang angeschlossen, so ändert sich der Ausgang des JK-FF mit jedem Takt. (Nicht belegte Eingänge wirken wie mit H belegt.)
Die meisten JK-Flip-Flops besitzen direktwirkende Setz- und Löscheingänge. Sie dominieren vor den J und K Eingängen. Damit kann der Ausgangszustand unabhängig vom Takt eingestellt werden. Diese Eingänge wirken auf den Slave-Teil des Flip-Flops. Sie werden mit $\overline{R}$ und $\overline{S}$ bezeichnet (Bild 9.24c).
L an $\overline{R}$ bringt Q auf L-Signal (reset = zurücksetzen oder C_D = clear = löschen).
L an $\overline{S}$ setzt das Flip-Flop (S = setzen, oder P_D = preset = vorschreiben).
Nicht belegte Eingänge wirken bei den meisten Systemen so, als ob H-Signal vorhanden wäre.

9.5.3   Das T-Flip-Flop

Dieses FF kann mit einem JK-Master-Slave FF aufgebaut werden. Die beiden Eingänge J und K werden verbunden. Dieser gemeinsame Eingang erhält die Bezeichnung T (trigger = auslösen). Der Eingang T hat hier mit dem Takteingang nichts zu tun. Dieser wird zur Unterscheidung mit c (clock) benannt. (Bild 9.28)

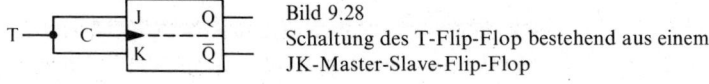

Bild 9.28
Schaltung des T-Flip-Flop bestehend aus einem JK-Master-Slave-Flip-Flop

9.6 Zusammenstellung der Schaltfolgetabellen der behandelten FF-Typen

Liegt am T-Eingang L-Potential, so haben auch die beiden Eingänge J und K L-Potential. Damit ändert das FF seine Lage bei Eintreffen des Taktes nicht.
Liegt H-Potential an T, so besitzen auch J und K H-Potential. Das FF kippt bei jedem Takt in die entgegengesetzte Lage. Es ergibt sich folgende sehr einfache Schaltfolgetabelle (Tabelle 9.13):

T (= J = K)	Q_n
L	Q_v
H	$\overline{Q}_v$

Tabelle 9.13
Schaltfolgetabelle des T-Flip-Flop

Auch das Zustandsfolgediagramm, der Graph, ist sehr einfach darzustellen. (Bild 9.29)

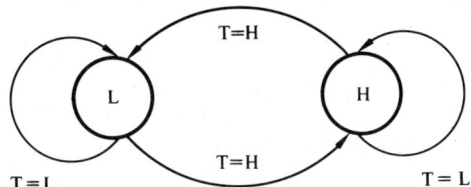

Bild 9.29   Graph für das T-Flip-Flop

9.6   Zusammenstellung der Schaltfolgetabellen der behandelten FF-Typen

9.6.1   Flip-Flops mit zwei Eingängen (Tabelle 9.14)

Eingänge		Ausgang			
E_1	E_2	EL–FF	SL–FF	RS–FF	JK–FF
E, S, S, J	L, L, R, K	$Q_n =$	$Q_n =$	$Q_n =$	$Q_n =$
L	L	Q_v	Q_v	Q_v	Q_v
L	H	L	L	L	L
H	L	H	H	H	H
H	H	L	H	?	$\overline{Q}_v$

Tabelle 9.14   Zusammenstellung der Schaltfolgetabellen für FFs mit zwei Eingängen

Aus dieser Zusammenstellung ist ersichtlich, daß sich die betrachteten Flip-Flops nur in der letzten Zeile, nämlich wenn beide Eingänge H sind, unterscheiden.

Beim EL-Flip-Flop (dominierend Löschen) entsteht am Ausgang L.
Beim SL-Flip-Flop (dominierend Setzen) entsteht H.
Beim RS-FF entsteht bei dieser Eingangskombination ein unbestimmter FF-Zustand.
Beim JK-FF wechselt bei Eintreffen des Taktes das FF seine Lage.

9.6.2 Flip-Flops mit einem Eingang (Tabelle 9.15)

Eingänge	Ausgänge	
D, T	D-FF	T-FF
L	L	Q_v
H	H	$\overline{Q}_v$

Tabelle 9.15
Zusammenstellung der Schaltfolgetabellen der Flip-Flops
mit einem Eingang

9.7 Übungsaufgaben zu 9

Ü 9.1 Ein RS-FF ist wie folgt beschaltet:

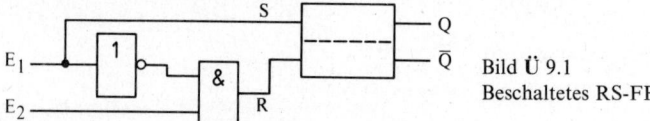

Bild Ü 9.1
Beschaltetes RS-FF

Ü 9.1.1 Entwickeln Sie die Schaltfolgetabelle.
Ü 9.1.2 Welche Eigenschaften hat diese Beschaltung?
Ü 9.1.3 Stellen Sie diese Eigenschaften mit einem Graph dar.
Ü 9.1.4 Zeichnen Sie das Impulsdiagramm.

Ü 9.2 Ein ungetaktetes RS-FF soll so beschaltet werden, daß Rücksetzen (Löschen) dominiert.
Ü 9.2.1 Zeichnen Sie die entsprechende Beschaltung.
Ü 9.2.2 Geben Sie den entsprechenden Graph an.

Ü 9.3 Für zwei Motoren soll eine Folgesteuerung entworfen werden, die folgende Bedingungen erfüllt:
Mit einem Taster b1 wird das Schütz für Motor 1 eingeschaltet. Mit Taster b2 das Schütz für Motor 2. Das Schütz für Motor 2 darf erst eingeschaltet werden können, wenn das Schütz für Motor 1 eingeschaltet ist. Mit dem Taster b3 kann Schütz 1 mit dem Taster b4 Schütz 2 ausgeschaltet werden.

Ü 9.3.1 Zeichnen Sie die entsprechende Schaltung mit Kontakten.
Ü 9.3.2 Die entsprechende Schaltung mit EL-FFs ist zu entwickeln und zu zeichnen. (Verriegelung mit den FFs)
Ü 9.3.3 Was geschieht, wenn zunächst beide Schütze eingeschaltet sind, und b3 gedrückt wird? Welche Wirkung hat b2?

10 Zählschaltungen

Zählschaltungen sind zu unentbehrlichen Bestandteilen aller digital arbeitenden Meß- Steuer- und Regelanlagen geworden. Die zu zählenden Impulse werden im Zähler zu den vorhandenen addiert und dann gespeichert. Am Ausgang erscheint die Summe der eingegebenen Impulse.
Man kann die Zähler unterscheiden:

a) Nach der Zuführung des Impulses in Asynchron- und Synchronzähler.
b) Nach der Zählrichtung in Vorwärts- und Rückwärtszähler.
c) Nach der gewünschten Codierung des Zählergebnisses.

Je nach der Art der verwendeten Flip-Flops ergibt sich ein anderer Aufbau des Zählers. Die Zählkapazität n eines Zählers wird durch die Zahl der verwendeten FFs (m) bestimmt. Es gilt: $2^m \geq n$
entsprechend gilt für die Stufenzahl: $m \geq ld\ n$

ld = Logarithmus dualis (zur Basis 2)

Die Stufenzahl m ist die aus ld n folgende nächste ganze Zahl.
Zum Aufbau der Zählschaltungen werden JK-FFs bevorzugt. Mit dem statischen Eingang $\bar{R}$ kann dieses FF vor Beginn des Zählvorgangs auf Null zurückgesetzt werden.

10.1 Asynchrone Zähler (seriengesteuerte Zähler)

Bei diesen Zählern wird nur dem ersten FF der Impuls direkt zugeführt. Die übrigen FFs erhalten den Takt von anderen FFs der Schaltung. Reine asynchrone Zähler, bei denen jeweils der Takt dem vorhergehenden FF entnommen wird, lassen sich nur für den reinen Dualcode aufbauen. Es lassen sich damit also Zähler bis 3, bis 7, bis 15 usw. aufbauen.

10.1.1 Asynchroner Zähler für den Dualcode zum Zählen von 0 bis 3 mit JK bzw. T-FFs

Die erforderliche Stufenzahl ist: $m = ld\ n = 2$. Es werden also zwei FFs benötigt.
Bei allen asynchronen Zählern ist zunächst zu untersuchen, ob die FFs, die davor liegen immer einen Takt liefern, wenn dieser benötigt wird. Die verwendeten FFs benötigen als Takt einen H-L-Übergang. Für den Dualcode zum Zählen von 0–3 ergibt sich folgende Taktüberlegung:

Impulse	B	A
0	L	L
1	L	H
2	H	L
3	H	H
0	L	L

Tabelle 10.1
Codetabelle für den Dualcode 0 bis 3 mit Taktfestlegung

Dem FF A werden die zu zählenden Impulse (T) direkt zugeführt. Das FF B muß zwischen 1 und 2, sowie zwischen 3 und 0 einen Impuls erhalten. Hier geht der Ausgang des FF A von H nach L über. Der Ausgang des FF A kann also zur Taktgebung verwendet werden. In Bild 10.1 ist dies eingezeichnet.
Damit ergibt sich für die Taktgebung folgende Schaltung:

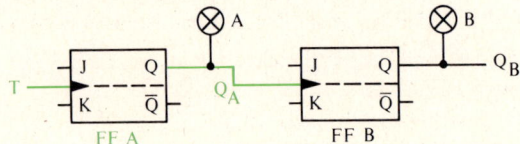

Bild 10.1 Taktgebung für den Zähler 0 bis 3 mit JK-FFs

Als nächstes muß die Eingangsbelegung festgelegt werden, die vorhanden sein muß, damit das FF nach Eintreffen des Taktes die gewünschte Lage einnimmt. Wenn das FF keinen Takt erhält, ist die Eingangsbelegung beliebig (X).

	B	A	J_A	K_A	J_B	K_B
0	L	L	H	X	X	X
1	L	H	X	H	H	X
2	H	L	H	X	X	X
3	H	H	X	H	X	H

Tabelle 10.2 Eingangsbelegung der FFs für den Asynchronzähler von 0 bis 3

Für FF A ist beim ersten Takt ein Übergang von L nach H erforderlich. Nach der Schaltfolgetabelle für das JK-FF (Tabelle 9.11) muß das FF folgende Eingangsbelegung aufweisen:

$J_A = H$ und $K_A = X$.

Nach dem zweiten Takt ist ein Übergang von H nach L nötig. Das FF muß deshalb auf

$J_A = X$ und $K_A = H$

liegen.
Die Eingangsbelegung von FF A wechselt also von X nach H und von H nach X für beide Eingänge.
Das FF B erhält beim ersten Eingangsimpuls keinen Takt.
Die Belegung der Eingänge ist also beliebig (X).
Nach dem ersten Eingangsimpuls muß der Ausgang des FF B von L nach H wechseln.
Die Eingangsbelegung muß also $J_B = H$ und $K_B = X$ sein.
Beim dritten Eingangsimpuls erhält FF B keinen Takt. Die Eingangsbelegung ist also beliebig (X).

10.1 Asynchrone Zähler (seriengesteuerte Zähler)

Beim vierten Eingangsimpuls muß ein Wechsel von H nach L erfolgen. Die Eingangsbelegung muß also $J_B = X$ und $K_B = H$ sein.
Die Eingangsbelegung der beiden FFs wechselt also von H nach X. Unbeschaltete Eingänge der JK-FFs wirken so als ob H angelegt wird. Beide FFs können also unbeschaltet bleiben.
Die Schaltung nach Bild 10.1 ist deshalb bereits zur Zählung von 0–3 geeignet.
Soll der Zähler zu bestimmten Zeiten mit der Zählung beginnen, so werden die JK-FFs als T-FFs geschaltet (Bild 10.2). Dabei ist $J = K = T$.

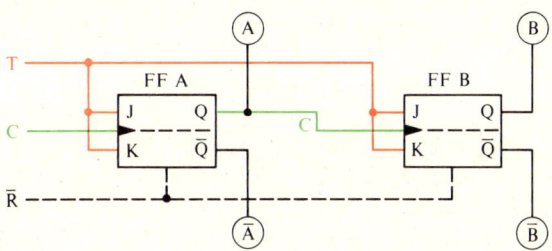

Bild 10.2 Asynchronzähler für den Dualcode mit T-FFs

Wird beim T-FF $T = H$, so ändert sich der Ausgang mit jedem Impuls $Q_n = \overline{Q}_v$.
Bei $T = L$ bleibt der vorhergehende Zustand erhalten.
Mit L an $\overline{R}$ werden beide FFs zurückgesetzt. An den Q-Ausgängen erscheint L.
Zum Zählen wird $T = H$ angelegt. Es ergibt sich folgendes Impulsdiagramm (Bild 10.3).

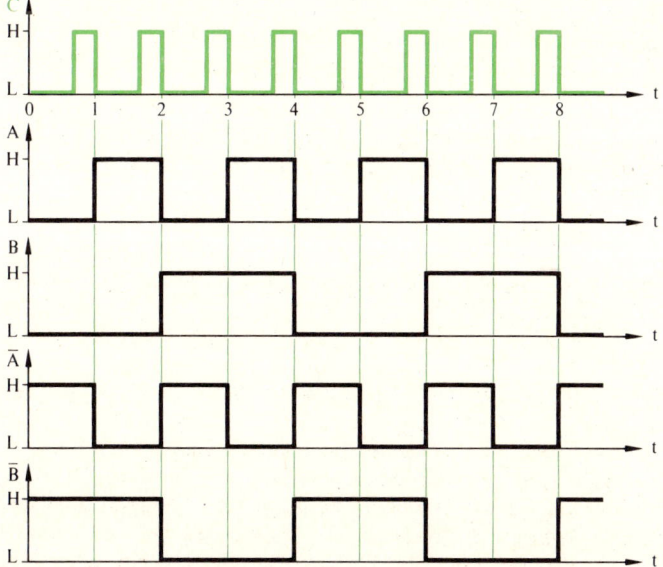

Bild 10.3 Impulsdiagramm für den Dualzähler 0 bis 3 ($T = H$)

Mit dem ersten Eingangsimpuls (fallende Flanke) wird das FF A gesetzt. An den Ausgängen ist jetzt die Kombination $\overline{B}A = LH$ vorhanden. Dies entspricht der Dezimalzahl 1.

Mit dem zweiten Impuls wird das FF A zurückgesetzt. Der Ausgang Q_A liefert mit der abfallenden Flanke (H–L) für das FF B einen Takt. Das FF B wird gesetzt. Die Ausgänge zeigen jetzt $B = H$ und $A = L$, also HL. Dies entspricht der Dezimalzahl 2.

Mit dem dritten Impuls wird das FF A gesetzt. Das FF B bleibt gesetzt. Die Ausgangskombination lautet jetzt:

$A = H$ und $B = H$ In Dezimalzahlen: 3

Daraus erhält man folgende Schaltfolgetabelle (Tabelle 10.3)

Takt	B	A	Dez.-Zahl	$\overline{B}$	$\overline{A}$	Dez.-Zahl
	2^1	2^0		2^1	2^0	
0	L	L	0	H	H	3
1	L	H	1	H	L	2
2	H	L	2	L	H	1
3	H	H	3	L	L	0
4	L	L	0	H	H	3

Tabelle 10.3   Schaltfolgetabelle für den Dualzähler 0 bis 3

An den Ausgängen A und B entsteht ein dualer Vorwärtszähler von 0 bis 3. An den Ausgängen $\overline{A}$ und $\overline{B}$ ein dualer Rückwärtszähler von 3 bis 0.

Mit dem Eingang T kann die Zählung an jeder Stelle unterbrochen werden. Wird L angelegt, bleibt die gerade vorhandene Stellung erhalten. (Die Eingänge J und K der FFs haben L.)

Dieser Zähler kann auch ohne T-Eingänge aufgebaut werden. Nicht belegte Eingänge wirken so, als ob H vorhanden wäre. Es ergibt sich die gleiche Funktionsweise, wenn die rot eingezeichneten T-Leistungen weggelassen werden.

10.1 Asynchrone Zähler (seriengesteuerte Zähler)

10.1.2 Aufbau eines asynchronen Rückwärtszählers im Dualcode von 3 bis 0 mit JK-Flip-Flops

1. Taktuntersuchung

Takt	B	A	$\overline{A}$	Dez.-Zahl
	2	1		
0	H	H	L	3
1	H	L	H	2
2	L	H	L	1
3	L	L	H	0
4	H	H	L	3

Tabelle 10.4 Taktuntersuchung für den asynchronen Rückwärtszähler 3 bis 0

Es ist zu erkennen, daß jetzt der Ausgang des FF A zur Taktgebung für das FF B nicht geeignet ist. Er hat keine H-L-Übergänge, wenn diese am Takteingang von B benötigt werden. Am Ausgang $\overline{A}$ erscheint jedoch immer ein H-L-Übergang, wenn dieser bei B benötigt wird. Deshalb wird dieser Ausgang zur Taktgebung für das FF B benützt. Es ergibt sich folgende Taktschaltung:

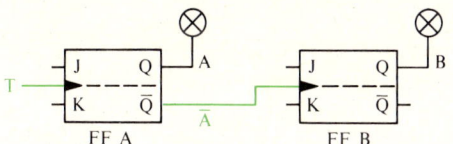

Bild 10.4 Taktschaltung für den asynchronen Rückwärtszähler 3–0

Damit ergibt sich folgende Eingangsbelegung:

Takt	B	A	Dez.-Zahl	J_A	K_A	J_B	K_B
	2	1					
0	H	H	3	X	H	X	X
1	H	L	2	H	X	X	H
2	L	H	1	X	H	X	X
3	L	L	0	H	X	H	X
4	H	H	3	X	H	X	X

Tabelle 10.5 Für die Eingangsbelegung der beiden JK FF's A und B

Man beachte, daß an den Stellen des B-FFs, bei denen kein Takt kommt, die Eingangsbelegung (XX) beliebig sein kann. Bei allen FFs wechselt die Eingangsbelegung von X nach H und umgekehrt. Es tritt kein L auf. Da nicht belegte Eingänge so wirken, als ob H vorhanden ist (bei TTL-Technik), können die J-K-Eingänge unbeschaltet bleiben.

Das Bild 10.4 (Taktschaltung) ist damit bereits vollständig. Durch eine einfache Umschaltung des Takt des Eingangs von B von A auf $\overline{A}$ wurde aus einem Vorwärtszähler ein Rückwärtszähler.

10.1.3 Asynchronzähler im 8421-Code (BCD-Code) mit JK MS-FF

Für den BCD-Code gilt folgende Codetabelle: (Tabelle 10.6 bzw. 8.2)

	D	C	B	A	Impulse
0	L	L	L	L	
1	L	L	L	H	
2	L	L	H	L	
3	L	L	H	H	
4	L	H	L	L	
5	L	H	L	H	
6	L	H	H	L	
7	L	H	H	H	
8	H	L	L	L	
9	H	L	L	H	
0	L	L	L	L	

Tabelle 10.6 Codetabelle für den 8421-Code mit Eintragung des Taktes für einen Asynchronzähler

Zunächst muß die Taktgebung für die einzelnen FFs untersucht werden. Das JK-FF schaltet mit abfallender Flanke, also Übergang von H nach L. Die entsprechenden Takte sind in der Codiertabelle eingetragen (↓ und ↓).

Das FF A erhält den Takt direkt von den zu zählenden Impulsen.

Aus der Tabelle 10.6 ist ersichtlich, daß das FFA immer einen H-L-Übergang besitzt, wenn das FF B in die andere Lage gebracht werden soll. Der Ausgang des FF A kann

10.1 Asynchrone Zähler (seriengesteuerte Zähler)

also zur Taktgebung für FF B verwendet werden. Beim Übergang von 9 nach 0 ist zwar ein Takt vorhanden, hier soll das FF B jedoch nicht kippen. Dies muß bei der Eingangsbeschaltung (J = L, K = X) berücksichtigt werden.

Ebenso liefert das FF B einen H-L-Übergang, wenn das FF C kippen soll. Zur Taktgebung kann also der Ausgang von FF B verwendet werden.

Das FF D soll zwischen 7 und 8 und 9 und 0 kippen. Weder B noch C können hier zur Taktgebung verwendet werden. Der Takt für D muß dem Ausgang des FF A entnommen werden. Auch hier muß durch eine entsprechende Ansteuerschaltung verhindert werden, daß die nicht benötigten Takte zu einer unerwünschten Änderung des Zustandes des FF führen.

Damit ergibt sich die auf Bild 10.5 wiedergegebene Schaltung für den Takt.

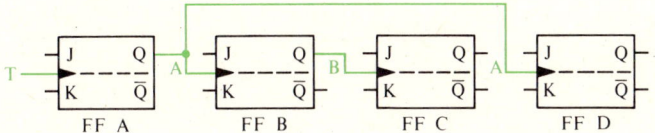

Bild 10.5 Schaltung für den Takt des asynchronen Vorwärtszählers im BCD (8421)-Code

Jetzt kann mit Hilfe der Schaltfolgetabelle des JK-FF (Tabelle 9.11) die Eingangsbeschaltung der FFs festgelegt werden. Die vereinfachte Form lautet: (Tabelle 10.7)

Q_v	J	K	Q_n
L	L	X	L
H	X	L	H
L	H	X	H
H	X	H	L

Tabelle 10.7
Vereinfachte Schaltfolgetabelle des JK-FFs

1) Beschaltung für FF A:
Aus der Codetabelle ist ersichtlich, daß der Ausgang des FF A beim ersten Takt von L nach H wechselt. Vor Eintreffen dieses Taktes müssen nach der Schaltfolgetabelle (Tabelle 10.7) die Eingänge folgende Beschaltung aufweisen: $J_A = H$ und $K_A = X$.
Beim zweiten Takt muß ein Wechsel von H nach L stattfinden. Die Eingänge müssen also folgende Beschaltung aufweisen: $J_A = X$ und $K_A = H$. Vor dem nächsten Takt wieder $J_A = H$ und $K_A = X$. Dieser Wechsel wiederholt sich immer wieder.

2) Beschaltung für FF B:
Der erste Eingangsimpuls an FF A liefert für FF B keinen Takt. Die Beschaltung des FF-Eingangs ist also beliebig $J_A = X$ und $K_A = X$. Der zweite Takt an FF A führt zu einem H-L-Übergang an dessen Ausgang. Damit erhält FF B einen Takt, der zu einer Änderung des Ausgangs von L nach H führen soll. Davor muß also $J_A = H$ und $K_A = X$

sein. Beim nächsten Eingangsimpuls erhält FF B wieder keinen Takt. Die Eingangsbeschaltung ist also beliebig (XX). Für jeden Takt wird die gleiche Untersuchung durchgeführt.

3) Beschaltung für FF C:
Das FF C erhält erst beim vierten Eingangsimpuls einen Takt. Davor ist die Eingangsbeschaltung beliebig X. Vor dem vierten Takt müssen die Eingänge $J_C = H$ und $K_C = X$ besitzen, damit der gewünschte Wechsel von L nach H erfolgt.

4) Beschaltung für FF D:
Beim FF D bringt jeder zweite Eingangsimpuls einen Takt. Das Kippen muß jedoch bis zum siebten Eingangsimpuls verhindert werden. Es muß also auch dafür eine Eingangsbeschaltung festgelegt werden.

Aus diesen Überlegungen ergibt sich folgende Schaltfolgetabelle für die Eingänge der FFs: (Tabelle 10.8)

Zählimpuls	D	C	B	A	J_D	K_D	J_C	K_C	J_B	K_B	J_A	K_A
0	L	L	L	L	X	X	X	X	X	X	H	X
1	L	L	L	H	L	X	X	X	H	X	X	H
2	L	L	H	L	X	X	X	X	X	X	H	X
3	L	L	H	H	L	X	H	X	X	H	X	H
4	L	H	L	L	X	X	X	X	X	X	H	X
5	L	H	L	H	L	X	X	X	H	X	X	H
6	L	H	H	L	X	X	X	X	X	X	H	X
7	L	H	H	H	H	X	X	H	X	H	X	H
8	H	L	L	L	X	X	X	X	X	X	H	X
9	H	L	L	H	X	H	X	X	L	X	X	H
0	L	L	L	L	X	X	X	X	X	X	H	X

Tabelle 10.8 Schaltfolgetabelle für die Eingänge der FF A bis D

Aus Tabelle 10.8 ersieht man, daß die Eingänge J_A, K_A, K_B, J_C, K_C und K_D nur mit H bzw. X beschaltet werden müssen. Da X beliebig H oder L gewählt werden kann, sind die Eingänge mit H zu beschalten (oder unbeschaltet zu lassen).

10.1 Asynchrone Zähler (seriengesteuerte Zähler)

Um eine möglichst einfache Beschaltung für die Eingänge J_B und J_D zu erhalten, werden die entsprechenden KV-Diagramme gezeichnet (10.6).
Zuerst werden die Pseudotetraden eingezeichnet.

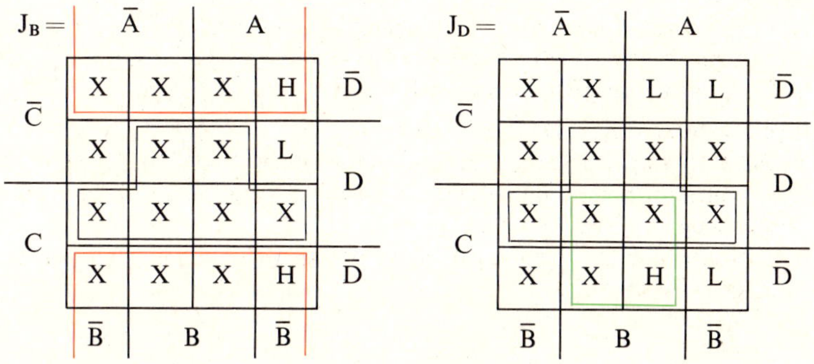

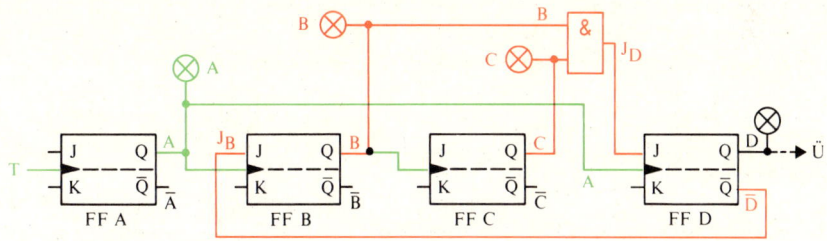

Bild 10.6 KV-Diagramme für die Eingänge J_B und J_D des Asynchronzählers im BCD (8421)-Code mit JK-MS-FFs

Aus den KV-Diagrammen (Bild 10.6) ergeben sich folgende Schaltungsgleichungen für die Eingänge J_B und J_D:

$$J_B = \overline{D}; \quad J_D = BC, \text{ mit NAND-Gliedern: } J_D = \overline{\overline{BC}}.$$

Damit entsteht die folgende Zählschaltung (Bild 10.7)

Bild 10.7 Asynchrone Zählschaltung im BCD-Code mit JK-MS-FFs (vorwärtszählend)

Beim Wechsel von 9 auf 0 muß von der Zähldekade ein Übertrag an die nächste Zähldekade geliefert werden. Dazu ist ein H-L-Übergang erforderlich. Dieser könnte vom FF A und vom FF D geliefert werden. Das FF A hat jedoch während des Zählens mehrere H-L-Übergänge. Es besteht keine eindeutige Zuordnung zum Übergang von 9 auf 0.
Das FF D besitzt nur einen einzigen H-L-Übergang, der von 9 auf 0 führt. Mit diesem Übergang kann die nächste Zähldekade angesteuert werden (schwarz gestrichelt eingezeichnet). Dies ist ein asynchroner Übertrag.

10.2 Synchronzähler (parallel-gesteuert)

Bei den Synchronzählern erhalten alle FFs gleichzeitig die Zählimpulse. Überlegungen, welchem FF der Takt entnommen werden kann, sind also nicht nötig. Dafür wird die Ansteuerschaltung der einzelnen FFs komplizierter.

10.2.1 Synchronzähler im Dual-Code mit JK-MS-FFs (vorwärts 0-3)

An einem einfachen Beispiel mit 2 FFs wird der Aufbau gezeigt. Aus der Code-Tabelle wird die Ansteuerschaltung mit Hilfe der vereinfachten Schaltfolgetabelle des JK-FFs abgeleitet.(Tabelle 10.9)

	B	A	J_B	K_B	J_A	K_A
0	L	L	L	X	H	X
1	L	H	H	X	X	H
2	H	L	X	L	H	X
3	H	H	X	H	X	H
0	L	L	L	X	H	X

Tabelle 10.9
Schaltfolgetabelle für die Ansteuerschaltung der FFs für den Synchronzähler 0 bis 3

Ansteuerschaltung für FF A:
Mit dem 1. Impuls muß der Ausgang des FF A von L nach H wechseln. Dazu ist nach der Schaltfolgetabelle 10.9 folgende Eingangsbelegung nötig:

$$J_A = H; K_A = X.$$

Mit dem 2. Impuls muß sich der Ausgang wieder von H nach L ändern. Dies führt zu folgender Eingangsbelegung:

$$J_A = X \text{ und } K_A = H.$$

Diese Belegungen wechseln mit jedem Takt.
Ansteuerschaltung für FF B:
Beim 1. Impuls muß der Zustand L beibehalten werden, also

$$J_B = L; K_B = X.$$

Mit dem zweiten Impuls muß ein Wechsel von L nach H stattfinden. Dies erfordert folgende Eingangsbelegung:

$$J_B = H; K_B = X.$$

Die vollständige Eingangsbelegung der einzelnen FFs ist in Tabelle 10.10 enthalten. Daraus ist ersichtlich: J_A und K_A wechseln zwischen H und X.
Ersetzt man überall X durch H, so entsteht für J_A und K_A die Eingangsbelegung H.

10.2 *Synchronzähler (parallel-gesteuert)* 227

Um eine möglichst einfache Eingangsbeschaltung für J_B und K_B zu erhalten, werden die entsprechenden KV-Diagramme gezeichnet. (Bild 10.8)

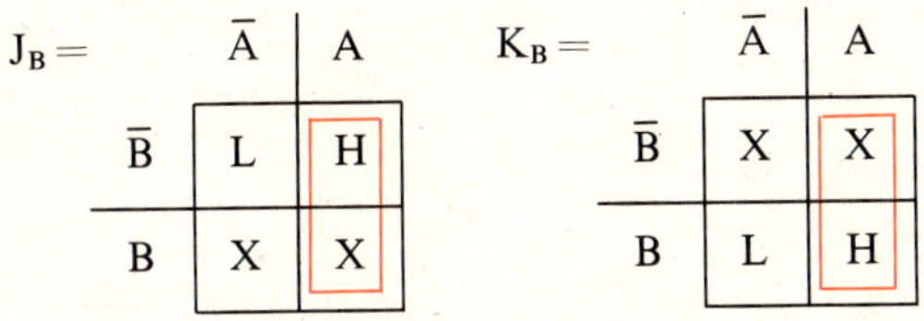

$J_B =$

	$\bar{A}$	A
$\bar{B}$	L	H
B	X	X

$K_B =$

	$\bar{A}$	A
$\bar{B}$	X	X
B	L	H

Bild 10.8 KV-Diagramme für J_B und K_B für den Synchronzähler 0 bis 3 (Vorwärts)

Aus den KV-Diagrammen ergeben sich folgende Schaltungsgleichungen:

$J_B = A$ und $K_B = A$.

Daraus folgt nachstehende Schaltung für diesen Zähler:

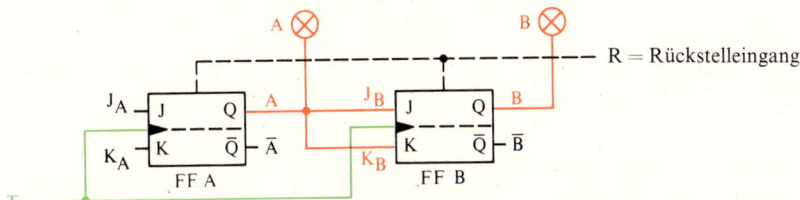

Bild 10.9 Schaltung für den Synchronzähler 0 bis 3 (Vorwärts)

10.2.2 Synchronzähler für den Dualcode, rückwärts 3 bis 0 mit JK FFs

Takt	Dez.-Zahl	B	A	J_A	K_A	J_B	K_B
0	3	H	H	X	H	X	L
1	2	H	L	H	X	X	H
2	1	L	H	X	H	L	X
3	0	L	L	H	X	H	X
4	3	H	H	X	H	X	L

Tabelle 10.10 Code-Tabelle und Eingangsbelegung für die beiden FFs

Bei der Aufstellung der Tabelle für die Eingangsbelegung ist zu beachten, daß die beiden FFs jetzt bei jedem Takt einen Impuls (H-L-Übergang) erhalten. Eingangsbelegungen XX können also nicht auftreten.

Das FF A braucht nicht beschaltet werden, denn sowohl bei J_A und K_A wechselt die Eingangsbelegung von H nach X und umgekehrt. Für die B-Eingänge muß die günstigste Schaltung mit KV-Diagrammen ermittelt werden. (Bild 10.10)

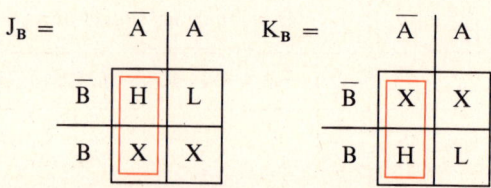

Bild 10.10   KV-Diagramme für J_B und K_B

Damit ergibt sich für $J_B = \overline{A}$ und für K_B ebenfalls $\overline{A}$

Bild 10.11 zeigt die entsprechende Schaltung

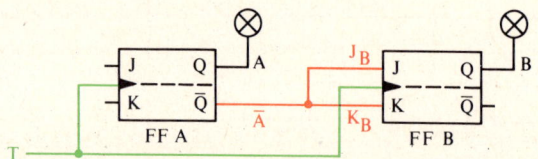

Bild 10.11   Schaltung für den Rückwärtszähler 3–0 (synchron, Dualcode)

Aus dem Vorwärtszähler Bild 10.9 wird durch Umschalten von J und K des FF B auf $\overline{A}$ ein Rückwärtszähler.

10.2 Synchronzähler (parallel-gesteuert)

10.2.3 Synchronzähler für den BCD-Code (8421) mit JK-MS-FFs

Der Entwurf dieses Zählers erfolgt in gleicher Weise, wie beim Synchronzähler von 0 bis 3 (10.2.1). Zuerst wird mit der Codetabelle die Schaltfolgetabelle für die FFs ermittelt. (Tabelle 10.11)

Impuls	BCD-Code				Eingangsbeschaltung						
Nr.	8	4	2	1							
	D	C	B	A	J_D	K_D	J_C	K_C	J_B	K_B	J_A	K_A
0	L	L	L	L	L	X	L	X	L	X	H	X
1	L	L	L	H	L	X	L	X	H	X	X	H
2	L	L	H	L	L	X	L	X	X	L	H	X
3	L	L	H	H	L	X	H	X	X	H	X	H
4	L	H	L	L	L	X	X	L	L	X	H	X
5	L	H	L	H	L	X	X	L	H	X	X	H
6	L	H	H	L	L	X	X	L	X	L	H	X
7	L	H	H	H	H	X	X	H	X	H	X	H
8	H	L	L	L	X	L	L	X	L	X	H	X
9	H	L	L	H	X	H	L	X	L	X	X	H
0	L	L	L	L	L	X	L	X	L	X	H	X

Tabelle 10.11 Schaltfolgetabelle für die Ansteuerung der FFs für den Synchronzähler im BCD-Code mit JK-MS-FFs

Aus der Tabelle 10.11 ist zu ersehen, daß die Eingangspotentiale für J_A und K_A zwischen H und X wechseln. Da für X H gesetzt werden kann, muß J_A und K_A H als Eingangspotential besitzen. (Bei den meisten Systemen ist dies ohne Eingangsbeschaltung der Fall.)
Für alle übrigen sechs Eingänge muß mit KV-Diagrammen eine möglichst einfache Beschaltung ermittelt werden. In die jeweiligen Felder brauchen nur jeweils die vorkommenden H- und L-Belegungen eingetragen werden. Die übrigen Felder sind entweder die Pseudotetraden, oder beliebige Eingangsbeschaltungen X. Zuerst werden die Pseudotetraden (10–15) eingezeichnet. Diese liegen bei anderen Codes an anderen Stellen (Bild 10.12):

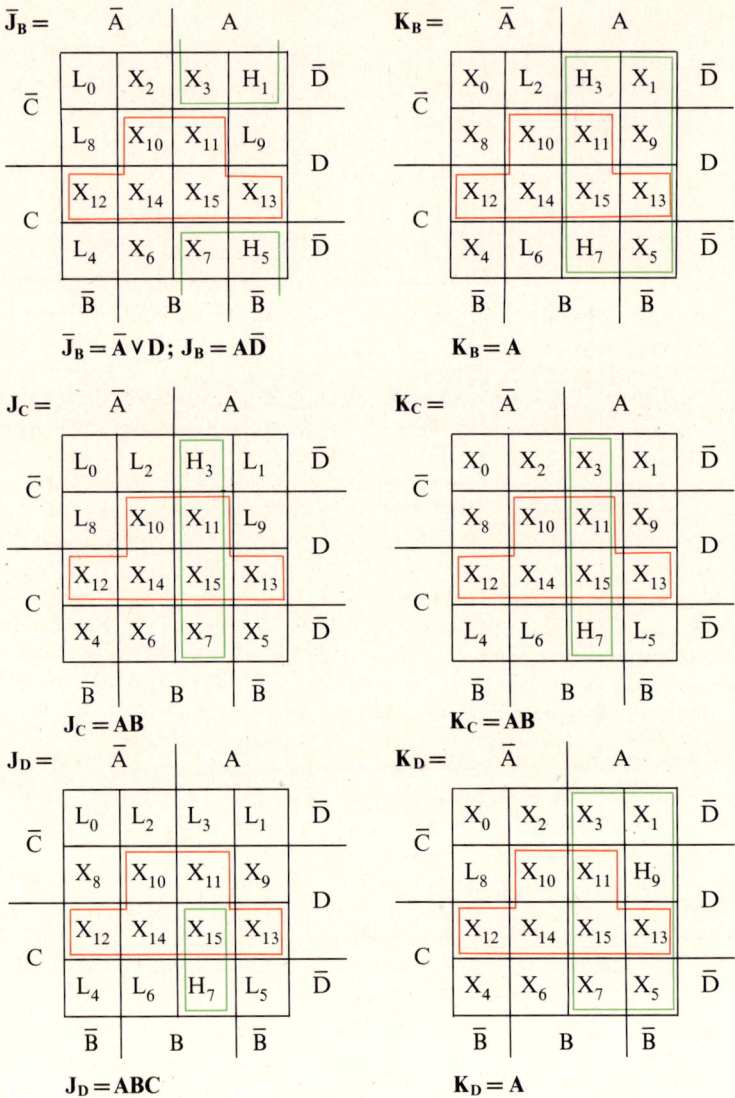

Bild 10.12 KV-Diagramme und Schaltungsgleichungen für die einzelnen FF-Eingänge für den BCD-Synchronzähler

Mit diesen Schaltungsgleichungen ergibt sich folgende Schaltung für den Synchronzähler im BCD-Code (Vorwärts) Bild 10.13:

10.2 Synchronzähler (parallel-gesteuert)

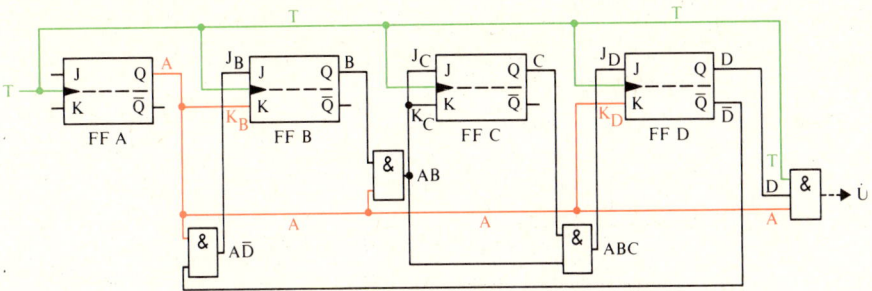

Bild 10.13 Schaltung für den Synchronzähler im BCD-Code (8421) (Vorwärts)

Zur Bildung des Übertrags könnte wie in Bild 10.7 der Ausgang D als Takteingang für die nächste Zähldekade verwendet werden. Statt dieses asynchronen Übertrags wird in Bild 10.13 ein synchroner Übertrag gebildet.
Der Übertrag muß entstehen, wenn nach Erreichen der Ziffer 9 (HLLH = A $\bar{B}$ $\bar{C}$ D) mit dem 10. Impuls auf 0 geschaltet wird.
Es ist also eine UND-Verknüpfung von A und D mit dem Takt erforderlich.

$$Ü = ADT.$$

Die entsprechende Schaltung ist in Bild 10.13 eingezeichnet. Damit die anderen Takte nicht zu einer Bildung des Übertrags führen, muß für alle übrigen Stellungen des Zählers die Verknüpfung AD = L sein. Dies wird in folgendem KV-Diagramm (Bild 10.14) gezeigt. Nur beim Impuls 9 erscheint H an Ü.

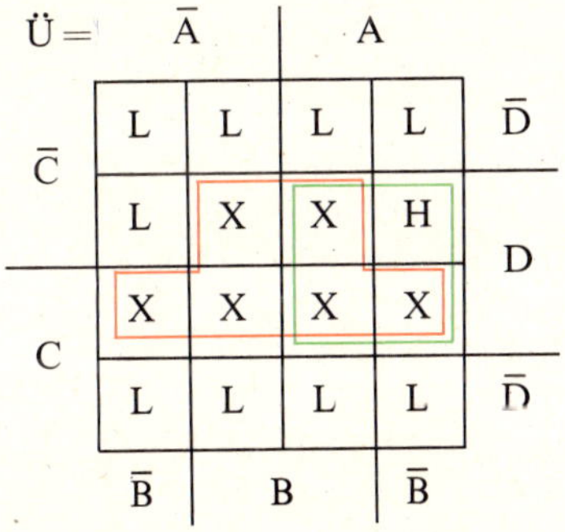

$Ü = AD$ und mit Takt T:
$Ü = ADT$

Bild 10.14 KV-Diagramm für den Übertrag Ü

11 Frequenzteiler (Untersetzer)

11.1 Geradzahlige Teiler

Zur Herabsetzung der Frequenz können alle reinen Dualzähler benutzt werden (10.1). Mit einem JK-Flip-Flop kann bereits die Frequenz halbiert werden. Die Periodendauer wird dabei verdoppelt. Legt man an die beiden Eingänge J und K H-Potential, oder läßt diese beiden Eingänge unbeschaltet, so ändert das FF bei jedem Takt seinen Ausgangszustand. Es ergibt sich folgendes Impulsdiagramm: (Bild 11.1)

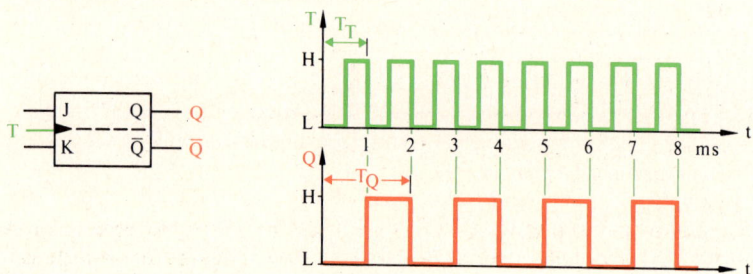

Bild 11.1   Frequenzteiler 1:2 mit JK-Flip-Flop

Aus Bild 11.1 folgt für die Periodendauer des Taktes T = 1 ms. Am Ausgang Q ergibt sich jedoch eine Periodendauer von 2 ms. Für die entsprechenden Frequenzen gilt:

$$f_T = \frac{1}{T_T} = \frac{1}{1\,\text{ms}} = 1\,\text{kHz}; \quad f_Q = \frac{1}{T_Q} = \frac{1}{2}\,\text{kHz} = 500\,\text{Hz}.$$

Führt man den Ausgang Q des Flip-Flops dem Takteingang eines weiteren FF zu, so kann an dessen Ausgang nocheinmal die halbierte Frequenz entnommen werden. Im vorstehenden Beispiel also 250 Hz. Die Periodendauer beträgt jetzt 4 ms. Durch Hintereinanderschalten weiterer FFs kann die Frequenz weiter herabgesetzt werden. Mit Schaltungsanordnungen dieser Art können also folgende Frequenzteiler aufgebaut werden:

$$f_Q = \frac{1}{2^1}; \frac{1}{2^2}; \frac{1}{2^3}; \cdots \frac{1}{2^n} \quad [\text{Hz}.]$$

Der Exponent des Nenners (n) gibt die Zahl der benötigten FFs an.

11.2 Ungerade Teiler

11.2.1 Frequenzteiler 1:3

Teiler können aus dem Impulsdiagramm entwickelt werden. Es sei die Aufgabe gestellt einen Teiler zu entwickeln, der folgendes Impulsdiagramm erfüllen soll:

11.2 Ungerade Teiler

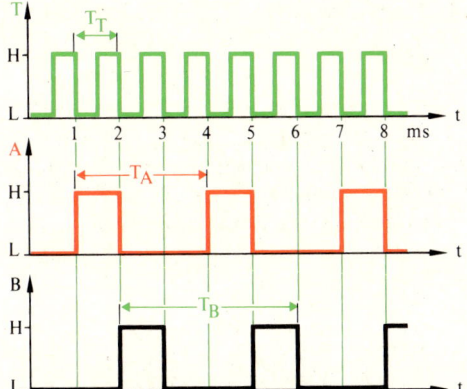

Bild 11.2 Impulsdiagramm für den Frequenzteiler 1:3

Wie man aus dem Impulsdiagramm entnehmen kann, ist die Periodendauer bei A und bei B 3mal so groß, wie die Periodendauer der Taktfrequenz. Es handelt sich also um einen Frequenzteiler 1:3.

Aus dem Impulsdiagramm wird zunächst der Code ermittelt.
Beim Takt 0 ist sowohl A, als auch B = L
Beim Takt 1 ist A = H und B = L
Beim Takt 2 wird A = L und B = H
Beim Takt 3 wird wieder A und B = L

Es ergibt sich folgende Codetabelle sowie die Eingangsbelegung:

Takt	B	A	Dez.-Zahl	J_A	K_A	J_B	K_B
0	L	L	0	H	X	L	X
1	L	H	1	X	H	H	X
2	H	L	2	L	X	X	H
3	L	L	0	H	X	L	X
4	L	H	1	X	H	H	X

Tabelle 11.1 Codetabelle und Eingangsbeschaltung für den Frequenzteiler 1:3

Aus der Codetabelle folgt: Die Eingänge K_A und K_B brauchen nicht beschaltet werden (Es wechselt H mit X)

Für die Eingänge J_A und J_B ergeben sich folgende KV-Diagramme:

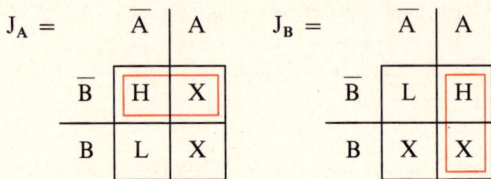

Bild 11.3 KV-Diagramme für J_A und K_A

Aus diesen Diagrammen ergibt sich für $J_A = \overline{B}$ und $J_B = A$

Damit erhält man folgende Schaltung für diesen Teiler:

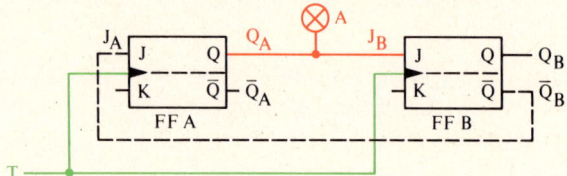

Bild 11.4 Schaltung für den ungeraden Teiler 1:3

Mit dieser Schaltung und geraden Teilern lassen sich eine Vielzahl von weiteren Teilerverhältnissen verwirklichen. Schaltet man diesem Teiler ein FF in Reihe, so erhält man einen Teiler 1:6 mit zwei FFs dahinter geschaltet: 1:12 usw.
Der Ausgang Q_B wird dabei zur Taktgebung für das nächste FF verwendet (asynchroner Übertrag). Hier ergibt sich jeweils nach drei Takten ein H-L-Übergang.
Auch eine Frequenzteilung 1:9 läßt sich durch die Hintereinanderschaltung zweier Teiler 1:3 erreichen. Der Takt für den zweiten Teiler wird wieder von Q_B abgenommen. Damit lassen sich viele weitere Teilverhältnisse realisieren.

11.2 Ungerade Teiler

11.2.2 Frequenzteiler 1 : 5

Es soll ein Frequenzteiler entwickelt werden, der folgendes Impulsdiagramm erfüllt:

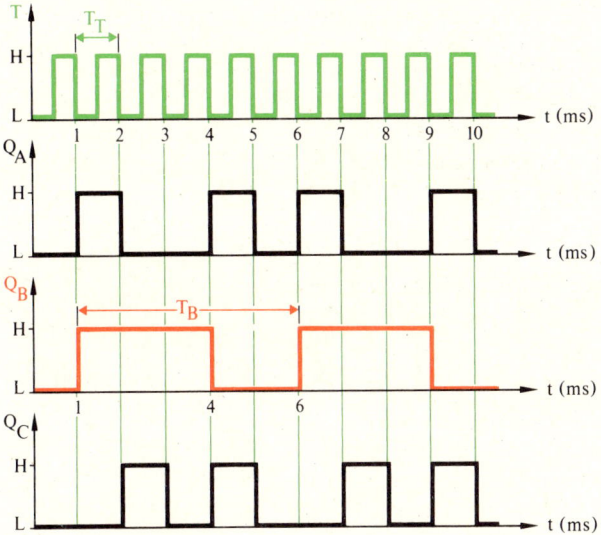

Bild 11.5 Impulsdiagramm für den Frequenzteiler 1 : 5

11.2.2.1 Synchrone Ansteuerung der drei FFs

Damit ergibt sich folgende Code-Tabelle mit der zugehörigen Eingangsbeschaltung:

Takt	C	B	A	J_A	K_A	J_B	K_B	J_C	K_C
0	L	L	L	H	X	H	X	L	X
1	L	H	H	X	H	X	L	H	X
2	H	H	L	L	X	X	L	X	H
3	L	H	L	H	X	X	H	H	X
4	H	L	H	X	H	L	X	X	H
5	L	L	L	H	X	H	X	L	X

Tabelle 11.2 Codetabelle und Eingangsbelegung für den Frequenzteiler 1 : 5

Aus dieser Tabelle ersieht man, daß die Eingänge K_A und K_C nicht beschaltet werden müssen. Es wechselt X mit H. Für die Eingänge J_A, J_B, K_B und J_C müssen die entsprechenden KV-Diagramme gezeichnet werden (Bild 11.6).

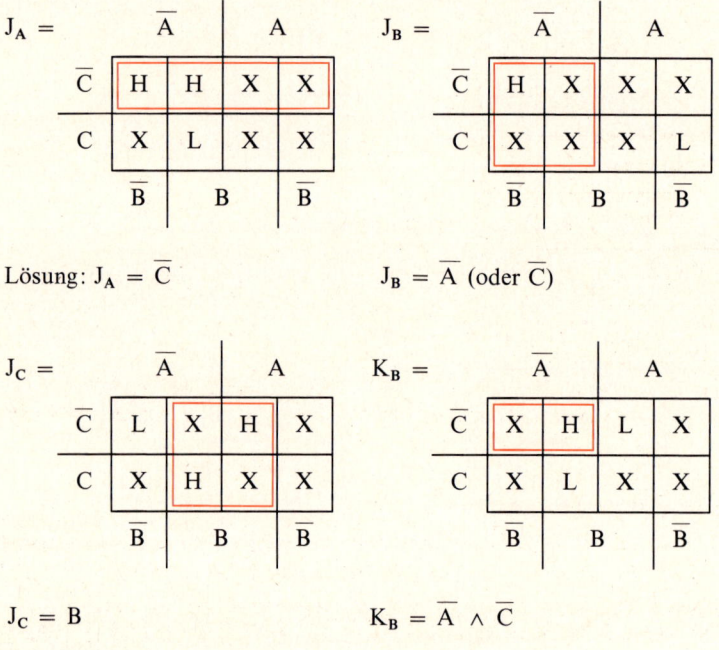

Bild 11.6   KV-Diagramme für den synchronen Frequenzteiler 1:5

Dies ergibt folgende Schaltung für den Frequenzteiler 1:5 in rein synchroner Ausführung (mit JK-FFs):

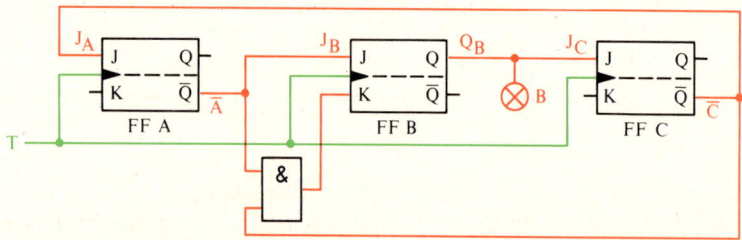

Bild 11.7   Synchroner Frequenzteiler 1:5

11.2 Ungerade Teiler

11.2.2.2 Untersuchung des Teilers 1 : 5 mit asynchroner Taktgebung

Zunächst wird anhand des ermittelten Codes (Tabelle 11.3 und Bild 11.5) die Möglichkeit einer asynchronen Taktgebung untersucht:

Takt	C	B	A	$\overline{A}$
0	L ←	L ←	L ←	H ←
1	L ←	H	H	L
2	H ←	H	L	H
3	L ←	H ←	L	H
4	H ←	L	H	L
5	L ←	L	L	H

Eingangstakt

Tabelle 11.3 Taktuntersuchung für die asynchrone Ansteuerung des Frequenzteilers 1 : 5

1. Taktgebung für FF B: Der Ausgang des FF A (A) hat immer dann einen LH-Übergang, wenn das FF B zur Taktgebung einen HL-Übergang benötigt. Der negierte Ausgang des FF A ($\overline{A}$) liefert immer dann einen HL-Übergang, wenn dieser für das FF B erforderlich ist. Dieser wird deshalb zur Taktgebung für FFB verwandt.

2. Für FF C besteht weder beim FF A noch beim FF B die Möglichkeit einer Taktabnahme. Dieses muß deshalb synchron angesteuert werden:

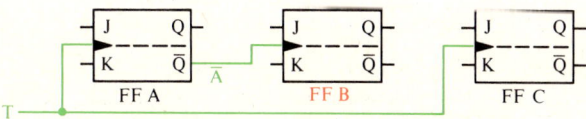

Bild 11.8 Taktschaltung für den teilweise asynchron angesteuerten Frequenzteiler 1 : 5

Jetzt kann die Eingangsbelegung der drei FFs festgelegt werden. Das FF B erhält nur zwei Mal einen Takt. Nur für diese beiden Fälle muß eine Eingangsbelegung festgelegt werden. Wenn kein Takt kommt, ist die Eingangsbelegung beliebig (Tabelle 11.4).

Tabelle 11.4 Eingangsbelegung für den Frequenzteiler 1:5, bei teilweiser asynchroner Ansteuerung.

Takt	C	B	A	J_A	K_A	J_B	K_B	J_C	K_C
0	L←	L←	L←	H	X	H	X	L	X
1	L←	H	H←	X	H	X	X	H	X
2	H←	H	L←	L	X	X	X	X	H
3	L←	H←	L←	H	X	X	H	H	X
4	H←	L	H←	X	H	X	X	X	H
5	L←	L	L←	H	X	H	X	L	X

Aus vorstehender Belegungstabelle ist zu ersehen, daß die Eingänge K_A, J_B, K_B und J_C unbeschaltet bleiben können (H wechselt mit X).

Um eine möglichst einfache Schaltung zu erhalten, müssen die KV-Diagramme für J_A und J_C gekennzeichnet werden.

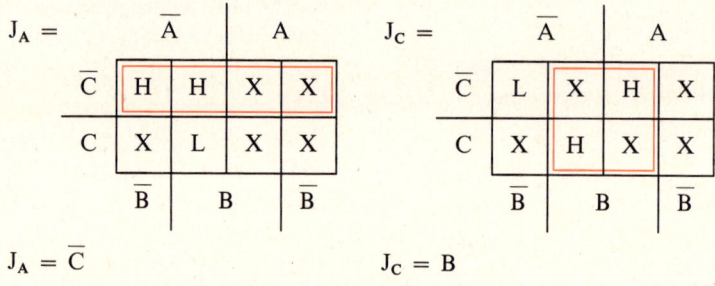

$J_A = \overline{C}$ \qquad $J_C = B$

Damit ergibt sich folgende einfache Schaltung: Bild 11.9

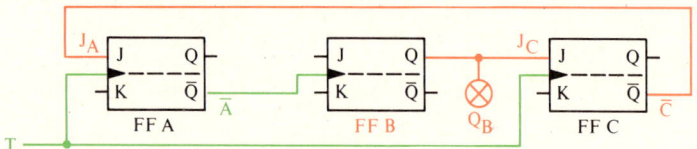

Bild 11.9 Teilweise asynchron angesteuerter Frequenzteiler 1:5

Gegenüber der rein synchronen Ansteuerung wird ein UND-Glied eingespart. Außerdem wird die Verbindungsleitung von $\overline{A}$ zu J_B überflüssig.

11.2 Ungerade Teiler

Ein asynchroner Übertrag zur Ansteuerung weiterer Teiler wird dem FF B entnommen. (in beiden Schaltungen)

Mit diesem Teiler lassen sich durch Kombination mit den erläuterten geradzahligen Teilern Teilerverhältnisse 1 : 10, 1 : 20 usw. erreichen.

Weitere Kombinationsmöglichkeiten ergeben sich mit dem Teiler 1 : 3. (1 : 15, 1 : 45 ...)

Grundsätzlich kann jeder Zähler zur Frequenzteilung verwendet werden. Vielfach ergeben diese auch einen einfacheren Aufbau.

Während beim Zählen der Code in dem gezählt werden soll eine entscheidende Rolle spielt, kommt es beim Frequenzteiler nur auf die Frequenz an, die an einem einzigen Ausgang zur Verfügung steht. Die Struktur der Codes, die an den FF-Ausgängen entsteht, ist von untergeordneter Bedeutung. Nur der Ausgang, an dem die Frequenzteilung abgenommen wird ist wichtig.

12 Register

Mit einem Flip-Flop kann eine Information, ein Bit, gespeichert werden.
In Registern können mehrere Informationen, mehrere Bits, gespeichert werden. Zum Aufbau werden entsprechend der Länge der zu speichernden Information mehrere FFs benötigt.

12.1 Schieberegister

In Schieberegisterschaltungen (shiftregister) wird durch einen Impuls auf die gemeinsame Taktleitung die in den einzelnen FFs gespeicherte Information nach links oder nach rechts verschoben. Dabei muß die von den einzelnen FFs zu übernehmende Information solange zur Verfügung stehen, bis die Übernahme sicher erfolgt ist. Master-Slave-FFs sind deshalb zum Aufbau von Schieberegistern besonders geeignet. Besonders vorteilhaft werden FFs verwendet, die sich sowohl dynamisch (durch den Takt), als auch durch statische Eingänge (R und S) steuern lassen. Damit können Schieberegister aufgebaut werden, bei denen folgende Möglichkeiten der Informationsverarbeitung bestehen:

>   seriell ein – seriell aus;
>   seriell ein – parallel aus;
>   parallel ein – seriell aus;
>   rechts-schieben; links-schieben usw.

12.1.1 Schieberegister mit Serieneingang sowie Parallel- und Serienausgang. Schieberichtung rechts (Bild 12.1)

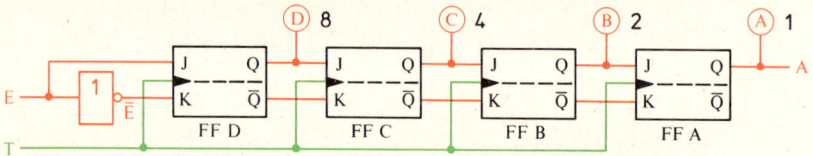

Bild 12.1 Schieberegister für 4 Bit mit Schieberichtung rechts Serieneingang E. Parallelausgänge: A, B, C und D. Serienausgang A

Der Eingang E wird direkt mit dem Eingang J des ersten FF verbunden. Über eine Negation wird er an Eingang K des ersten FF angeschlossen.
Ist $E = H$, so ist demzufolge $J_D = H$ und $K_D = L$. Das FF D wird gesetzt ($D = H$).
Ist $E = L$, so wird $J_D = L$ und $K_D = H$. Das FF D wird zurückgesetzt.
Der Takt wird allen FFs gleichzeitig (synchron) zugeführt. Bei jedem Taktimpuls wird die Information eines jeden FF um eine Stelle nach rechts verschoben. Die FFs müssen also gleichzeitig Informationen aufnehmen und abgeben, deshalb müssen Zweispeicher (Master-Slave)FFs verwendet werden.
Eine dem Serien-Eingang E zugeführte Folge von H-L-Signalen, kann am Serienausgang A um vier Impulse verzögert entnommen werden. Nach vier Taktimpulsen erscheint diese Information an den parallelen Ausgängen A, B, C und D. Als Beispiel soll

12.1 Schieberegister

an den Eingang E folgende Kombination LHHL (entspricht im BCD-Code der Dezimalzahl 6) angelegt werden.

Es ergibt sich folgende Wirkungsweise:

Vor dem ersten Takt wurden alle FFs zurückgesetzt. Es ist also $A = B = C = D = L$. Jetzt wird $E = J_D = L$ und $K_D = H$. Bei Eintreffen des ersten Taktes ändern die FFs ihre Lage nicht.

Vor dem zweiten Takt wird $E = J_D = H$ und $K_D = L$. Jetzt wird das FF D gesetzt ($D = H$).

Vor dem dritten Takt wird $E = J_D = H$ und $K_D = L$. Das FF D bleibt gesetzt. Am Eingang J_C des FF C ist jetzt H, da $D = H$. Dieses FF wird ebenfalls gesetzt ($C = H$) usw.

Aus dem Impulsdiagramm (Bild 12.2) ist ersichtlich, wie die Eingangskombination nach rechts verschoben wird.

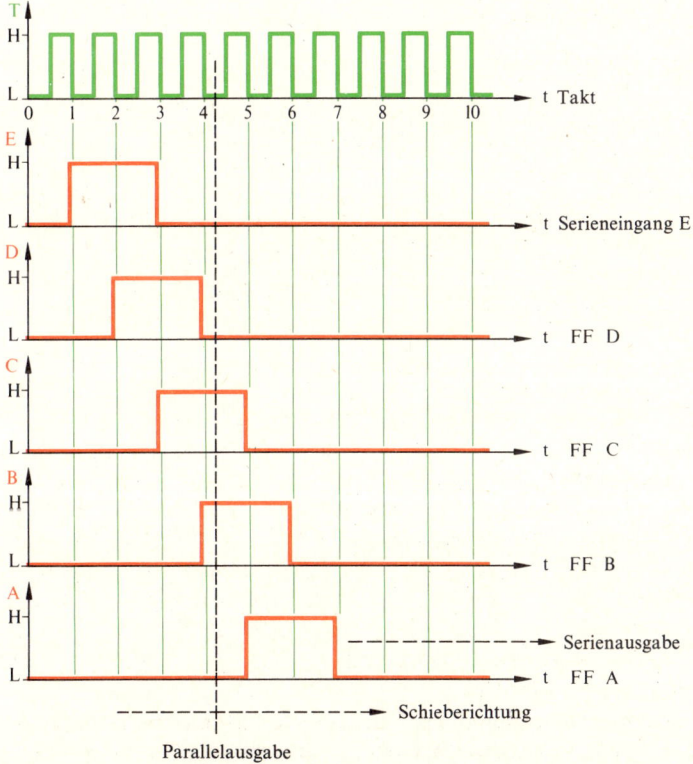

Bild 12.2 Impulsdiagramm für das 4 Bit-Schieberegister nach Schaltung 12.1. (F) Schieberichtung rechts

Am Serienausgang A kann die eingegebene Information nach dem vierten Takt entnommen werden. Nach dem 7. Takt führen alle Ausgänge L-Signal. Die am Eingang E eingegebene Information ist verlorengegangen, bzw. weitergegeben.

Die Information wurde seriell eingegeben und kann nach vier Impulsen parallel entnommen werden. Diese Anordnung kann deshalb auch als Serien-Parallelumsetzer verwendet werden.

12.1.2 Schieberegister mit Paralleleingabe und Serienausgabe (Parallel-Serienumsetzer). (Bild 12.3)

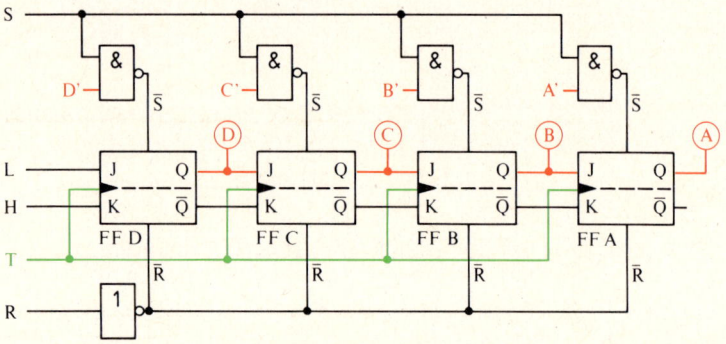

Bild 12.3 Parallelserienumsetzer für 4 Bit mit Serienausgabe A

Mit einem Impuls auf die Taktleitung für Setzen (S) werden die Informationen parallel an den Eingängen A' bis D' in den FFs gespeichert. Mit dem Takt T wird diese Information jeweils um eine Stelle nach rechts verschoben. Am Ausgang A kann die eingegebene Information seriell abgenommen werden. Mit der Löschtaste R können alle FFs zurückgesetzt werden. Die Eingänge des FF D müssen beschaltet werden, damit keine zusätzliche Information gespeichert wird ($J_D = L$ und $K_D = H$). Sie würden sonst als Serieneingänge wirken.

Das Impulsdiagramm zeigt wie eine parallel eingegebene Information seriell abgenommen wird. Es soll wieder die Folge LHHL (6) mit S eingegeben werden. (Bild 12.4)

Vor der Eingabe der Information werden alle FFs mit R zurückgesetzt. Mit S wird die Information parallel eingespeichert. Mit dem Takt T wird die Information nach rechts verschoben. Sie kann am Ausgang A seriell abgenommen werden. Nach vier Impulsen ist die Information seriell weitergegeben. Alle FF sind auf L und können eine neue Information aufnehmen. (Bild 12.4)

12.1 Schieberegister

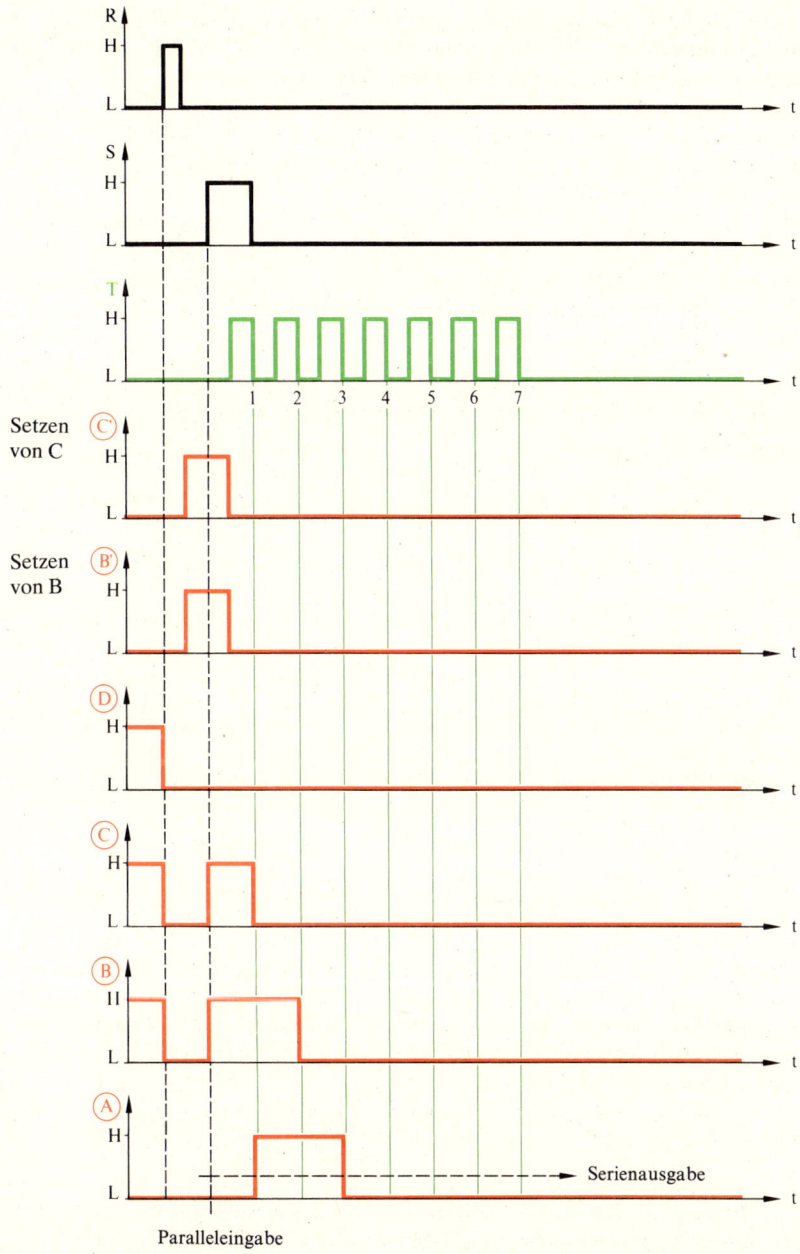

Bild 12.4 Impulsdiagramm für Parallelserienumsetzer nach Bild 12.3

13 Halbleiterspeicher

Aus preislichen Gründen werden in der digitalen Steuerungstechnik vorwiegend Halbleiterspeicher eingesetzt. Außerdem ist der Platzbedarf von Halbleiterspeichern außerordentlich gering.

Zur Klassifizierung der Halbleiterspeicher werden die Speicherkapazität, die Zugriffszeit und die Transferrate herangezogen.

Das Fassungsvermögen von digitalen Speichern wird die **Speicherkapazität** genannt. Sie wird entweder in Bytes oder in Worten und deren Länge angegeben. Der große Buchstabe K wird für den Faktor $2^{10} = 1\,024$ benutzt. Ein Speicher mit der Bezeichnung $16\,K \times 24$ kann also $16 \times 1024 = 16\,384$ Worte aus 24 Bits speichern. Er besteht aus mindestens $16\,384 \times 24 = 393\,216$ Speicherelementen. Kontrollbits (Paritätsbits) zum Sichern der gespeicherten Daten werden bei der Angabe der Speicherkapazität nicht mitgezählt.

Als **Zugriffszeit** bezeichnet man die Zeitspanne zwischen dem Beginn der Ansteuerung einer Speicherzelle und dem Ende der Datenübertragung in diese oder aus dieser Speicherstelle.

Die **Transferrate** gibt an, wieviel Bits, Bytes oder Worte pro Sekunde in den Speicher eingeschrieben oder aus ihm ausgelesen werden können. Bei wortorganisierten Speichern ist die Transferrate in Worten pro Sekunde gleich dem Kehrwert der Zykluszeit.

Die Halbleiterspeicher lassen sich in folgende Hauptgruppen unterteilen:
1. Serielle Speicher (Schieberegister)
2. Schreib-Lesespeicher (RAMs)
3. Nur-Lesespeicher (ROMs und PROMs)

13.1 Serielle Speicher

Zu dieser Gruppe gehören die Register, die in 12 behandelt wurden. Die einzelnen Elemente sind dabei in Serie geschaltet. Sie werden aus D- oder JK-FFs aufgebaut. Wird dabei die zuerst eingeschriebene Information als erste wieder ausgegeben, so spricht man von FIFO-Speichern (**First In**-**First Out**). Die Geschwindigkeit des Einspeicherns hängt vom Schreibtakt ST und die Geschwindigkeit des Auslesens vom Lesetakt LT ab. Dadurch ist es möglich, einen FIFO auch als Zwischenspeicher (Schnittstelle) zwischen zwei Funktionsblöcken einzusetzen, die mit unterschiedlicher Geschwindigkeit bei der Verarbeitung arbeiten müssen.

Mit Hilfe eines FIFO-Speichers ist es also möglich, die Verarbeitungsgeschwindigkeit von seriellen Daten zu ändern. Es können damit Daten langsam eingelesen und schnell ausgelesen werden oder umgekehrt.

Mit Hilfe eines Universalschieberegisters können die Bit-Informationen nach links oder nach rechts verschoben werden. Damit lassen sich die Daten durch Rechtsschieben einspeichern. Sind alle Daten eingespeichert, wird auf Linksschieben umgeschaltet. Jetzt wird das zuletzt eingeschriebene Bit wieder als erstes ausgelesen (seriell). Solche Speicher nennt man LIFO-Speicher (**Last In** – **First Out**).

13.2 Schreib-Lesespeicher (RAM = Random Access Momory)

Bei einem RAM können jederzeit neue Informationen in die einzelnen Speicherzellen eingeschrieben, gespeichert und wieder ausgelesen werden.
Es lassen sich RAMs mit hoher Kapazität bauen.
Die Kernspeicher können damit ersetzt werden. Im Gegensatz zum Kernspeicher, der viel Raum und Leistung beansprucht, sind in integrierter Technik gefertigte Halbleiterspeicher kleiner, erheblich preisgünstiger und benötigen weniger Leistung. Außerdem sind sie in vielen Fällen schneller, d. h. die Daten können in kürzerer Zeit eingespeichert, bzw. ausgelesen werden. Die in Halbleitertechnik aufgebauten RAMs haben jedoch einen entscheidenden Nachteil. *Bei Abschaltung der Versorgungsspannung geht der Speicherinhalt verloren.*
Bei RAMs ist jede Speicherstelle adressierbar. Es wird jeweils die Speicherstelle eingeschrieben, gelesen oder gelöscht, deren zugehörige Adresse an den Adresseneingängen des Bausteins anliegt. Von der Speicherorganisation her unterscheidet man Bit-organisierte RAMs und zeilen-organisierte RAMs. Ein Wort setzt sich stets aus einer bestimmten Zahl von ,,Bits" zusammen. Unabhängig davon können die einzelnen Speicher aus statischen oder dynamischen Speicherzellen bestehen. RAMs mit kleiner Speicherkapazität haben meistens statische, RAMs mit größerer Speicherkapazität dagegen überwiegend dynamische Speicherzellen.

13.2.1 Zeilen organisierter Schreib-Lesespeicher.

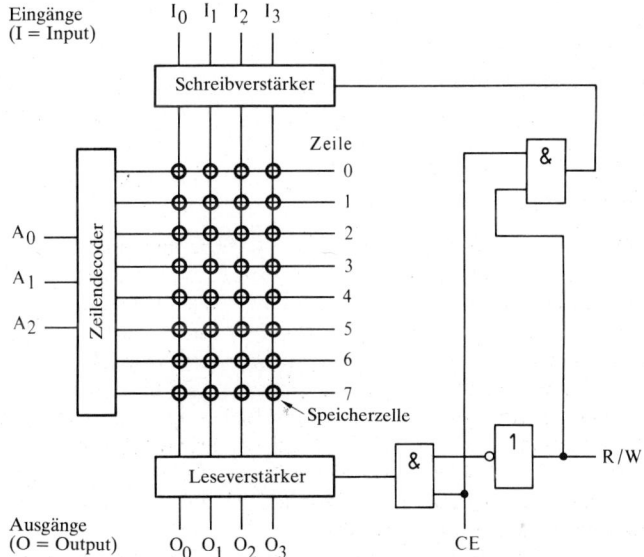

Bild 13.1   Vereinfachte Darstellung eines zeilenorientierten RAMs

Der in Bild 13.1 dargestellte Speicher hat 8 Zeilen und je vier Ein/Ausgänge (Spalten I/0).

Damit stehen 8 × 4 = 32 Speicherplätze zur Verfügung. Dieser Speicher hat also eine Organisation von 8 × 4.

Über die drei Adressenleitungen A_0 bis A_2 erfolgt der Zugriff (access) auf die einzelnen Zeilen. Jede Speicherzeile besitzt bei diesem RAM vier Speicherzellen. Da der Zugriff wahlfrei (random) erfolgt, kann jede Zeile direkt adressiert werden. Das Adressieren der einzelnen Zeilen erfolgt im Dualcode nach folgender Funktionstabelle:

Adresse			Speicherzeile
A_2	A_1	A_0	
0	0	0	0
0	0	1	1
0	1	0	2
0	1	1	3
1	0	0	4
1	0	1	5
1	1	0	6
1	1	1	7

Tabelle 13.1   Funktionstabelle für die Adressierung des zeilenorientierten Speichers.

Der Speicher wird mit einer logischen Schaltung angesteuert. Die Eingänge sind CE (Chip Enable = Sperreingang), und R/W (Read/Write = Lesen/Schreiben) Es gilt folgende Funktionstabelle:

CE	R/W	Funktion
L	X	RAM blockiert
H	L	Lesebetrieb
H	H	Schreibbetrieb

Tabelle 13.2   Funktionstabelle für Freigabe, Lese- und Schreibbetrieb

13.2 Schreib-Lesespeicher (RAM = Random Access Memory)

Bevor auf den Freigabeeingang (CE) ein H-Signal gegeben wird, müssen die Adressen und die Schreib/Lesefunktion stabil anstehen. Der R/W-Eingang steuert über ein UND-Gatter den Schreibverstärker an. Der Schreibverstärker kann arbeiten, wenn das zugehörige UND-Gatter ein H-Signal liefert. Er nimmt die Daten der Eingänge I_1 bis I_4 auf (Input = Eingang) und gibt sie an die Schreib/Leseleitungen weiter. Die vier Eingangsinformationen liegen über den vier Schreib/Leseleitungen an allen acht Zeilen gleichzeitig. Sie werden aber nur in die adressierte Zeile eingeschrieben. Während des Einschreibvorgangs ist der Leseverstärker gesperrt (Siehe Funktionstabelle 13.2 und Bild 13.1) R/W hat H.

Der Lesevorgang erfolgt nach dem gleichen Schema. Zuerst wird die betreffende Speicherzelle adressiert. Der R/W-Eingang hat jetzt L-Signal. Damit kann der Leseverstärker arbeiten. Der Schreibverstärker ist blockiert.

Mit einem H-Signal am CE-Eingang wird der Leseverstärker freigegeben. Die adressierte Zeile wird über den Leseverstärker an den vier Ausgängen O_1 bis O_4 (Output = Ausgang) ausgelesen. Die gespeicherte Information bleibt bei Halbleiterspeichern erhalten. **Ein Halbleiter-RAM liest zerstörungsfrei aus.**

13.2.2 Bit-orientierter Speicher

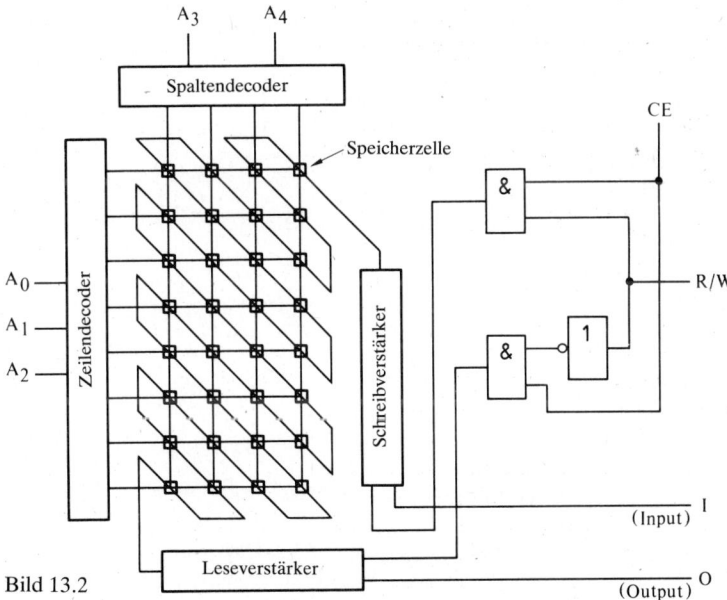

Bild 13.2

Bild 13.2 zeigt einen bitorientierten Speicher.
Er besteht aus 32 Speicherzellen hat aber nur einen Ein- und einen Ausgang. Damit kann nur ein Bit eingeschrieben und ausgelesen werden.

Über den Zeilendekoder erfolgt die Adressierung der einzelnen Zeilen. Hierfür sind die drei Adressenleitungen A_0 bis A_2 zuständig. Man bezeichnet diese Adressen als wertniedrige Adressen. Mit den zwei Adressen A_3 und A_4 wird über den Spaltendekoder die betreffende Spalte selektiert. Dies sind die werthöheren Adressen. Durch das Zusammenwirken der wertniedrigen und der werthöheren Adresse kann innerhalb des RAM jede einzelne Speicherzelle adressiert werden. Es ist also ein fünfstelliges Adressenwort erforderlich.

Dieses RAM hat eine Organisation von 32 × 1. Mit der Zahl 32 wird die Zahl der Speicheradressierungen angegeben. Die Zahl 1 kennzeichnet dem Anwender, daß in dieses RAM nur ein Bit eingeschrieben werden kann.

13.2.3 Statische RAM-Speicherbausteine

Die Grundschaltung von statischen Speicherzellen ist das FF. Es kann bei Schreib-Lesespeichern entweder in TTL-Technik oder in MOS-Technik aufgebaut werden. Statische bipolare Speicherzellen in TTL-Technik haben kleine Schaltzeiten. Ihr Nachteil ist, daß eine relativ große Verlustleistung auftritt, da stets ein Transistor leitend ist.

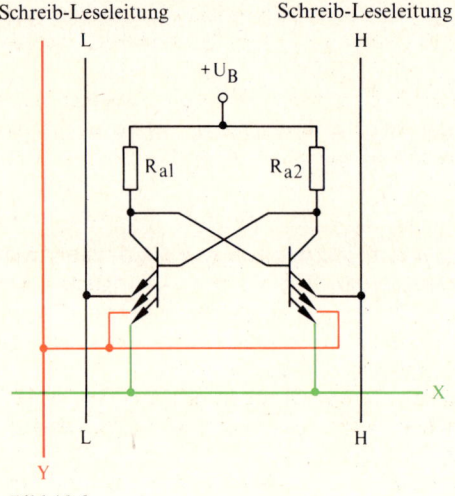

Bild 13.3

Bild 13.3 zeigt eine Speicherzelle eines Schreib-Lesespeichers (RAM) in TTL-Technik. Diese Speicherzelle besteht aus zwei Planartransistoren mit je drei Emittern und zwei Arbeitswiderständen (R_{a1} und R_{a2}). Durch die Multiemittertechnik der beiden Planartransistoren können zahlreiche Logikgruppen für die Ansteuerung der Speicherzelle entfallen. Mit den Schreib-Leseleitungen kann in die Speicherzelle ein L- oder ein H-Signal eingeschrieben werden. Dabei ist immer einer der beiden Transistoren leitend. Die beiden oberen Multi-Emitter-Anschlüsse liegen an zwei getrennten Schreib-Leseleitungen. Über diese beiden Leitungen kann man eine Information einschreiben, und den gespeicherten Inhalt auslesen, ohne daß sich der gespeicherte Inhalt ändert. Die Adressierung einer Speicherzelle wird über X (grün)

13.3 Nur-Lese-Speicher (ROM)

und Y (rot) vorgenommen. Die einzelnen Speicherzellen werden in einer Matrix angeordent. Bild 13.4 zeigt eine Matrix-Anordnung mit 16 Speicherzellen.

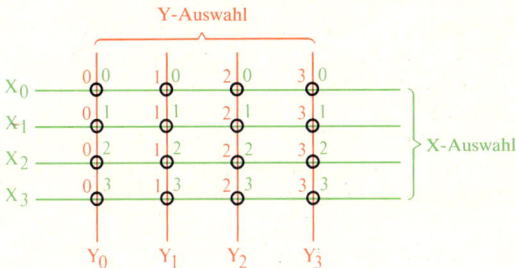

Bild 13.4 Speichermatrix mit 16 Speicherzellen

Um einen Speicherplatz ansteuern zu können, muß auf eine X- und auf eine Y-Leitung H-Signal gegeben werden. Es kann nur die Speicherzelle reagieren, bei der X- und Y-Leitung gleichzeitig auf H-Signal liegen. Gibt man z.B.: auf die X_1-Leitung und auf die Y_1-Leitung ein H-Signal, so spricht die Speicherzelle Sp 1,1 an. Man sagt, diese Speicherzelle ist aktiviert worden. Die Angabe 1,1 ist die Adresse der Speicherzelle.
In der aktivierten Speicherzelle fließt der gesamte Kollektorstrom des leitenden Transistors in die entsprechende Schreiblese-Leitung. Über Ausgangsverstärker wird dieses Signal nach außen weitergegeben.

13.2.4 Dynamische RAMs

Dynamische RAMs werden meistens in MOS-Technik hergestellt. Die Information wird bei dieser Art von Speicherzellen nicht in bistabilen Kippgliedern, sondern als Kondensatorladung gespeichert. Durch die unvermeidbaren Leckströme werden die Speicherkondensatoren entladen. Sie müssen deshalb fortlaufend nachgeladen werden. Dieser Vorgang wird als „refreshing" bezeichnet.
Während sich statische RAM nur für Speicherkapazitäten in der Größenordnung von etwa 1 K (1024 bit) herstellen lassen, liegt die Speicherkapazität von dynamischen RAMs wesentlich höher.
Die erreichbaren Zeiten für einen Schreib- bzw. Lesezyklus von dynamischen RAMs liegen bei einigen 100 ns. Ebenso ist der Leistungsbedarf sehr gering (Größenordnung 100 mW). Der Kondesator an der jeweiligen Speicheradresse wird durch ein aktives Element angesteuert. Diese wird nur bei Anwahl des betreffenden Speicherplatzes aktiviert. Der Leistungsverbrauch im Wartezustand (stand by) ist daher äußerst gering.

13.3 Nur-Lese-Speicher (ROM)

Neben den Schreib-Lesespeichern mit wahlfreiem Zugriff (RAM) werden in großem Umfang Festwertspeicher (ROM = **R**ead **o**nly **M**emory) eingesetzt.
Auch sie haben einen wahlfreien Zugriff. Man müßte sie daher read only RAM nennen. Bei diesem Speichertyp sind Daten abgelegt, die nicht mehr verändert

werden können. Sie sind unempfindlich (nonvolatile) gegen Betriebsstörungen und den Ausfall der Versorgungsspannung.
Die Übertragung der Daten in den Festwertspeicher nennt man **Programmierung**. Man unterscheidet verschiedene Typen:

1.) Maskenprogrammiertes ROM
2.) Anwenderprogrammierbares PROM (**P**rogrammable **ROM**)
3.) Durch UV-Licht löschbar und elektrisch programmierbarer Festwertspeicher (**E**rasable **PROM** = **EPROM**)
   Die gleichen Eigenschaften haben auch **REPROMs** (**RE**prommable **PROM**)
4.) Elektrisch lösch- und programmierbare Festwertspeicher: EEPROM (**E**lectrical **E**rasable **PROM**). Diese werden auch EAPROM (**E**lectrical **A**lterable **PROM**) oder VEPROM (**V**oltage **E**rasable **PROM**) genannt.
5.) Programmierbare Logikanordnung
   PLA (**P**rogrammable **L**ogic **A**rray).

13.3.1 Maskenprogrammierte Festwertspeicher (ROM)

Bei der Herstellung von maskenprogrammierbaren ROMs werden die verschiedenen Dotierungszonen des Chips nacheinander hergestellt. Dabei werden jeweils die Teilbereiche des Chips, die in einem Arbeitsgang dotiert werden sollen, durch eine Maske freigegeben, während die anderen Bereiche mit der Maske abgedeckt werden.
Die Masken enthalten das Programm, das in dem Speicher festgehalten werden soll. Die maskenprogrammierbaren ROMs werden vom Hersteller mit einer speziellen Programmierung versehen. Diese wird vom Kunden festgelegt. **Die Übertragung der Daten in den Festwertspeicher nennt man Programmierung.**

Die Daten, die bei diesem Speichertyp abgelegt sind, können nicht mehr geändert werden. Sie sind unempfindlich (nonvolatile) gegen Betriebsstörungen und Ausfall der Versorgungsspannung (Im Gegensatz zu RAMs).
Außer der Programmierung nach Kundenwunsch werden Programme für Speicher mit fertiger Programmierung angeboten. Es gibt Wertetabellen für arithmetische und trigonometrische Funktionen. Es können Programme zur Kodierung, Decodierung, Umcodierung erstellt werden. Ebenso können Programme für Zeichengeneratoren für alphanumerische Zeichen entwickelt werden.
Eine Änderung des Mikroprogrammes ist sehr einfach durch den Austausch des ROM-Bausteins ohne Änderung des Schaltungs-Aufbaus und der Verdrahtung durchzuführen.

Einen sehr einfachen Aufbau eines ROM zeigt Bild 13.5. Hier besteht die Speichermatrix aus einer Diodenanordnung. Diese können über die Adreßleitungen (Zeilen) abgefragt werden. Durch eine Programmierung wird die Zeilenleitung über die Diode verbunden (H). Dies wird durch eine Verbindung der Diode mit der Spaltenleitung erreicht. Ist die Diode nicht mit der Spaltenleitung verbunden, so liefert die entsprechende Kombination L.

13.3 Nur-Lese-Speicher (ROM)

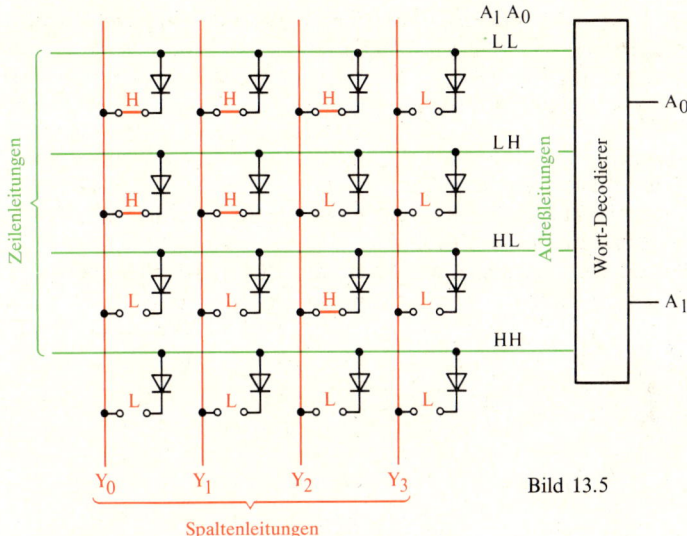

Bild 13.5

Beim Lesen des Speichers erscheint auf den Datenleitungen (Y_0 bis Y_3) ein ganz bestimmtes Bitmuster, das vom Signalzustand der Adreßleitungen abhängt. Im Bild 13.5 ergibt sich folgende Codierung:

Adresse		Spalten				Zeilen
A_1	A_0	Y_0	Y_1	Y_2	Y_3	
L	L	H	H	H	L	$Z_0 = \overline{A_0} \wedge \overline{A_1}$
L	H	H	H	L	L	$Z_1 = A_0 \overline{A_1}$
H	L	L	L	H	L	$Z_2 = \overline{A_0} A_1$
H	H	L	L	L	L	$Z_3 = A_0 \wedge A_1$

Tabelle 13.3 Code für die Speichermatrix nach Bild 13.5

In der gezeichneten Diodenmatrix erhält man mit zwei Adreßleitungen eine Auswahl von 4 Datenworten mit je vier Bits. Der Speicher hat also nur eine Kapazität von 16 Bits.
Im Wortdekodierer müssen die einzelnen Zeilen nach obenstehendem Code angewählt werden, z. B.: $Z_0 = \overline{A_1} \wedge \overline{A_0}$ oder $Z_3 = A_1 \wedge A_0$.
Die Programmierung für diese Matrix muß durch das Einbringen von Brücken erfolgen. Die Integrationsdichte einer solchen Diodenmatrix ist außerordentlich gering. Deshalb werden Festwertspeicher fast ausschließlich in MOS-Technik auf-

gebaut. Maskenprogrammierte ROMs haben Vor- und Nachteile. Die Herstellung einer eigenen Maske ist erst dann sinnvoll, wenn der gleiche Baustein in größeren Stückzahlen eingesetzt werden kann. Der Anwender muß außer den Kosten für den Baustein auch die Maske bezahlen. Allerdings werden sie bei größeren Stückzahlen sehr preiswert. Die Maskenprogrammierung erfordert längere Lieferzeiten. Bei einem falschen Programm entstehen für den Anwender weiterhin erhöhte Kosten.

13.3.2 Der anwenderprogrammierbare Speicher PROM nach dem Fusable-Link-Verfahren (Fusable-Link = Sicherungsdraht)

Programmierbare Festwertspeicher nach dem Fusable-Link-Verfahren können schnell und einfach durch den Anwender programmiert werden. Die Programmierung erfolgt mit einfachen Programmiergeräten. Zur Zeit sind etwa zwei Drittel aller eingesetzten Festwertspeicher solche (programmierbare) PROMs.

Bei den anwenderprogrammierbaren Festwertspeichern wird das Datenmuster beim Anwender entweder durch eine Zerstörung eines „Dünnfilmwiderstandes" oder eine Durchlegierung des Basis-Emitterwiderstandes von Koppeltransistoren hergestellt. Im folgenden wird das erste Verfahren erläutert. Wie Bild 13.6 zeigt liegt in Reihe mit der Diode ein Sicherungselement (Dünnfilmwiderstand = Nickel-Chrom = NiCr-fuse). Dieser kann durch Strompulse mit definierter Höhe und Dauer zerstört werden. (Iprog)

Damit ist die Programmierung erreicht.

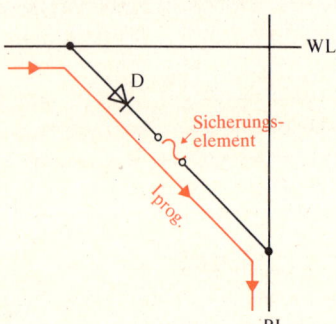 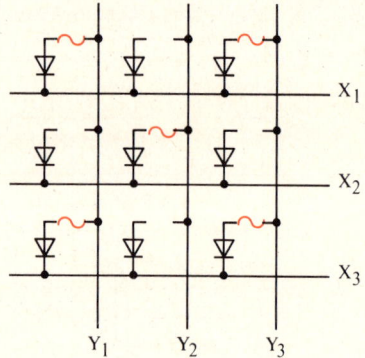

Bild 13.6 Programmierbares Diodenelement (Speicherzelle) WL Wortleitung BL Bitleitung

Bild 13.7 zeigt eine Speichermatrix, die nach dem Fusable-Link-Verfahren programmiert wurde

Zur Programmierung wird z. B.: Die Y_1-Leitung auf eine positive Spannung gelegt. Die X_2-Leitung wird an Masse gelegt. Ist die Betriebsspannung klein, fließt ein kleiner Strom über die Diode. Wird die Betriebsspannung erhöht, so fließt ein relativ großer Strom über den Sicherungsdraht (Fusable-Link) dadurch schmilzt er durch.

Der Programmierungsvorgang kann nicht rückgängig gemacht werden. Er ist irreversibel. Werden Fehler bei der Programmierung gemacht, so ist der Baustein nicht mehr verwendbar. Auch spätere Änderungen sind nicht mehr möglich.

13.3.3 Mehrfach programmierbare Speicher

Den Nachteil, daß eine Programmänderung nach einer einmal erfolgten Programmierung nicht möglich ist, vermeidet die Gruppe der löschbaren PROM. Diese sind mehrfach programmierbar. Man nennt die ganze Gruppe REPROMs (reprogrammable ROM). Der Anfangszustand kann vom Anwender wieder hergestellt werden. Diesen Vorgang nennt man löschen (erase). Das Programm kann en bloc durch Bestrahlung mit UV-Licht, oder selektiv durch elektrische Impulse gelöscht werden. Demzufolge unterscheidet man EPROMs (mit UV-Licht löschbar) und EAROMs (elektrisch löschbar).

13.3.3.1 UV-Licht-löschbare Festwertspeicher (EPROM)

Bei EPROMs (**E**rasable **PROM**) oder REPROMs (**RE-P**rommable **ROM**) kann der gesamte Speicherinhalt mit UV-Licht gelöscht werden. Das Löschen einzelner Speicherdaten ist nicht möglich. Nach dem Löschen kann mit Hilfe eines Programmiergerätes ein neues Programm gespeichert werden. Dadurch ist eine einfache Änderung des Programms möglich.

Die EPROMs sind wesentlich teurer als die maskenprogrammierten ROMs. Es ist deshalb zweckmäßig, bei Neuentwicklungen die Prototype auf einem EPROM zu programmieren und dann im fertigen Gerät maskenprogrammierte ROMs einzusetzen. Die meisten EPROMs sind zu maskenprogrammierbaren ROMs anschlußkompatibel.

Die EPROMs arbeiten statisch, d. h. man benötigt keine Auffrischung wie dies bei dynamischen RAMs erforderlich ist.

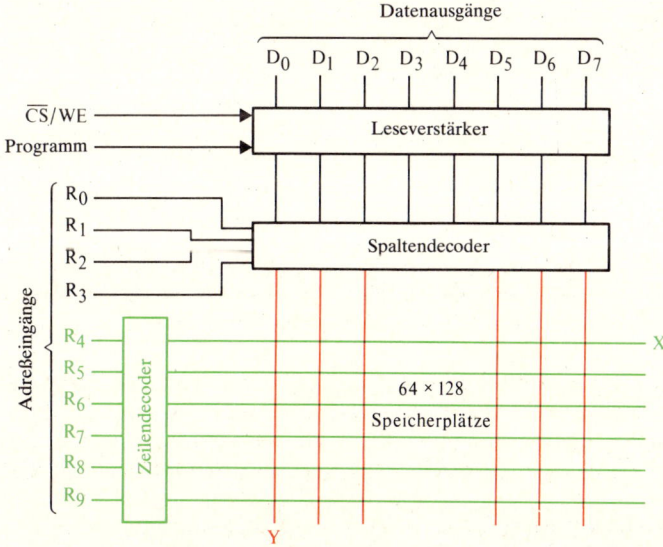

Bild 13.8   Prinzipieller Aufbau eines EPROMs

In Bild 13.8 ist der prinzipielle Aufbau eines EPROMs dargestellt. D_0 bis D_7 sind die Datenausgänge; R_0 bis R_9 die Adresseneingänge. CS/WE Baustein-Auswahl / Schreib-Freigabe-Eingang.
Die Speicher-Matrix (64 × 128 = 8792 Speicherplätze) befindet sich unter einem Quarzfenster. Durch dieses Quarzfenster kann der Speicherinhalt durch Bestrahlung mit ultraviolettem Licht gelöscht werden. Mit einem entsprechenden Programmiergerät kann das EPROM wieder elektrisch programmiert werden. Dieser Vorgang des Programmierens und des Löschens kann beliebig oft wiederholt werden. EPROMs werden in der sog. Silizium-Gate Technologie hergestellt.

13.3.3.2 Elektrisch löschbare Speicher (EEPROM, EAPROM, VEPROM)

Dies sind Speicherzellen, die ähnlich aufgebaut sind wie die EPROMs. Die Programmierung erfolgt durch eine elektrische Spannung, durch die in den gewünschten Speicherzellen Elektronen auf das „schwimmende Gate" aufgebracht werden. Damit wird das Gate aufgeladen. Beim Löschen wird dieser Vorgang dann rückgängig gemacht. Die Bausteine haben dafür kein Quarzfenster, sondern eine Metallplatte, die an die Anschlüsse herausgeführt wird. Diese ist über die Speichermatrix angeordnet. Durch Anlegen einer hohen Spannung kann der Anwender die Speichermatrix löschen. Dafür ist ein entsprechendes Programmiergerät erforderlich.

13.3.4   Programmierbare Logikanordnung (PLA)

(Programmable Logic Arrays)
Es gibt ähnlich wie bei den ROMs sowohl maskenprogrammierbare PLA als auch kundenprogrammierbare Bausteine (FPLA-Field-Programmable Logic Array). Ein Beispiel für eine FPLA zeigt Bild 13.9.
Diese Schaltung enthält 48 UND-Gatter mit je 32 Eingängen. Die 16 Eingangsvariablen können wahlweise invertiert auf das Gatter geschaltet werden. Weiterhin sind 8 ODER-Gatter mit je 48 Eingängen vorhanden. Diese Eingänge können wahlweise mit den Ausgängen der UND-Verknüpfungen verbunden werden. Außerdem sind acht EXOR-Gatter vorhanden. Mit diesen können die Ausgänge der ODER-Gatter invertiert werden. Mit den 8 Tristate-Puffern kann der Baustein freigegeben werden.
Diese Schaltung bestitzt also 48 × 32 + 48 × 8 + 8 programmierbare Verbindungen. Dies entspricht einer Speicherkapazität von 1928 Bit.
ROMs und PLAs haben ähnliche Struktur. Der wesentliche Unterschied besteht darin, daß beim PLA auch die Aufschaltung der Eingangsvariablen (die Decodierschaltung) programmierbar ist. Beim ROM sind diese Verbindungen fest vorgegeben.
Es sind also beim ROM als UND-Verknüpfungen nur Minterme der zu realisierenden Funktion zulässig. Im Gegensatz dazu können bei einem (F)PLA beliebige UND-Verknüpfungen der Eingangsvariablen verwendet werden.
Allerdings ist die Zahl dieser Minterme beschränkt (z. B.: 48).
Die Programmierung der PLA kann nach Angaben des Anwenders mit einer Maske erfolgen. Ebenso ist eine Programmierung nach dem Fuse-Link-Verfahren möglich.

13.3 Nur-Lese-Speicher (ROM)

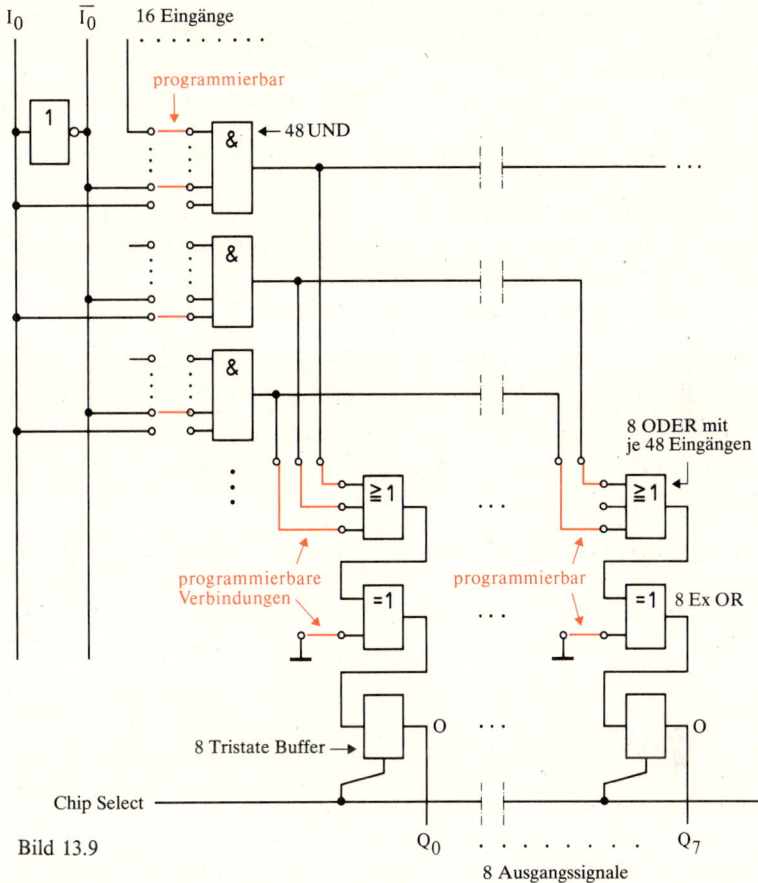

Bild 13.9

Als Programmspeicher werden bevorzugt (P)ROMs eingesetzt. Ebenso wenn die gegebenen Funktionen nur wenige Variable enthalten (bis 10). Sind Funktionen mit vielen Variablen vorhanden, so sind dann ROMs günstig einzusetzen, wenn die Funktionstabellen gegeben sind und diese sich nur wenig vereinfachen lassen (z. B.: Mathematische Funktionen).

Sind die Funktionen als Schaltungsgleichung vorhanden, oder wenn sich vereinfachte Schaltungen aus der Funktionstabelle gewinnen lassen, sind PLAs günstiger einzusetzen.

14 Digital-Analogumsetzer (DAU)

Mit DAU werden die von einem digitalen System ermittelten Signale in analoge Signale umgeformt. Diese analogen Signale werden sowohl in der Steuerungstechnik, als auch in der Regelungstechnik benötigt. Es können als Ausgangsgrößen sowohl Ströme, als auch Spannungen auftreten. Voraussetzung ist in jedem Fall, daß die digitale Information in einem stellenbewertbaren Code (z. B. BCD 8421) zur Verfügung steht.

Eine sehr einfache Schaltung ergibt sich unter Verwendung eines Operationsverstärkers in invertierender Schaltung. Ein idealer Operationsverstärker muß folgende Bedingungen erfüllen:

1) Der Eingangswiderstand soll unendlich groß sein, damit eine leistungslose Ansteuerung möglich ist.
2) Die Leerlaufverstärkung sollte unendlich groß sein. Praktisch liegt die Leerlaufverstärkung zwischen 10^4 und 10^8. In Sonderausführungen lassen sich Leerlaufverstärkungen bis zu 10^{12} erreichen.

Für den invertierenden Operationsverstärker gilt folgendes Schaltbild (Bild 14.1)

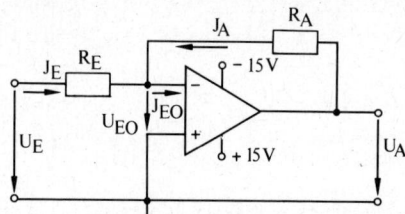

Bild 14.1 Invertierender Operationsverstärker

Beim idealen Operationsverstärker ist U_{E0} die Eingangsspannung des Operationsverstärkers nahezu Null. Außerdem ist der Eingangsstrom J_{E0} wegen des sehr hohen Eingangswiderstandes ebenfalls Null.

Für die Schaltung (Bild 14.1) gelten folgende Beziehungen:

$$J_{E0} = J_E + J_A = 0; \quad J_E = -J_A \quad (14.1)$$

$$U_E = J_E R_E + U_{E0}; \text{ mit } U_{E0} = 0 \text{ wird } U_E = J_E R_E \quad (14.2)$$

$$U_A = J_A R_A + U_{E0}; \quad U_A = J_A R_A \quad (14.3)$$

damit für die Spannungsverstärkung

$$V_u = \frac{U_A}{U_E} = -\frac{R_A}{R_E}; \quad U_A = -U_E \frac{R_A}{R_E} \quad (14.4)$$

Beim idealen Verstärker hängt die Spannungsverstärkung nicht vom Verstärker selbst, sondern nur von den Beschaltungselementen ab.

Ersetzt man den Eingangswiderstand R_E durch Widerstände, die entsprechend dem Code gestuft sind, so erhält man einen Summierverstärker, der als Digital-Analogumsetzer geeignet ist. Für den BCD-Code (8421) ergibt sich folgende Abstufung:

$$R_E; \; \frac{R_E}{2}; \; \frac{R_E}{4}; \; \frac{R_E}{8}.$$

14 Digital-Analogumsetzer (DAU)

Die Eingangsspannung U_E muß als Bezugsspannung konstant gehalten werden. Die Widerstände werden durch Schalter, die dem jeweiligen Stellenwert zugeordnet sind, geschaltet.
Damit ergibt sich folgende Schaltung für den DAU: (Bild 14.2)

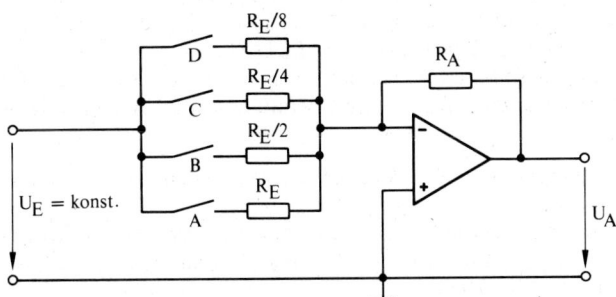

Bild 14.2 DAU mit Summierer

Die Ausgangsspannung U_A wird damit:

$$U_A = - U_E R_A \left(\frac{1}{R_{E\,ges}}\right)$$

$$U_A = - U_E R_A \left(\frac{A}{R_E} + \frac{2B}{R_E} + \frac{4C}{R_E} + \frac{8D}{R_E}\right)$$

$$U_A = - U_E \frac{R_A}{R_E} (A + 2B + 4C + 8D)$$

Die Schalter A, B, C und D stellen binäre Variable dar. In der Gleichung für die Ausgangsspannung wird für den geschlossenen Schalter 1, für den offenen Schalter 0 eingesetzt. Am Ausgang entsteht eine der Binärkombination entsprechende Spannung. (Bild 14.3)

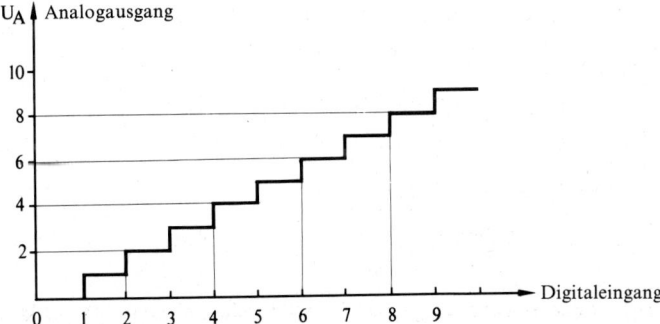

Bild 14.3 Analogwert als Funktion der digitalen Eingangskombination

In Bild 14.3 entspricht den digitalen Eingangswerten 0 bis 9 jeweils eine Binärkombination $0 = \text{LLLL}\ (\overline{A}\ \overline{B}\ \overline{C}\ \overline{D})$: $1 = \text{LLLH}\ (A\ \overline{B}\overline{C}\overline{D})$, usw.
In der praktischen Ausführung des DAU werden statt der mechanischen Schalter Schalttransistoren verwendet, die direkt von den digitalen Ausgängen angesteuert werden können.

15 Analog-Digitalumsetzer (ADU)

In Analog-Digitalumsetzern soll eine analoge Information digital verarbeitet werden. Diese Aufgabe erfüllen bereits Codelineale (Tabelle 8.3), die die analoge Größe Weg in eine digitale Größe umformen. Ebenso sind Winkelkodierer ADU (Bild 8.4), denn sie verwandeln die analoge Größe „Winkel" in eine entsprechende Binärkombination. Von den vielen Möglichkeiten der Ausführung von ADU werden zwei besonders einfache behandelt.

15.1 ADU nach dem Frequenzverfahren

Bei diesem Verfahren wird das analoge Signal in eine Frequenz umgeformt. Durch Abzählen der Impulse je Zeiteinheit kann der Digitalwert festgestellt werden.
Soll z. B. die Drehzahl eines Motors gemessen werden, so kann durch Anbringen einer Lochscheibe mit lichtelektrischer Abtastung, oder durch eine Scheibe mit Zähnen und induktiver Abtastung eine der Drehzahl entsprechende Frequenz erzeugt werden. Um möglichst gleichmäßige Impulse zu erhalten, wird zur weiteren Verarbeitung ein Impulsformer eingebaut.
Mit einem Zeitgeber werden die Impulse während einer gewissen Zeit dem Zähler zugeführt. Diese Messung wird mit einer vorgewählten Periodendauer wiederholt. Da der Zähler immer wieder mit Null zu zählen beginnt, baut man bei kontinuierlichen Messungen einen Anzeigespeicher ein.
Als Zeitgeber wird ein Quarzoszillator mit Frequenzteiler verwendet. (Bild 15.1)

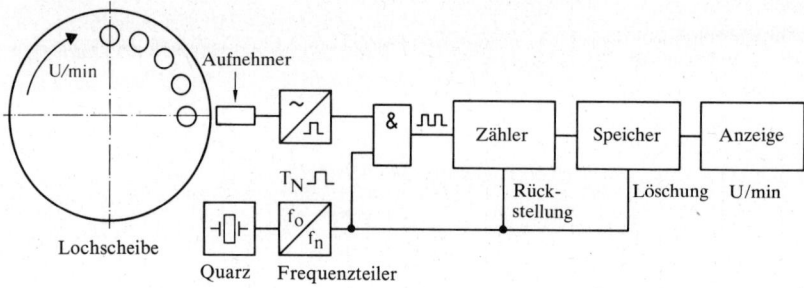

Bild 15.1 Blockschaltbild für einen ADU zur Drehzahlmessung

Wird eine Lochscheibe mit einem Loch verwandt, und liefert der Aufnehmer einen Impuls je Sekunde und der Frequenzteiler eine Tastzeit T_N von 1 Sekunde, so zeigt die Anzeige 1 Umdrehung je Sekunde. Wird eine Lochscheibe mit 60 Löchern montiert, so zeigt die Anzeige die Zahl der Umdrehungen je Minute an.
Steht als analoges Eingangssignal eine Spannung zur Verfügung, so kann mit Hilfe eines Spannungs-Frequenzumformers eine Umformung in digitale Signale erreicht werden.

15.2 ADU nach dem Sägezahnverfahren

Bei diesem Verfahren wird die zu messende Spannung U mit einer sich sägezahnförmig ändernden Vergleichspannung U_S verglichen. Von dem Vergleicher wird eine Kippschaltung angesteuert. Geht die Sägezahnspannung durch Null, so gibt die Kippschaltung den Weg für Impulse des Quarzoszillators frei, der Zähler beginnt die Impulse zu zählen. Ist die Sägezahnspannung U_S gleich der zu messenden Spannung U_X, so sperrt die Kippschaltung den Impulsausgang (Bild 15.2 und 15.3).

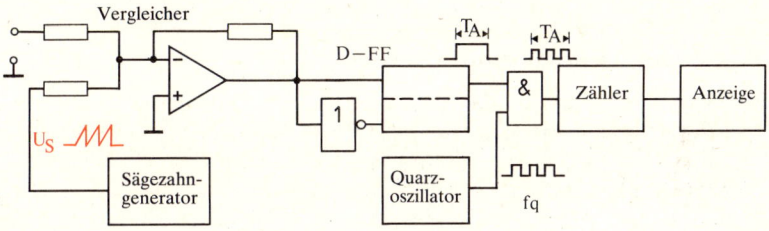

Bild 15.2 Prinzipschaltung für den Analog-Digitalumsetzer nach dem Sägezahnverfahren

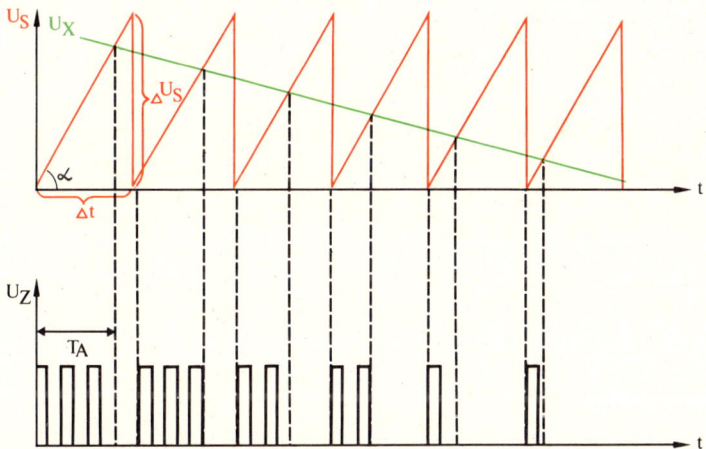

Bild 15.3 Zeitlicher Verlauf der einzelnen Größen beim ADU nach dem Sägezahnverfahren

Die Anzeige (z) hängt außer von der Meßspannung U_x, von der Steilheit der Sägezahnspannung $\tan\alpha = \dfrac{\Delta U_S}{\Delta t}$ und der Impulsfrequenz des Sägezahngenerators (fq) ab.
Für die zu messende Spannung gilt:

$$U_x = \frac{z \tan\alpha}{fq} \quad (14.1)$$

Ist die Steigung der Sägezahnspannung und die Frequenz des Quarzoszillators konstant, so ist die Anzeige z direkt der zu messenden Spannung proportional.
Mit der Zeitdauer der Impulsgebung gilt für z auch:

$$z = T_A \cdot fq \qquad (15.2)$$

In diesem ADU wird die zu messende Spannung also zunächst in eine Zeit umgewandelt. Diese Zeit wird anschließend mit einem Zähler digital gemessen.

16 Schaltkreissysteme

16.1 Diodenlogik

Die Diode besitzt einen kleinen Widerstand wenn die Anode gegenüber der Katode ein positives Potential besitzt. (Bild 16.1)

+ —▷|— −   *Diode leitet*

Anode   Katode

Bild 16.1   Diode in Durchlaßrichtung

Werden die Potentiale vertauscht, d.h. die Anode hat negatives Potential und die Katode positives Potential, so sperrt die Diode. Sie hat jetzt einen sehr großen Widerstand. (Bild 16.2)

− —▷|— +   *Diode sperrt*

Anode   Katode

Bild 16.2   Diode in Sperrichtung

In folgenden Beispielen wird die Funktionsweise der Zusammenschaltung von zwei Dioden untersucht. Es werden jeweils die vorhandenen Spannungen angegeben.

16.1.1   ODER-Verknüpfung

A)

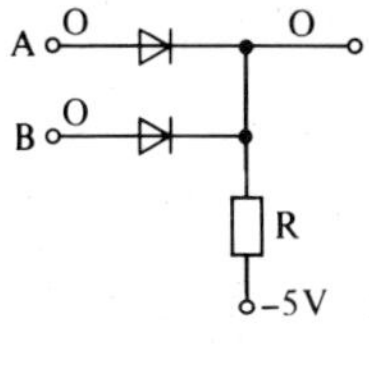

Bild 16.3
Diodenschaltung: Beide Eingangspotentiale 0V

Wenn an beiden Eingängen eine Spannung von 0 V anliegt, so sind die Anoden positiv gegenüber den Katoden, sie besitzen also einen kleinen Widerstand, sie leiten. Am Ausgang Q ist ebenfalls 0 V vorhanden.

B)

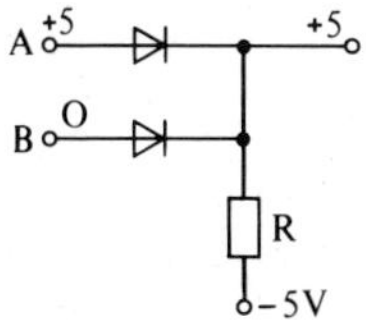

Bild 16.4
Diodenschaltung. An einem Eingang liegt +5V, am anderen 0V

Jetzt leitet die Diode A. An deren Ausgang ist das gleiche Potential vorhanden, nahezu 5 V. An der Katode von B ist damit positives Potential. Da die Anode auf 0 V liegt, sperrt diese Diode. Am Ausgang ist eine Spannung von +5 V vorhanden.

C) Wird an B +5V und an A 0V angelegt, so ist am Ausgang wieder eine Spannung von +5V vorhanden.

D)

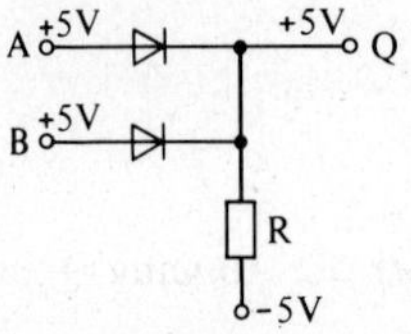

Bild 16.5
Diodenschaltung. An beiden Eingängen liegt +5V

Auch in diesem Fall ist am Ausgang eine Spannung von +5V vorhanden.
Tabelle 16.1 zeigt die Zusammenfassung der vier Möglichkeiten. Außer der Zuordnung zum höheren Potential H und zum niedrigen Potential L sind die früher üblichen Bezeichnungen aufgeführt (L, 0).

	B(V)	A(V)	Q(V)	B	A	Q	B	A	Q
0	0	0	0	L	L	L	0	0	0
1	0	5	5	L	H	H	0	L	L
2	5	0	5	H	L	H	L	0	L
3	5	5	5	H	H	H	L	L	L

$2^1 \quad 2^0$

Tabelle 16.1 ODER-Verknüpfung mit der Zuordnung entsprechend DIN 41785 und frühere Zuordnung

Ordnet man der Spalte A die Wertigkeit $2^0 = 1$ und der Spalte B die Wertigkeit $2^1 = 2$ zu, so ergeben sich durch Bildung der Quersumme die Dezimalzahlen vor jeder Zeile.

16.1.2 UND-Verknüpfung

Jetzt werden die Dioden entgegengesetzt gepolt und an eine Bezugsspannung von +5V angeschlossen.

A)

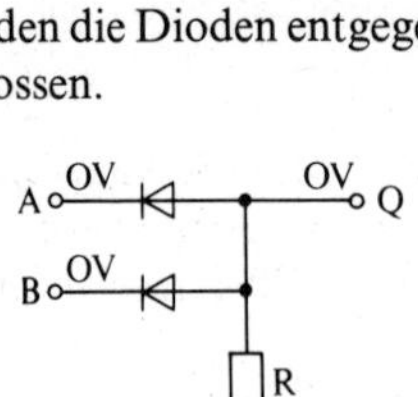

Bild 16.6
Diodenschaltung.
Beide Eingangspotentiale OV

Wenn an beiden Eingängen eine Spannung von 0V vorhanden ist, leiten die Dioden. Am Ausgang ist eine Spannung von 0V meßbar.

16.2 Dioden-Transistor-Logik (DTL)

B)

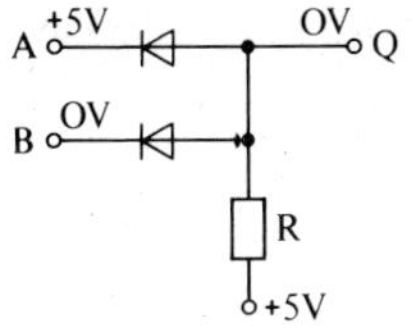

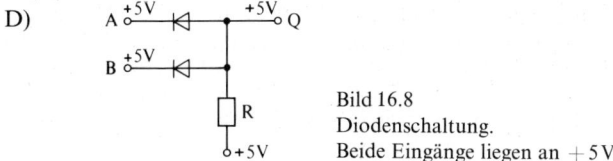

Bild 16.7
Diodenschaltung. Am Eingang A
liegt $+5V$ an B 0V

Die Diode B leitet, die Diode A sperrt, deshalb liegt auch am Ausgang Q ein Potential von 0 V.

C) Liegt an B ein Potential von $+5V$ und an A 0 V, so ergibt sich am Ausgang Q wieder 0 V.

D)

Bild 16.8
Diodenschaltung.
Beide Eingänge liegen an $+5V$

Die Katoden beider Dioden liegen an $+5V$, sie sperren also. Am Ausgang wird die am Widerstand R anliegende Spannung von $+5V$ wirksam.

In Tabelle 16.2 sind die vier Möglichkeiten zusammengestellt. In den letzten Spalten sind wieder die früher gebrauchten Bezeichnungen aufgeführt.

	B(V)	A(V)	Q(V)	B	A	Q	B	A	Q
0	0	0	0	L	L	L	0	0	0
1	0	5	0	L	H	L	0	L	0
2	5	0	0	H	L	L	L	0	0
3	5	5	5	H	H	H	L	L	L
	2^1	2^0							

Tabelle 16.2 UND-Verknüpfung. Zuordnung nach DIN 41 785 und frühere Zuordnung

Mit dieser reinen Diodenlogik können nur UND- und ODER-Verknüpfungen realisiert werden. Es lassen sich nicht sehr viele Elemente zusammenschalten, weil jedes Element den Pegel verringert. Es sind keine regenerierenden Elemente vorhanden.

16.2 Dioden-Transistor-Logik (DTL)

Wird die Diodenlogik mit Transistoren erweitert, so können die genannten Nachteile beseitigt werden. Dabei werden die Transistoren als Schalter eingesetzt. Ein idealer Schalter besitzt im ausgeschalteten Zustand einen unendlich hohen Widerstand. Im eingeschalteten Zustand ist der Widerstand des Schalters Null. Diese Zusammenhänge zeigt Bild 16.9:

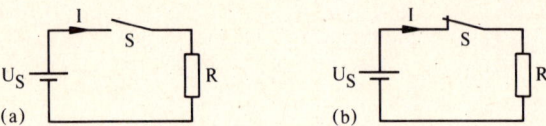

Bild 16.9   Stromkreis mit offenem (a) und geschlossenem Schalter (b)

Bei offenem Schalter (Bild 16.9a) fließt kein Strom. An den Schalterklemmen kann die Speisespannung U_S gemessen werden.
Beim geschlossenen Schalter (Bild 16.9b) ist bei idealem Verhalten die Spannung an den Schalterklemmen Null V. Es fließt ein Strom, der sich aus der Speisespannung U_S und dem Lastwiderstand R bestimmen läßt.
Dieser Zusammenhang ergibt sich mit dem Ohmschen Gesetz zu:

$$I = \frac{U_S}{R}.$$

Bild 16.10 zeigt diese Zusammenhänge.

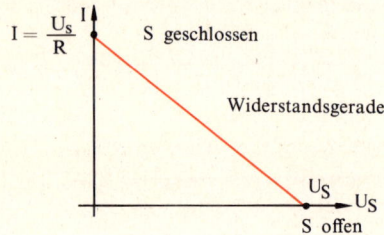

Bild 16.10   Widerstandsgerade für den idealen Schalter

Mit mechanischen Schaltern werden die beschriebenen idealen Punkte annähernd erreicht. Mechanische Schalter haben jedoch mehrere Nachteile. Die Schaltgeschwindigkeit ist nicht sehr hoch. Außerdem wird bei jedem Schaltvorgang ein Lichtbogen erzeugt. In der Digitaltechnik werden deshalb bevorzugt elektronische Schalter verwendet. Dazu wird der Transistor in Emitterschaltung eingesetzt. (Bild 16.11)

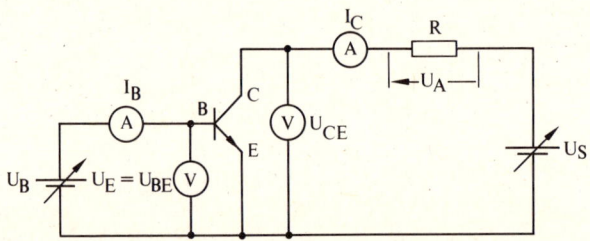

Bild 16.11   Transistor in Emitterschaltung (NPN-Transistor)

16.2 Dioden-Transistor-Logik (DTL)

Die Bezeichnungen im Bild 16.11 haben folgende Bedeutung: B = Basis; C = Collektor; E = Emitter; I_B = Basisstrom; U_{BE} = Spannung zwischen Basis und Emitter; U_{CE} = Spannung zwischen Collektor und Emitter; I_C = Collektorstrom; U_S = Speisespannung; U_E = Eingangsspannung; U_A = Ausgangsspannung.

Das Kennzeichen der Emitterschaltung ist, daß der Eingangskreis (E) und der Ausgangskreis (A) den Emitter als gemeinsamen Anschluß besitzen.

Mit der Schaltung (Bild 16.11) kann das Ausgangskennlinienfeld des Transistors aufgenommen werden. Dabei wird eine bestimmte Basisspannung U_B eingestellt und dann die Speisespannung U_S verändert. Dies wird für verschiedene Basisspannungen wiederholt. Es ergibt sich dabei folgendes idealisierte Kennlinienfeld. (Bild 16.12)

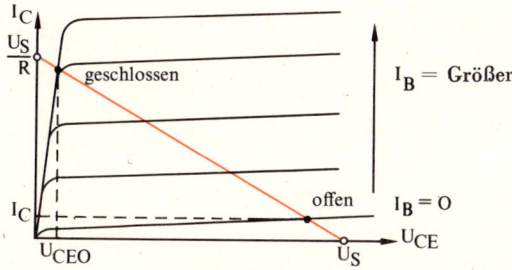

Bild 16.12 Ausgangskennlinienfeld mit eingezeichneter Widerstandsgeraden

In das Kennlinienfeld (Bild 16.12) wurde die Widerstandsgerade eingezeichnet.
Bei sehr kleinem Basisstrom ($I_B = 0$) fließt ein sehr kleiner Collektorstrom (I_C). Die Collektor-Emitterspannung (U_{CE}) ist hoch. Dies entspricht dem offenen Schalter.
Bei sehr großem Basisstrom I_B ist die Collektor-Emitterspannung sehr klein. Dies entspricht dem geschlossenen Schalter. Aus Bild 16.12 ist zu ersehen, daß die idealen Punkte nicht erreicht werden. Beim gesperrten Transistor (Schalter offen) fließt noch ein kleiner Collektorstrom I_C. Beim leitenden Transistor ist noch ein kleiner Spannungsabfall U_{CEO} vorhanden (Schalter geschlossen).
Aus vorstehenden Überlegungen ergibt sich folgender Zusammenhang zwischen Eingangsspannung U_{BE} und Ausgangsspannung U_{CE} (Tabelle 16.3):

U_{BE}	U_{CE}	
L	H	Transistor sperrt (Schalter offen)
H	L	Transistor leitet (Schalter geschlossen)

Tabelle 16.3 Zusammenhang zwischen U_{BE} und U_{CE}

Der Transistor wirkt als Negation (Inverter). Gleichzeitig wird das Eingangssignal verstärkt.

Durch Zusammenschaltung von AND-Gliedern in Diodenlogik mit Transistoren erhält man NAND-Glieder und damit die DTL-Technik. Ebenso kann man NOR-Glieder aufbauen.

16.3 Transistor-Transistor-Logik (TTL)

Aus der DTL-Technik hat sich die sehr weit verbreitete TTL-Technik entwickelt. Das Kennzeichen dieser TTL-Technik ist der Multi-Emitter-Transistor, der zur Verknüpfung der Eingänge verwendet wird. Ein weiterer Teil ist Negationsstufe. Diese wurde bei der Behandlung der DTL-Logik beschrieben. Der Ausgang bildet eine Gegentakt-Stufe („Totempfahl") Bild 16.13.

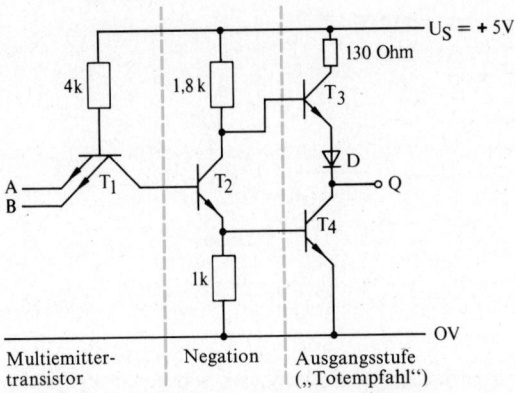

Bild 16.13   NAND-Verknüpfung in TTL-Technik (FLH 101 Siemens)

Wirkungsweise der Schaltung der NAND-Verknüpfung in TTL-Technik:
Wenn mindestens einer der beiden Eingänge (A, B) auf 0 V liegt, so wird der Transistor T_2 infolge des fehlenden Basisstromes gesperrt. Dadurch erhält der Transistor T_3 eine hohe Basisspannung, er wird leitend. Der Transistor T_4 wird gesperrt, da er wegen des gesperrten Transistors T_2 keinen Basisstrom erhält.
Am Ausgang Q erscheint eine positive Spannung: H
Liegt an den Eingängen A und B eine positive Spannung, so wird T_2 leitend. Damit erhält auch T_4 über den Widerstand 1,8 k Ohm und T_2 einen Basisstrom und kann durchschalten.
Am Ausgang erscheint nur eine sehr niedrige Spannung: Q = (L)
TTL-Schaltungen schalten etwa doppelt so schnell, wie DTL-Schaltungen (7ns).
Verknüpfungsglieder in TTL-Technik werden nur in integrierter Bauweise ausgeführt, weil dabei die Herstellung von Transistoren außerordentlich preiswert erfolgen kann.
An die Ausgänge der Verknüpfungsglieder (Gatter) können nicht beliebig viele Eingänge weiterer Glieder angeschlossen werden. Die Ausgangsbelastbarkeit ist begrenzt. Bei einer zu großen Last stellen sich nicht mehr die genau definierten Zustände H und L ein. Die zulässige Belastung wird in **fan-out** (fan = Fächer; out = output = Ausgang) angegeben. Dies ist die Zahl der Eingänge, die an das betreffende Gatter angeschlossen

16.2 Transistor-Transistor-Logik (TTL)

werden dürfen, ohne daß die Funktionsfähigkeit beeinträchtigt wird. Man spricht auch vom Ausgangslastfaktor (F_O). Man unterscheidet zwischen L- und H-Ausgangslastfaktor. Im allgemeinen ist dieser für beide Zustände 10. Es dürfen also 10 Eingänge angeschlossen werden, ohne daß die logische Funktion beeinträchtigt wird. In den Datenblättern ist der Ausgangslastfaktor angegeben.

Ebenso wird ein Eingangslastfaktor angegeben (F_I). Dieser definiert die Belastung eines Eingangs. Er wird jeweils für einen Gattereingang angegeben. $F_I = 2$ bedeutet also, daß die Ströme am Eingang doppelt so groß sein können, wie bei einem einfachen Gatter. Dies gilt sowohl für den L-, als auch für den H-Zustand.

17 Lösungen der Übungsaufgaben

Lösungen zu 1:

Ü 1.1   Es entstehen 8 Bereiche mit folgender Zuordnung:

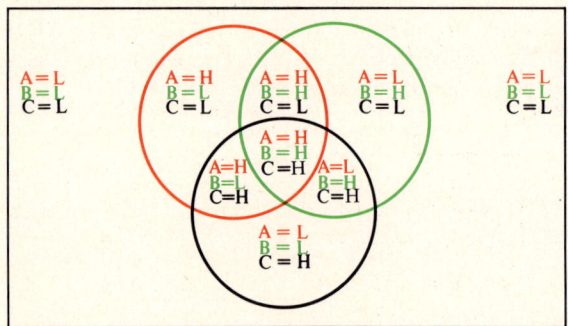

Bild Ü 1   Zuordnung der drei Variablen im Venn-Diagramm

Ü 1.2   Venn-Diagramm für A = L und B = H, sowie A = H und B = L.

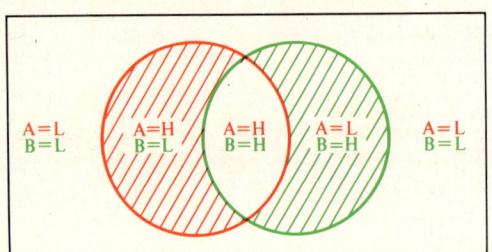

Bild Ü 2   Venn-Diagramm für A = L; B = H und A = H; B = L

Lösungen zu 2:

Ü 2.1a   Funktionstabelle der Schaltung:

	B	$\bar{B}$	A	$\bar{A}$	Q
0	L	H	L	H	H
1	L	H	H	L	L
2	H	L	L	H	L
3	H	L	H	L	H

Tabelle Ü 2.1a

17 Lösungen zu 2

In der Funktionstabelle sind die Schließer (A und B) und die Öffner ($\overline{A}$ und $\overline{B}$) aufgeführt.

Ü 2.1b Schaltung mit Kontakten:

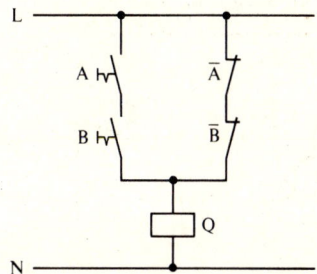

Bild Ü 3 Schaltung mit Kontakten

Ü 2.1c Schaltungsgleichung:

$AB \vee \overline{A}\overline{B} = Q$

Ü 2.1d Kontaktlose Schaltung:

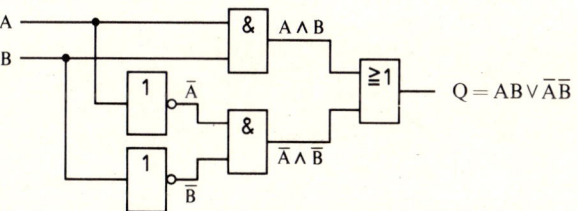

Bild Ü 4 Kontaktlose Schaltung

Diese Schaltung entspricht der Äquivalenz. Siehe Zeile 9 der Tabelle 2.7.

Ü 2.1e Venn-Diagramm

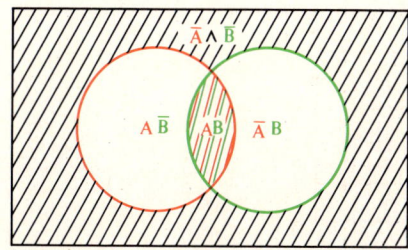

Bild Ü 5 Venn-Diagramm der Äquivalenz

Ü 2.2a Funktionstabelle:

	A	B	Q_1	Q_2
0	L	L	L	L
1	L	H	L	H
2	H	L	H	L
3	H	H	L	L

Tabelle Ü 2.2a

Ü 2.2b Schaltung mit Kontakten:

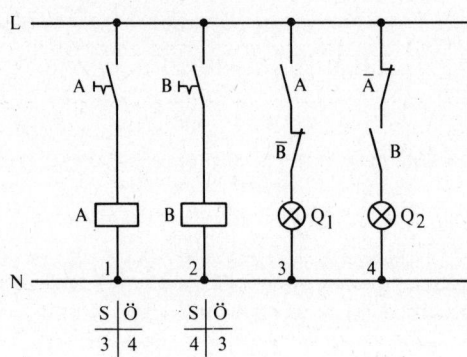

Bild Ü 6   Schaltung mit Kontakten (Verriegelungsschaltung)

Ü 2.2c Schaltungsgleichungen:

$Q_1 = A \wedge \overline{B}$
$Q_2 = B \wedge \overline{A}$

Ü 2.2d Kontaktlose Schaltung:

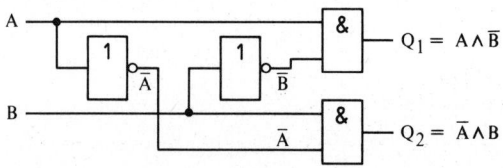

Bild Ü 7   Kontaktlose Schaltung

Ü 2.3a Schaltfunktion. Schreiben Sie hinter jedes Verknüpfungsglied das Ergebnis der Verknüpfung.

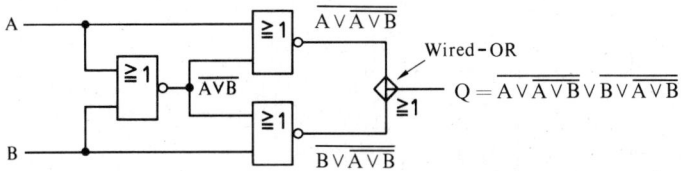

Bild Ü 8 Ermittlung der Schaltfunktion

Ü 2.3b Funktionstabelle. Die Funktionstabelle wird schrittweise entwickelt.

	B	A	A∨B	$\overline{A\vee B}$	A∨$\overline{A\vee B}$	$\overline{A\vee\overline{A\vee B}}$	B∨$\overline{A\vee B}$	$\overline{B\vee\overline{A\vee B}}$	Q
0	L	L	L	H	H	L	H	L	L
1	L	H	H	L	H	L	L	H	H
2	H	L	H	L	L	H	H	L	H
3	H	H	H	L	H	L	H	L	L
			1	2	3	4	5	6	7

Tabelle Ü 2.3b Funktionstabelle

In der Spalte 1 wird die ODER-Verknüpfung von A und B gebildet. Wenn in einer der Spalten für A ODER B H erscheint, ergibt sich auch in dieser Spalte H.
In der Spalte 2 ist davon die Negation zu bilden. Es wird H mit L und L mit H vertauscht.
In der Spalte 3 wird die ODER-Verknüpfung der Spalte 2 mit A gebildet.
In der Spalte 4 wird die Negation der Spalte 3 angeschrieben.
In der Spalte 5 wird die ODER-Verknüpfung der Spalte 2 mit B gebildet.
In Spalte 6 wird Spalte 5 negiert.
Q in Spalte 7 erhält man durch Bilden der ODER-Verknüpfung der Spalten 4 und 6.

Ü 2.3c Die dargestellte Schaltung ergibt Exklusiv-ODER (Nr.: 6 in Tabelle 2.7).

Ü 2.4a Schaltung mit Kontakten (Wirkschaltplan).

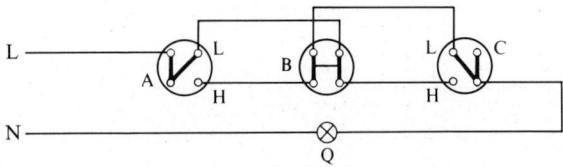

Bild Ü 9 Schaltung mit Kontakten (Wirkschaltplan)

A und C Wechselschalter; B Kreuzschalter

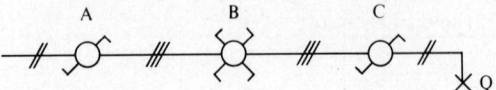

Bild Ü 10   Übersichtsplan (Installationsplan)

Ü 2.4b   Funktionstabelle:

	C	B	A	Q
0	L	L	L	L
1	L	L	H	H
2	L	H	L	H
3	L	H	H	L
4	H	L	L	H
5	H	L	H	L
6	H	H	L	L
7	H	H	H	H

Tabelle Ü 2.4b

Ü 2.4c   Scnaltfunktion aus Funktionstabelle:

$Q = A\,\overline{B}\,\overline{C} \vee \overline{A}\,B\,\overline{C} \vee \overline{A}\,\overline{B}\,C \vee ABC$

Ü 2.4d   Kontaktlose Schaltung:

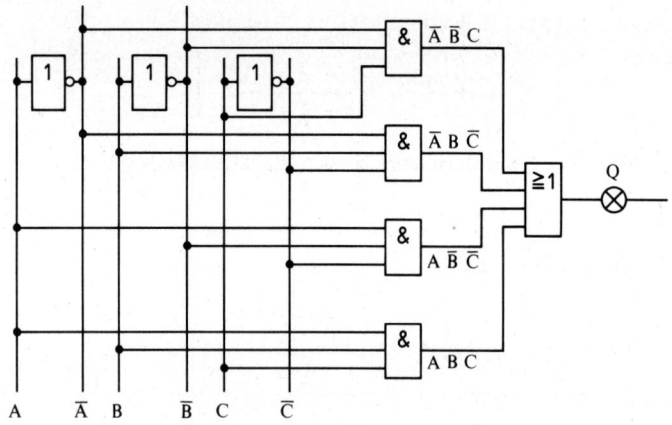

Bild Ü 11   Kontaktlose Schaltung (Ü 2.4d)

17 Lösungen zu 2

Ü 2.5a Ermitteln der Funktionstabelle: für $Q = \overline{A} \vee B$.
Es ist zweckmäßig noch eine Spalte für die negierte Variable $\overline{A}$ anzuschreiben. Q ist H, wenn $\overline{A}$ oder B oder beide zugleich H sind.

	B	A	$\overline{A}$	Q
0	L	L	H	H
1	L	H	L	L
2	H	L	H	H
3	H	H	L	H

Tabelle Ü 2.5
Funktionstabelle der Schaltfunktion
$Q = \overline{A} \vee B$

Ü 2.5b Venn-Diagramme:

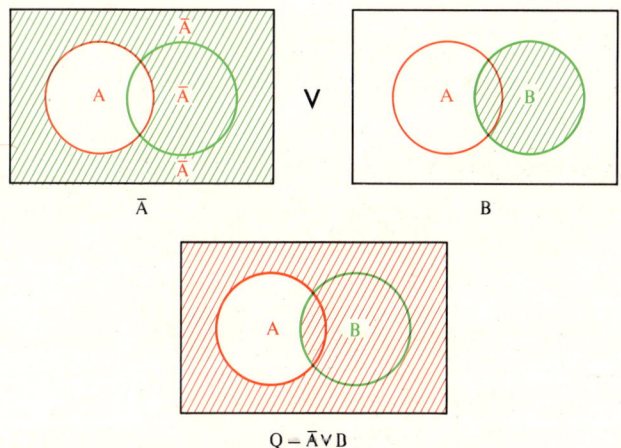

Bild Ü 12   Venn-Diagramme der Schaltfunktion $Q = \overline{A} \vee B$

Ü 2.5c Kontaktlose Schaltung:

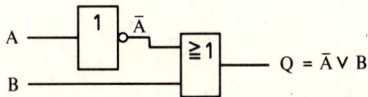

Bild Ü 13   Kontaktlose Schaltung der Schaltfunktion: $\overline{A} \vee B$

Ü 2.5d   Schaltung mit Kontakten:

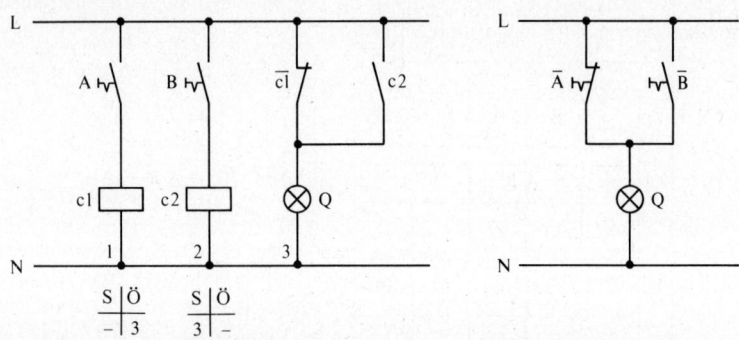

Bild Ü 14a u. b   Schaltung mit Kontakten für die Schaltfunktion $Q = \overline{A} \vee B$

Werden kleinere Leistungen geschaltet, so können die Schütze c1 und c2 entfallen. Geschaltet wird dann mit dem Schließer des Schalters B und mit dem Öffner des Schalters A (Bild Ü 14b).

Ü 2.5e   In den Zeilen 0, 2 und 3 ist die Einschaltbedingung erfüllt.
Damit ist die Schaltfunktion:

$$Q = \overline{A}\,\overline{B} \vee \overline{A}B \vee AB.$$

Diese Schaltfunktion kann mit den Vereinfachungsregeln in Kapitel 4 auf die ursprüngliche Form gebracht werden ($\overline{A} \vee B$).

Ü 2.5f   Nach Tabelle 2.7 ist dies die Implikation (Zeile 11) $\overline{Q} = A\overline{B}$ mit der De Morganschen Regel kann diese Form auf die ursprüngliche Gleichung zurückgeführt werden ($Q = \overline{A\overline{B}} = \overline{A} \vee B$).

Lösungen zu 3:

Ü 3.1.1:

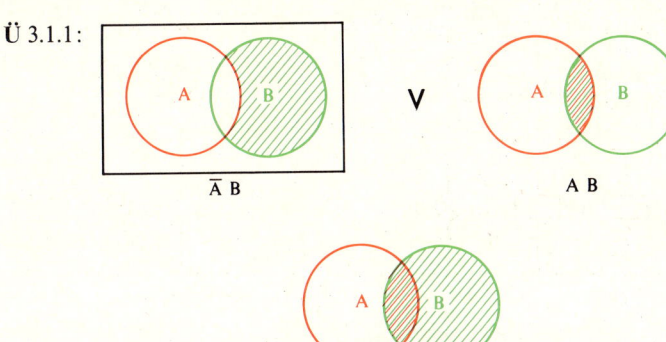

Bild Ü 15a   Venn-Diagramme

Ü 3.1.2:

B	A	$\overline{A}$	$\overline{A}B$	AB	$\overline{A}B \vee AB$
L	L	H	L	L	L
L	H	L	L	L	L
H	L	H	H	L	H
H	H	L	L	H	H
1	2	3	4	5	6

Tabelle Ü 3.1

Die Spalte 1 stimmt mit der Spalte 6 überein. Es ist also $\overline{A}B \vee AB = B$.

Ü 3.1.3:

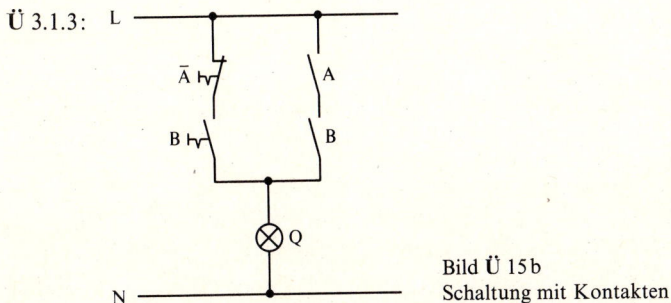

Bild Ü 15b
Schaltung mit Kontakten

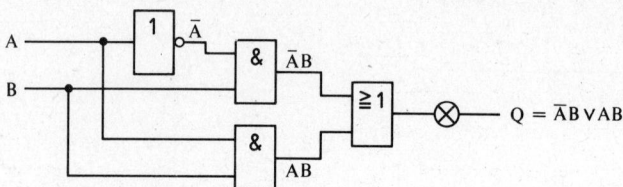

Bild Ü 15. Kontaktlose Schaltung

Ü 3.1.4 Mit dem distributiven Gesetz 3.3.3.1 ergibt sich:

$Q = B(\overline{A} \vee A)$.

Nach 3.2.7 ist $\overline{A} \vee A = H$ und nach 3.2.1 $B \wedge H = B$.

Ü 3.1.5 $Q_{KNF} = (A \vee B) \wedge (\overline{A} \vee B)$

Lösung zu 4:

Ü 4.1.1 Die eckigen Klammern der gegebenen Schaltungsgleichung werden getrennt behandelt.

1. Klammer:

$[B(B \vee D)(\overline{B} \vee \overline{E} \vee \overline{A})]$.

Durch Ausmultiplizieren nach dem distributiven Gesetz 3.3.3.1 ergibt sich:

$[(B \vee BD)(\overline{B} \vee \overline{E} \vee \overline{A})] = B\overline{E} \vee B\overline{A} \vee BD\overline{E} \vee BD\overline{A} = B(\overline{E} \vee \overline{A} \vee D\overline{E} \vee D\overline{A}) =$
$= [B(\overline{E}(H \vee D) \vee \overline{A}(H \vee D)] = [B(\overline{E} \vee \overline{A})]$

2. Klammer:

$[(B \vee C)(C \vee D)(C \vee E \vee A)] = [(BC \vee BD \vee C \vee CD)(C \vee E \vee A)] =$
$[BC \vee BCE \vee BCA \vee BDC \vee BDE \vee BDA \vee C \vee CE \vee AC \vee CD \vee CDE \vee CDA] =$
$[C(H \vee B \vee BE \vee BA \vee BD \vee E \vee A \vee D \vee DE \vee DA) \vee BD(E \vee A)]$

Der erste Klammerausdruck wird nach 3.2.4 = H und kann nach 3.2.1 wegfallen.

Damit: $[C \vee BD(E \vee A)]$

für die ganze Schaltfunktion wird damit:

$Q = [B(\overline{E} \vee \overline{A})] \vee [C \vee BD(E \vee A)] = B\overline{E} \vee B\overline{A} \vee BDE \vee BDA \vee C =$
$= B(\overline{E} \vee ED \vee \overline{A} \vee AD) \vee C$ ergibt mit 3.3.4.4:
$B(\overline{E} \vee D \vee \overline{A} \vee D) \vee C =$
$= B\overline{E} \vee BD \vee \overline{A}B \vee C$.

Ü 4.1.2 Mit NAND-Gliedern ergibt sich:

$Q = \overline{\overline{AB} \wedge \overline{BD} \wedge \overline{B\overline{E}} \wedge \overline{C}}$

17 Lösungen zu 4 277

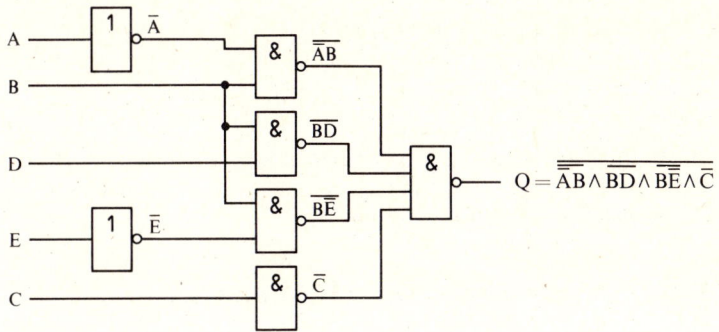

Bild Ü 17   Schaltung mit NAND-Gliedern zu Beispiel 4.1

Ü 4.2.1   Schaltung mit Kontakten für die Schaltungsgleichung (4.2):

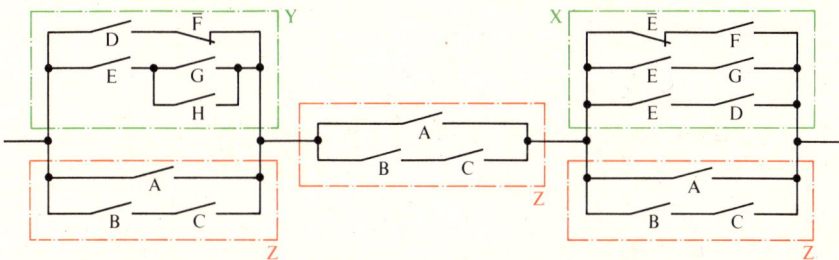

Bild Ü 18   Schaltung mit Kontakten für die Schaltungsgleichung 4.2

Ü 4.2.2   In allen drei eckigen Klammern erscheint die Verknüpfung $A \vee BC = Z$. Setzt man in der ersten Klammer für die übrigen Kontakte Y, in der dritten Klammer für die restlichen Kontakte X, so ergibt sich folgende Schaltungsgleichung:

$Q = (Y \vee A \vee BC)(A \vee BC)(X \vee A \vee BC) = (Y \vee Z)(Z)(X \vee Z)$
$ = [Y \vee (A \vee BC)](A \vee BC)[X \vee (A \vee BC)]$
$ = YX(A \vee BC) \vee Y(A \vee BC) \vee X(A \vee BC) \vee (A \vee BC) = XYZ \vee YZ \vee XZ \vee Z$
$ = (A \vee BC)(YX \vee Y \vee X \vee II) = Z(XY \vee Y \vee X \vee H)$
$ = A \vee BC = Z$

Mit NAND-Gliedern:

Ü 4.2.3: $Q = \overline{\overline{A} \wedge \overline{\overline{BC}}}$.

Ü 4.3.1   Die Schaltungsgleichung lautet:

$$Q = \overline{(A \vee B)D \wedge \overline{(A \vee B)C} \wedge \overline{(A \vee B)C} \wedge D}.$$

In der Schaltung wurde der Term $(A \vee B)$ vorteilhaft mehrfach verwendet. Die Schaltung erscheint einfach. Es werden fünf Verknüpfungsglieder benötigt. Mehrstufige Darstellungen sind oft sehr vorteilhaft.

Ü 4.3.2 Damit das Karnaugh-Diagramm gezeichnet werden kann, muß die Schaltungsgleichung so umgeformt werden, daß nur noch UND-, ODER- und Negationsglieder auftreten:

$$Q = \overline{(A \vee B) D} \vee (A \vee B) C \vee (A \vee B) C \vee \overline{D} \qquad \text{(De Morgan 3.4.3)}$$

Der Term $(A \vee B) C$ tritt doppelt auf. Nach 3.2.6 wird er einmal gestrichen. Auf den ersten Term wird zunächst noch einmal De Morgan 3.4.3 und dann De Morgan 3.4.1 angewandt:

$$Q = \overline{(A \vee B)} \vee \overline{D} \vee (A \vee B) C \vee \overline{D} = \overline{A} \wedge \overline{B} \vee \overline{D} \vee AC \vee BC.$$

Ü 4.3.3 Dies ergibt folgendes Karnaugh-Diagramm: (Bild Ü 19)

	$\overline{A}$		A		
$\overline{C}$	H	H	H	H	$\overline{D}$
	H	L	L	L	
	H	H	H	H	D
C	H	H	H	H	
	H	H	H	H	$\overline{D}$
	$\overline{B}$	B	$\overline{B}$		

Bild Ü 19 Karnaugh-Diagramm zu Aufgabe 4.3

Es ergeben sich 2 Achterblöcke und ein Viererblock. Die vereinfachte Schaltfunktion lautet:

$$Q = \overline{A}\,\overline{B} \vee C \vee \overline{D}.$$

Ü 4.3.4 Die vereinfachte Schaltung mit NAND-Gliedern:

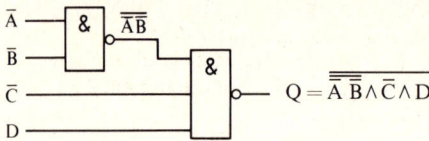

$$Q = \overline{\overline{\overline{A}\,\overline{B} \wedge \overline{C} \wedge D}}$$

Bild Ü 20 Vereinfachte Schaltung mit NAND-Gliedern zu Aufgabe 4.3

17 Lösungen zu 5

Ü 5.1 Da jede Zahl zwei Stellen besitzt, ergeben sich 16 Kombinationsmöglichkeiten.

	A_1	A_2	B_1	B_2	Q
0	L	L	L	L	H
1	L	L	L	H	L
2	L	L	H	L	L
3	L	L	H	H	L
4	L	H	L	L	L
5	L	H	L	H	H
6	L	H	H	L	L
7	L	H	H	H	L
8	H	L	L	L	L
9	H	L	L	H	L
10	H	L	H	L	H
11	H	L	H	H	L
12	H	H	L	L	L
13	H	H	L	H	L
14	H	H	H	L	L
15	H	H	H	H	H

Tabelle Ü 5.1
Funktionstabelle für den Komparator mit 2 Bit

Ü 5.1.1 Nur in den Zeilen 0 (A = LL, B = LL $\cong$ 0), 5, 10 und 15 sind die beiden Zahlen gleich. Daraus kann folgende Schaltungsgleichung abgelesen werden:

$$Q = \overline{A}_1 \overline{A}_2 \, \overline{B}_1 \overline{B}_2 \vee \overline{A}_1 A_2 \, \overline{B}_1 B_2 \vee A_1 \overline{A}_2 B_1 \overline{B}_2 \vee A_1 A_2 B_1 B_2$$

Ü 5.1.2 mit NAND-Gliedern:

$$Q = \overline{\overline{\overline{A}_1 \overline{A}_2 \overline{B}_1 \overline{B}_2} \wedge \overline{\overline{A}_1 A_2 \overline{B}_1 B_2} \wedge \overline{A_1 \overline{A}_2 B_1 \overline{B}_2} \wedge \overline{A_1 A_2 B_1 B_2}}$$

Lösungen zu 9:

Ü 9.1.1 Schaltfolgetabelle:

Q_v	E_1	E_2	S	R	Q_n
L	L	L	L	L	L
L	L	H	L	H	L
L	H	L	H	L	H
L	H	H	H	L	H
H	L	L	L	L	H
H	L	H	L	H	L
H	H	L	H	L	H
H	H	H	H	L	H

Tabelle Ü 9.1.1
Schaltfolgetabelle für das beschaltete RS-FF

Ü 9.1.2 Mit dieser Beschaltung gibt es keine unbestimmten Zustände mehr. Der Setzbefehl dominiert (Siehe SL-FF).

Ü 9.1.3 Graph

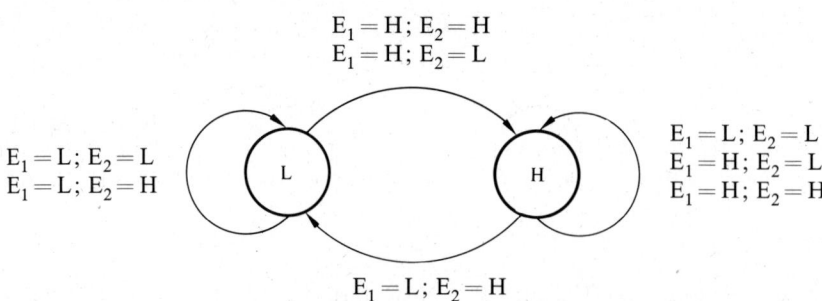

Bild Ü 21 Graph für das beschaltete FF

17 Lösungen zu 9

Ü 9.1.4   Impulsdiagramm

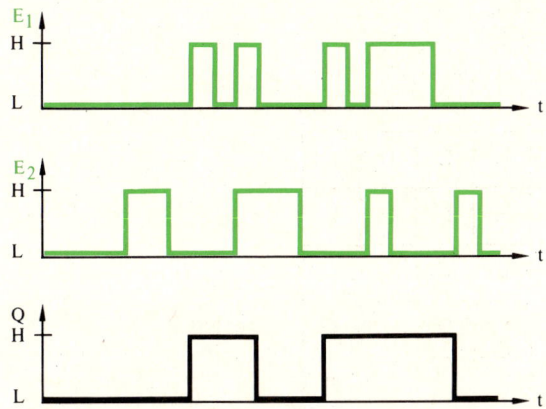

Bild Ü 22   Impulsdiagramm für das beschaltete FF

Ü 9.2.1   Schaltung eines RS-FF für dominierendes Löschen

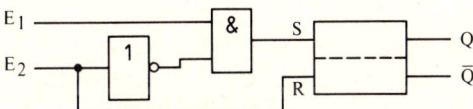

Bild Ü 23   Schaltung des RS-FF für dominierendes Löschen

Ü 9.2.2   Graph des RS-FF für dominierendes Löschen

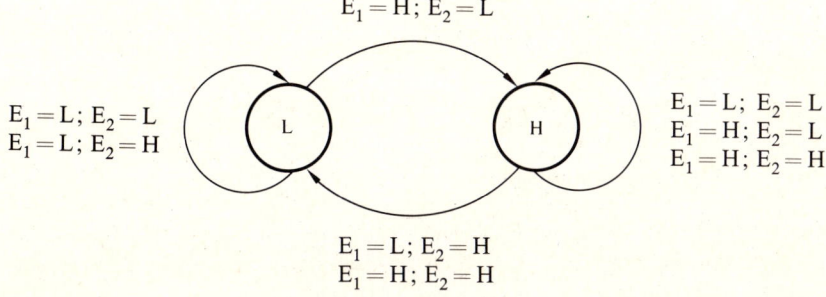

Bild Ü 24   Graph für dominierendes Löschen

Ü 9.3.1 Schaltung mit Kontakten.

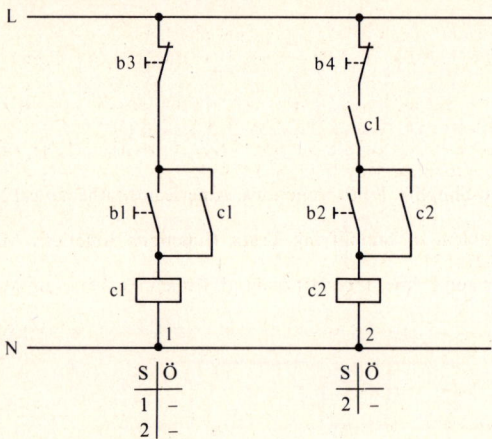

Bild Ü 25   Schaltung mit Kontakten

Ü 9.3.2 Kontaktlose Schaltung.

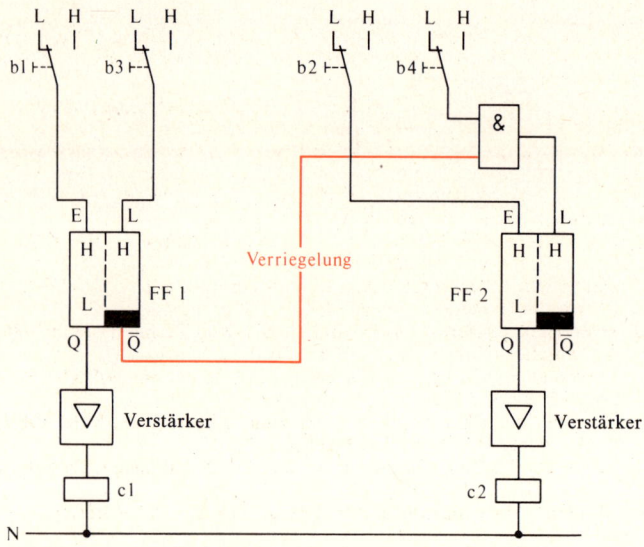

Bild Ü 26   Verriegelungsschaltung mit EL-FFs

Ü 9.3.3 Wenn beide FFs gesetzt waren (an den Ausgängen Q = H), wird mit b3 das FF 1 zurückgesetzt. Am Ausgang $\bar{Q}$ dieses FF erscheint jetzt H. Mit der Verriegelungsleitung (rot) wird damit auch das FF 2 zurückgesetzt.
Mit b2 kann das FF 2 erst gesetzt werden, wenn FF 1 gesetzt ist, da Löschen dominiert.

Literaturnachweise

[1] Boole, G.: The mathematical Analysis of Logic, London 1848
[2] Shannon, Cl. E.: A Symbolic Analysis of Relais and Switching Circuits. Trans. Am. Inst. of El. Eng. Vol 57, 1938
[3] Karnaugh, M.: The Map Method for Synthesis of Combinational Trans. AIEE Communications and Logic Circuits. Electronics 1953, Nr. 9, S. 593–599.
[4] Veitch, E. W.: A Chart Method for Simplifying Truth Funktions, Proc. of Assoc. for Computing Machinery, Pittsburg, May 1952, S. 127–133
[5] Quine, W. V.: A Way to Simplify Truth Functions. American Mathematical Monthly, 62 (1955) S. 627–631
[6] Quine, W. V.: The Problem of Simplifying Truth Functions American Mathematical Monthly, 59 (1952) S. 521–531
[7] Quine, W. V.: On Cores and Prime Implicats of Truth Functions American Mathematical Monthly, 66 (59) S. 755–760
[8] McClusky, E. J., Jr.: Minimization of Bolean Functions. Bell System Techn. Journal 35 (1956) S. 1417–1444

Schrifttum

Bauer W.; Wagner H.-H.: Bauelemente und Grundschaltungen der Elektronik, Band 1 und 2. Carl Hanser Verlag, München Wien 1981
Birchel R.: Elektronische Zähltechnik. Vogel-Verlag, Würzburg 1972
Bochmann D.: Einführung in die strukturelle Automatentheorie. VEB Verlag Technik, Berlin 1975
Böhringer M.: Theorie und Technik von Schaltnetzwerken. VEB Verlag Technik, Berlin 1969
Dworatschek S.: Schaltalgebra und digitale Grundschaltungen. Walter de Gruyter & Co., Verlag, Berlin 1970
Dokter F. und Steinhauer J.: Digitale Elektronik in der Meßtechnik und Datenverarbeitung, Band I und Band II. Verlag: Deutsche Philips GmbH 1975
Eckhardt D.; Groß W.: Grundlagen der digitalen Schaltungstechnik. Militärverlag der Deutschen Demokratischen Republik, Berlin 1975
Eckhardt D.; Groß W.: Arbeitsbuch zur digitalen Schaltungstechnik. Militärverlag der Deutschen Demokratischen Republik, Berlin 1975
Görke W.: Fehlerdiagnose digitaler Schaltungen. B. G. Teubner, Stuttgart 1973
Haack O.: Einführung in die Digitaltechnik. B. G. Teubner, Stuttgart 1980
Heep W.: Elektronische Steuerungstechnik. Elitera-Verlag, Berlin 33 (1974)
Janning W.: Elektronische Steuerungen. Verlag W. Girardet, Essen 1975
Kühn E.; Schmied H.: Integrierte Schaltkreise. VEB Verlag Technik, Berlin 1980
Kunsemüller H.: Digitale Rechenanlagen. B. G. Teubner, Stuttgart 1971
Leonhardt E.: Schaltelemente und Schaltkreise. VDI-Lehrgangshandbuch 37-29-01. VDI Bildungswerk, Düsseldorf 1975
Matschke J.: Von der einfachen Logikschaltung zum Mikrorechner. VEB Verlag Technik, Berlin 1982; Dr. Alfred Hüthig Verlag, Heidelberg 1982
Müseler H.; Schneider T.: Elektronik-Bauelemente und Schaltungen. Carl Hanser Verlag, München Wien 1981
Peschel M.: Moderne Anwendungen algebraischer Methoden. VEB Verlag Technik, Berlin 1970
Pütz J.: Digitaltechnik. VDI-Verlag GmbH, Düsseldorf 1975
Reiß K.; Liedl H.; Spichall W.: Integrierte Digitalbausteine. Kleines Praktikum. Siemens Aktiengesellschaft Berlin – München 1977
Richards R. K.: Elektronische Bauelemente und Schaltungen. Akademie-Verlag, Berlin 1972
Rumpf K.-H.; Pulvers M.: Transistor-Elektronik. VEB Verlag Technik, Berlin 1982
Schaller G.; Nüchel W.: Nachrichtenverarbeitung: 1.) Digitale Schaltkreise, 2.) Entwurf digitaler Schaltwerke. Verlag B. G. Teubner, Stuttgart 1979 und 1981
Schmidt V.: Digitalelektronisches Praktikum. B. G. Teubner, Stuttgart 1977

Seifart M.: Digitale Schaltungen und Schaltkreise. VEB Verlag Technik, Berlin 1982;
  Dr. Alfred Hüthig Verlag, Heidelberg 1982
Stürz H.; Cimander, W.: Automaten. VEB Verlag Technik, Berlin 1972
Tafel J.: Datentechnik – Grundlagen, Baugruppen, Geräte. Carl Hanser Verlag, München
  Wien 1978
Texas Instruments Deutschland 1972: Das TTL-Kochbuch. Texas Instruments Deutschland,
  8050 Freising 1975
Tietze U.; Schenk Ch.: Halbleiterschaltungstechnik. Springer-Verlag Berlin, Heidelberg,
  New York 1980
Weber W.: Einführung in die Methoden der Digitaltechnik. AEG-Telefunken, Berlin 33
  (Grunewald) 1977
Weyh U.: Elemente der Schaltungsalgebra. R. Oldenbourg, München – Wien 1972
Weyh U.: Aufgaben zur Schaltungsalgebra. R. Oldenbourg, München – Wien 1970
Wolf G.: Digitale Elektronik. Franzis-Verlag, München 1977
Woschni E.-G.: Informationstechnik. VEB Verlag Technik, Berlin 1981
Wunsch G.; Schreiber H.: Digitale Systeme. VEB Verlag Technik, Berlin 1982

Stichwortverzeichnis

Ablesegenauigkeit 11
Abtastung 258
–, lichtelektrische, induktive 258
Achtbitzahl 146
Additionstafel 155
Adresseneingänge 118, 253
Adreßleitungen 251
Analogausgang 257
Analog-Digitalumsetzer (ADU) 258 ff.
Analog-Digital-Wandler (ADU) 165, 259
AND 19, 266
Anode 261
Anschlußanordnung 16, 20, 25, 29, 32, 34, 35, 211
Ansprechbedingung 22, 24, 27
Ansteuerschaltung 223, 226
Ansteuerung, synchrone 235, 236
Antivalenz (Exklusiv-ODER) 26
Anzeige, analoge 11
–, digitale 11
Äquivalenz 36, 78, 79, 80, 81
ASCII-Code 175 ff.
Ausgangsbelastbarkeit 34, 266
Ausgangskennlinienfeld 265
Ausgangskombinationen 35, 211
Ausgangssignale 255
Ausgangsspannung 257

Basis 265
Basisspannung (U_{BE}) 265
Basisstrom 265, 266
Bauelemente, elektronische 21
Bausteine, integrierte (Anschlußanordnung)
  16, 20, 25, 29, 32, 34, 35, 211
Bezugsspannung 257
Binärausdrücke 108, 160
Binärkombination 165, 167, 257
Binärlogarithmen 182
Binärwort 159

binary digit 159
Bit 159
Blockdarstellung 186
Blockschaltbild zur Addition mehrstelliger
  Zahlen 137
Blockübertragung 186
Boolesche Algebra 12
Boolesches Produkt 19
Boolesche Summe 23
Bussystem 121, 122

carry flag 149
clear (löschen) 214
clock (c) 214
Codekonverter 192
Code-Lineal 162, 258
Codes 158, 159
–, Aiken 159, 161
–, alphanumerische 154
–, ASCII 175 ff.
–, BCD- (8421) 159, 160
–, Binär- 159
–, Biquinär- 167
–, Dual- 188, 217
–, einschrittige (progressive) 162, 163, 165
–, erweiterte Gray- 164
–, fehlererkennbare 184
–, Fernschreib- 167
–, für Zahlen und Buchstaben 168
–, Glixon- 165, 166
–, Gray- 159, 162, 163, 164
–, Hexadezimal 169
–, Lochkarten- 170, 171
–, Lochstreifen- 171 ff.
–, m aus n- 167
–, mehrschrittige 163
–, nicht tetradische 167
–, O'Brien- 165, 166
–, stellenbewertbare 246

Stichwortverzeichnis

–, Telegrafen- 174
–, tetradische 159, 168
–, tetradisch-dekadische 159
–, Walking- (2 aus 5) 183
–, Zahlen- 187
–, Zwei-Bit-Dual- 187, 188, 190
–, 1 aus 4- 187
–, 1 aus 10- 167, 189
–, 2 aus 5- 167, 183
–, 3-Exzess- 159, 160
–, 4-Bit-BCD- 190
–, 7-Segment- 192
–, 8-Spur- 172
Codescheibe 165
Code-Umsetzung 194
Codewandler 187
Codierer 187 ff.
Codierung 158 ff.
Codierungstabelle 188, 189
Collektor 265
Collektor-Emitterspannung 265
Collektorstrom 265
CPU 175

Darstellung, zahlenmäßige (numerische) 11
Data-Latch 209
Data-selector 118
Dateneingänge 118
Datenausgänge 253
Datenleitung, bidirektionale 122
Datenwähler 118
Decoder 187, 188
Decodiertabelle 190
Decodierung 187 ff.
delay (verzögern) 209
Differenz 138, 141
digit (Ziffer, Zahl) 11
Digitalanalogumsetzer (DAU) 246
Digitaleingang 257
Digitalrechner 107
Digitaltechnik 12
Diodenlogik 261, 263
Diodenmatrix 251
Dioden-Transistor-Logik (DTL) 263
Disjunktion 23
don't-care-terms 99
Doppelbelegung 173
DTL-Schaltungen 263 ff.
Dualsystem 124, 159
–, Addition im 132
–, Arithmetik im 132
–, Division im 153
–, Multiplikation im 152
–, Subtraktion im 137
Dualitätsprinzip 73
Dualzahlen 124, 126
Durchlaßrichtung 261
Durchschnittsmenge 21
Einfachfehler 183

Eingangsbelastbarkeit 267
Eingangsbelegung 218, 226
Eingangsbeschaltung 227, 229
Eingangsimpuls 218
Eingangskombinationen 35, 211
Eingangsspannung 256, 257
Eingangsstrom 256
Einganvariable 22
Eingangswiderstand 256
Einkreisungen 89
–, Zweier- (Zweierblöcke) 89, 93
–, Vierer- (Viererblöcke) 92, 97
–, Achter- (Achterblöcke) 98
Einschalttaster 197, 199
EL-Speicher 197, 198
Emitterschaltung 264
Entleihung 138 ff.
EPROM 250, 253
Ergänzungsmenge 18

Fan-in (F_{in}) 267
Fan-out (F_{out}) 34, 266
Farbcode (IEC-Publ. 62 u. DIN 41429) 40
Farbkennzeichnung 40
Fehlererkennung 182 ff.
Fehlerkorrektur 182, 186
Fehllochungen 174
Flanke 210
–, ansteigende, abfallende 211
Flip-Flops 196
–, Basis- aus NOR 201
–, Basis- mit NAND 215
–, D- 207 ff., 216
–, Data- 209
–, EL- 198, 215, 216
–, getaktetes RS- 206, 207
–, Haupt- 209
–, Hilfs- 209
–, JK-Master-Slave 210, 211, 213 ff.
– Master- 209
– mit Zwischenspeicherung 209
–, RS- 202 ff., 215, 216
–, RS-Master-Slave 209
–, Slave- 209
–, T- 214, 215, 217
–, Zähl- 209
Folgeschaltungen 196
Frequenzteiler 232 ff., 258
Frequenzverfahren 258
Funktionstabelle (Wahrheitstabelle) 13, 15, 16, 19, 22, 24, 27, 30, 33, 35, 36, 43, 44, 49 ff., 58, 60, 62, 63, 65, 67, 69, 71, 78 ff., 88, 91, 110, 116, 119, 121, 132, 134, 137, 138, 140, 143
Fusable-Link-Verfahren 252

Gegentakt-Stufe 266
Genauigkeit einer Messung 11
Genauigkeit, mehrfache 152

Gesetze,
–, Absorptions- 61 ff.
–, assoziative 55 ff.
–, distributive 57 ff.
–, kommutative 54, 55
Graph 204, 205, 214, 215
Größen, analoge 11
–, digitale 11
Grundverknüpfungen 35
H (High), höheres Potential, geschlossener Schalter 13
Halbaddierer 132, 133, 136, 149
Halbleiter-RAM 247
Halbleiterspeicher 244 ff.
Halbsubtrahierer 138 ff.
Hexadezimalsystem 128 ff.
–, Addition im 154, 155
–, Subtraktion im 156

Identität 13, 14, 17, 36
Implikation 36
Impuls 207
Impulsdiagramm 14, 15, 25, 28, 31, 33, 204, 208, 213, 219, 233, 235, 241, 243
Impulsformer 258
Impulsfrequenz 259
Incrementeingang 150, 151
Informationsverarbeitung 240
Inhibition 36, 43
Installationsplan 272
Inversion 87, 89, 102
Inverter 15, 16, 265

Kanäle 171
Karnaugh-Diagramm (KV) 88 ff., 109, 111, 113, 120, 135, 141, 163, 164, 166, 168, 191, 193, 194, 197, 200, 203, 213, 225, 227, 228, 230, 231, 234, 236, 278
– für 2 Variable 87
– für 3 Variable 91
– für 4 Variable 95
– für mehr als vier Variable 100
Katode 261
Kippschaltung 198, 259
Klammersetzen 74
Kollektorarbeitswiderstand 38, 39
Komparator 116, 117
Komplement 14, 53, 144, 145, 146
–, B- 144
–, B-1- 144
–, Einer- 144, 145
–, Neuner- 144, 145, 161
–, Zweier- 146
Konjunktion 19
Kontakte 12
Konvertierung 129, 155
Konvertierungstabelle 129, 156
Korrektur 160, 161

L (Low), niedriges Potential, geöffneter Schalter 13
Leerlaufverstärkung 256
Leitung, unterbrochene 47, 48
Leseverstärker 245, 249, 253
Lochkarte 170
Lochscheibe 217
Lochstreifen, 5-Kanal- 171, 173, 174
–, 8-Kanal- 171, 172
Lochstreifenband 171
Logarithmus zur Basis 2 (dualis) 182, 217
Logik, negative 13
–, positive 13
–, zweiwertige 12
Logikanordnung, programmierbare 254
Löschbefehl 197
Löscheingang 198
Löschtaste 242
Löschtaster 199

Maxterme 79 ff.
Mehrfachfehler 183
Mengenbereich 17
Mengenlehre 17, 21, 26
Minterme 79 ff.
MOS-Technik 249
Multi-Emittertransistor 266
Multiplexer 118

NAND 32, 33, 34, 35, 36, 266
NAND-Gatter kreuzgekoppelt 205
NAND-Latch 205
Negation 14, 15, 16, 17, 36, 265, 266
Negation, doppelte 54
Negationsstufe 266
Nichtansprechbedingung 22, 24
NOR 29, 30, 31, 32, 35, 36
NOR-Glieder, kreuzgekoppelt 201
NOR-Latch 201
Normalform, disjunktive (DNF) 78, 79
–, konjunktive (KNF) 79, 80
Normalformen der Schaltalgebra 78
NPN-Transistor 264
Nur-Lese-Speicher (ROM) 249

ODER-Verknüpfungszeichen 24
Öffner (Ruhekontakt) 14, 16
Ohmsches Gesetz 264
Oktalsystem 128
–, Addition im 154
–, Subtraktion im 154
Operationsverstärker 256
OR 23
Ordnung der Funktionstabelle 20

Parallaxefehler 11
Parallel-ODER 37
Parallelschaltung 25, 42
Parallelschaltung des gleichen Schalters 51
– von Schließer und Öffner 52
Parallel-Serienumsetzer 242

Stichwortverzeichnis

Parallel-UND 37
Paritätsbit 175 ff.
Paritätsprüfung 184
parity-Bit 184
parity-check 184
Periodendauer 232
Phantom-Elemente 122
Phantom-ODER 37
Phantom-UND 37
PLA 254
Potentialzuordnung 13
Potenzen in der Schaltalgebra 52
preset (vorschreiben) 214
Prim-Implikanten 109, 111
– -tabelle 112
Programmcode 8 B 172
PROM 250, 252
Prüfbit 185, 186
Prüfzeichen 185, 186
Pseudohexaden 169
Pseudotetraden 159 ff., 168, 183, 184
Pseudoworte 183
Punktmenge 17, 18
Punktrechnung (UND) 74

Quarzoszillator 258, 259
Quersumme 158, 159
Quine-McClusky 107, 110

RAM 245
Rechenregeln für den Halbaddierer 132
– für den Halbsubtrahierer 138
Redundanz (Weitschweifigkeit) 182, 183
Regelungstechnik 256
Reihenfolge der Operationen 74
Reihenschaltung 20, 42
Reihenschaltung des gleichen Schalters 52
– von Schließer und Öffner 53
reset (zurücksetzen) 214
Reste-Methode 126 ff.
Ripple-Carry-Addierer 150
ROM 249, 250
Rückführung 210
Rückkopplung 201
Rückstelleingang 227
Rückwärtszähler, asynchroner 221
Ruhelage 13

Sägezahngenerator 259
Sägezahnverfahren 259, 260
Sammelschiene 121
Schaltalgebra, Grundbegriffe der 12
–, Grundgesetze der 47 ff.
–, Postulate der 47
–, Theoreme der 49 ff.
Schalter 12
Schalter, überbrückter 48
Schaltfolgetabelle 197 ff., 206 ff., 212 ff., 220, 223, 226, 229
Schaltfunktion (Schaltungsgleichung) 13

Schaltgeschwindigkeit 264
Schaltgruppen 105
Schaltkreissysteme 261
Schalttransistoren 257
Schaltungen, kontaktlose 17 ff., 37 ff., 56 ff., 86 ff., 107 ff., 133 ff., 194, 201 ff., 269 ff.
Schaltungen mit Kontakten 12 ff., 47 ff., 186, 199, 264, 269 ff.
Schaltungsgleichung (Schaltfunktion) 13 ff., 20 ff., 36 ff., 47 ff.
Schaltwerke 196
–, kontaktlos 198 ff.
– mit Kontakten 196, 199
Schaltzeichen,
– im USA-Schrifttum 41
– nach DIN 40 700 15, 20, 24, 30, 33, 35, 41
– nach IEC 3AOC3 41
Schieberegister 240, 241
Schieberichtung 240, 241
Schließer (Arbeitskontakt) 13, 14
Schreib/Leseleitung 248
Schreib-Lesespeicher (RAM) 245
Schreibverstärker 245, 247
Schütze 12, 14, 16, 19, 32
Selbsthaltekreis 198
Selbsthalteschaltung für dominierendes Löschen 196, 197
–, für dominierendes Setzen 198, 199
sequentielle Schaltungen 196
Serienausgang 240, 241
Serieneingang 240
Serien-Parallelumsetzer 242
Setzeingang 198, 200
Shannonsche Regel 72
shift-register 240
Sieben-Segment-Anzeige 167, 168, 192
Signal, analoges 11, 256
–, digitales 11
SL-Speicher (FF) 200
Spalten 170
Spaltendecoder 247
Spannungsverstärkung 256
Speicher, anwenderprogrammierte 252
–, dynamische 245, 249
–, Halbleiter- 244
–, löschbare 253, 254
–, maskenprogrammierte 252
–, Nur-Lese- 249, 250
–, Schreib-Lese- 245
–, serielle 244
–, statische 245, 248
Speicherkapazität 244
Speicherplätze 253
Speicherung 196
Speicherung, kapazitive 209
Speicherzelle 245
Sperreingang 246

Sperrichtung 261
Spuren 172
Steuerungstechnik 256
Strichrechnung (ODER) 74
Stromkreis 12, 13
Stromlaufplan 12
Stufenzahl 217
Summierer 257
Summierverstärker 256
Symmetrielinie 159, 160

Takt (cp) 206 ff.
Takteingang 206, 207, 232
Taktfestlegung 217
Taktgebung 218, 237
Taktimpuls 210
Taktleitung 242
Taktpause 208
Taktsignal 210
Taktspur 171, 173
Taktüberlegung 217
Taster 196
Tastzeit 258
Teiler, geradzahlig 232
–, ungerade 232 ff.
Tetraden 159
Theoreme mit einer Variablen 49 ff.
– für zwei und mehr Variable 54 ff.
– von de Morgan 68 ff.
TK-Kennzeichnung 40
Transferrate 244
Transistor-Transistor-Logik (TTL) 34, 39, 266
Tristate-Buffer 255
– Technik 120 ff.
TTL-Schaltungen 266
TTL-Technik 248

Überdeckungsmenge 21
Überlauf, arithmetischer 149
Übertrag 134 ff., 149, 152, 160, 231, 239
Übertragung, fehlerlose 186
Überwachungseinrichtungen 119
Umschaltbefehl 173
Umschalten von Addition zur Subtraktion 142, 143
Untersetzer 232

Variable, binäre 13, 47
Venn-Diagramme 17, 18, 21, 23, 26, 28, 31, 34, 55 ff., 101, 268 ff.
Vereinfachungsverfahren 85
– mit dem KV-Diagramm 87
– mit den Theoremen der Schaltalgebra 85
– nach Quine-McClusky 107
Vereinigungsmenge 26
Vergleicher 116, 117, 259
Verknüpfungen 19
–, Exklusiv-ODER- 26 ff., 35, 36, 41

–, NAND- 32, 33, 34, 35, 36, 41
–, NOR- 29, 30, 31, 32, 35, 36, 41
–, ODER- 23, 24, 25, 26, 35, 36, 41
–, UND- 19, 20, 21, 22, 35, 36, 41
–, Wired- 37
–, Wired-AND- 37, 38, 39
–, Wired-OR- 37
Verschlüsselung 170
Vierbitzahlen 146
Volladdierer 134 ff.
Vollsubtrahierer 139 ff.
Vorbereitungseingänge 216
Vorrangregeln 74
Vorzeichen-Flag 149
Vorzugslage 198

Werkzeugmaschinensteuerung, num. 173
Wert-Decodierer 251
Wertigkeit 20, 124, 126, 158, 261
Widerstandsgerade 264, 265
Winkelcodierer 165, 258
Winkelgröße 165
Wirkschaltplan 271
Wortlänge 167

Zahlen, negative 147 ff.
–, positive 146 ff.
Zahlenkreis 147 ff.
Zahlenraum 160
Zahlensysteme 124
Zahlenwert 124
Zähler
–, Asynchron- 217, 225
–, parallelgesteuert 226
–, Rückwärts- 217, 221, 227, 228
–, seriengesteuert 217
–, Synchron 217, 226
–, Vorwärts- 217
Zählkapazität 217
Zählschaltungen 217
Zehnerpotenz 124
Zeilen 170
Zeilendecoder 245, 247, 253
Zeilenleitungen 251
Zeitgeber 258
Ziffern-Bestempelung 40
Zifferncodierung, binäre 160
Zugriffszeit 244
Zuordner 114
Zuordnung 158
Zuordnungstabelle 114, 115, 116
Zustand, hochohmiger 120
Zustands-Folgediagramm (Graph) 204
Zwei-Bit-Dualcode-Codierer 188
Zweierpotenz 124
Zwei-von-Drei-Auswahl 119
Zwischendifferenz 139
Zwischenentleihung 139
Zwischenüberträge 136